Hannes Federrath

Sicherheit
mobiler Kommunikation

DuD-Fachbeiträge

herausgegeben von Andreas Pfitzmann, Helmut Reimer, Karl Rihaczek
und Alexander Roßnagel

Die Buchreihe DuD-Fachbeiträge ergänzt die Zeitschrift DuD – Datenschutz und Datensicherheit in einem aktuellen und zukunftsträchtigen Gebiet, das für Wirtschaft,
öffentliche Verwaltung und Hochschulen gleichermaßen wichtig ist. Die Thematik
verbindet Informatik, Rechts-, Kommunikations- und Wirtschaftswissenschaften.
Den Lesern werden nicht nur fachlich ausgewiesene Beiträge der eigenen Disziplin
geboten, sondern auch immer wieder Gelegenheit, Blicke über den fachlichen Zaun zu
werfen. So steht die Buchreihe im Dienst eines interdisziplinären Dialogs, der die
Kompetenz hinsichtlich eines sicheren und verantwortungsvollen Umgangs mit der
Informationstechnik fördern möge.

Unter anderem sind erschienen:

Hans-Jürgen Seelos
Informationssysteme und Datenschutz
im Krankenhaus

Wilfried Dankmeier
Codierung

Heinrich Rust
Zuverlässigkeit und Verantwortung

Albrecht Glade, Helmut Reimer
und Bruno Struif (Hrsg.)
Digitale Signatur &
Sicherheitssensitive Anwendungen

Joachim Rieß
Regulierung und Datenschutz im
europäischen
Telekommunikationsrecht

Ulrich Seidel
Das Recht des elektronischen
Geschäftsverkehrs

Rolf Oppliger
IT-Sicherheit

Hans H. Brüggemann
Spezifikation von objektorientierten
Rechten

Günter Müller, Kai Rannenberg,
Manfred Reitenspieß, Helmut Stiegler
Verläßliche IT-Systeme

Kai Rannenberg
Zertifizierung mehrseitiger
IT-Sicherheit

Alexander Roßnagel, Reinhold Haux,
Wolfgang Herzog (Hrsg.)
Mobile und sichere Kommunikation
im Gesundheitswesen

Hannes Federrath
Sicherheit mobiler Kommunikation

Hannes Federrath

Sicherheit mobiler Kommunikation

Schutz in GSM-Netzen, Mobilitätsmanagement und mehrseitige Sicherheit

Die Deutsche Bibliothek – CIP-Einheitsaufnahme

Federrath, Hannes:
Sicherheit mobiler Kommunikation: Schutz in GSM-Netzen,
Mobilitätsmanagement und mehrseitige Sicherheit/Hannes Federrath. –
Braunschweig; Wiesbaden: Vieweg, 1999
  (DuD-Fachbeiträge)
  ISBN 978-3-528-05695-7   ISBN 978-3-663-07834-0 (eBook)
  DOI 10.1007/978-3-663-07834-0

Vorwort

Der zentrale, in diesem Buch diskutierte Schutzkonflikt ist folgender: Ein Mobilkommunikationsteilnehmer möchte mit seinem mobilen Endgerät erreichbar sein. Er möchte jedoch nicht, daß irgendeine Instanz (z.B. Dienstanbieter, Netzbetreiber etc.) außer ihm selbst ohne seine explizite Einwilligung an Aufenthaltsinformation über ihn gelangt. In den heute existierenden Mobilkommunikationsnetzen wird dem oben formulierten Schutzinteresse jedoch nicht Rechnung getragen. In Datenbanken werden die Aufenthaltsorte der Teilnehmer gespeichert. Sobald ein Teilnehmer dem Betreiber (bzw. den Betreibern) der Datenbanken kein Vertrauen entgegen bringt, tritt der Schutzkonflikt auf.

Es ist nicht das primäre Interesse eines Netzbetreibers oder Diensteanbieters, Daten über seine Teilnehmer zu sammeln. Im Gegenteil: Je weniger Daten er zur Diensterbringung benötigt, umso weniger Kosten fallen für deren Verarbeitung (und Schutz) an. Damit wird das Ziel von Datenvermeidungs- und Datensparsamkeitstechniken klar, die in diesem Buch für das Gebiet der Mobilkommunikation vorgestellt, angewendet und erweitert werden. Diese Techniken sind Bestandteile einer Betrachtungsweise und Methodik, die „Mehrseitige Sicherheit" genannt wird.

Mehrseitige Sicherheit bedeutet die Einbeziehung der Schutzinteressen *aller* Beteiligten sowie das Austragen daraus resultierender Schutzkonflikte beim Entstehen einer Kommunikationsverbindung.

Die Realisierung von mehrseitiger Sicherheit führt nicht zwangsläufig dazu, daß die Interessen aller Beteiligten etwa erfüllt werden. Möglicherweise offenbart sie sogar gegensätzliche, unvereinbare Interessen, die den Beteiligten bisher nicht bewußt waren, da Schutzziele explizit formuliert werden. Sie führt jedoch zwangsläufig dazu, daß die Partner einer mehrseitig sicheren Kommunikationsbeziehung in einem ausgewogenen Kräfteverhältnis bzgl. Sicherheit miteinander interagieren.

Dieses Buch faßt die Ideen und Konzepte eines großen Gebietes zusammen und verfolgt das Ziel, Sicherheitsfunktionen in der Mobilkommunikation insbesondere für das Location Management anwendbar zu machen. Daher ist das Wissen über Zusammenhänge sowohl in der Mobilkommunikation als auch in der Sicherheit/Kryptographie notwendig.

Im ersten Teil wird eine Einführung in den Aufbau zellularer Funknetze, speziell GSM (Global System for Mobile Communication) gegeben. Die Protokolle für Location Management, Call Setup sowie die Sicherheitsfunktionen des GSM werden schematisch beschrieben. Sicherheitsdefizite werden genannt. Auf die Entgeltabrechnung und die Speicherung von Lokalisierungsinformation wird detaillierter eingegangen.

Es wird eine Analyse der GSM-Pseudonymisierungsfunktionen mittels TMSI (Temporary Mobile Subscriber Identity) vorgenommen. Das Zusammenspiel zwischen Location Management (insbesondere Location Update) und Sicherheitsfunktionen (insbesondere Pseudonymisierung) wird analysiert.

Im zweiten Teil werden verschiedene neue Verfahren zum Schutz des Aufenthaltsorts von Mobilfunkteilnehmern entwickelt, analysiert und bewertet. Mit Hilfe dieser Verfahren können die Mobilfunkteilnehmer eines zellularen Funknetzes erreicht werden, ohne ständig ihren Aufenthaltsort preisgeben zu müssen. Die Verfahren werden systematisiert und miteinander verglichen.

Schließlich wird ein allgemein verwendbares datenschutzgerechtes Verfahren zur Signalisierung vorgestellt (Mobilkommunikationsmixe). Ein auf UMTS (Universal Mobile Telecommunication System) aufsetzendes Architekturkonzept zur unbeobachtbaren Kommunikation (inkl. Schutz des Aufenthaltsorts) wird vorgestellt.

Es werden vor allem zellulare Funknetze und der klassische Telekommunikationsdienst Sprache (Telefon) behandelt. Mobile-Computing-Anwendungen sowie Mobile IP (Internet Protocol) werden nicht behandelt.

Hinweise für den Leser

Die folgende Übersicht ermöglicht es dem Leser, in Abhängigkeit von seinem Wissensstand und Zeitbudget zu entscheiden, wie er das Buch lesen möchte.

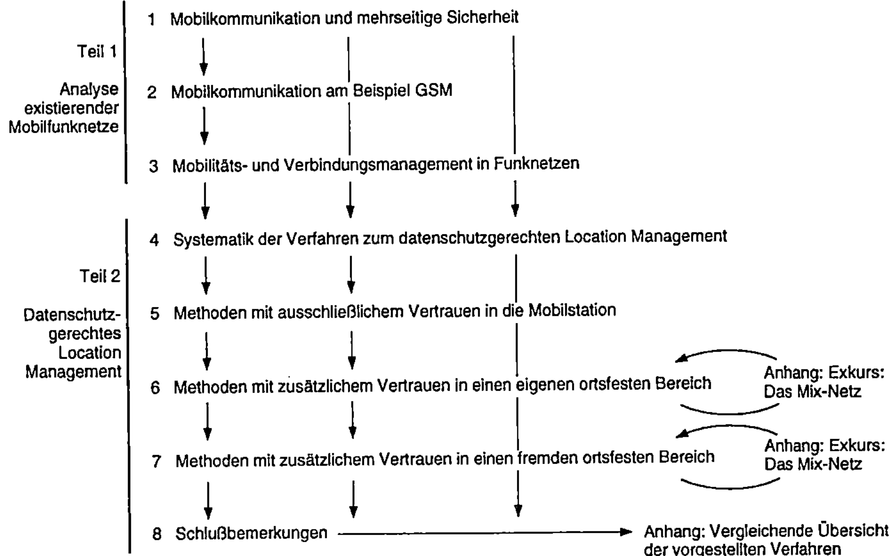

Zum tiefgehenden Verständnis der Problematik und der Zusammenhänge („Warum ist hinten manches so und nicht anders?") empfiehlt sich das sequentielle Lesen (in der Abbildung linke Linie). Zum Überspringen von Kapiteln und Rückspringen wird ausdrücklich ermuntert, da sich insbesondere der Vergleich der Abbildungen lohnt, ohne daß bereits der gesamte Text gelesen wurde.

Dem Leser, der bereits ein tieferes Verständnis für die Probleme der Mobilkommunikation mitbringt, wird empfohlen, nach der Lektüre des 1. Kapitels (hier besonders der Abschnitte zur mehrseitigen Sicherheit) direkt in den zweiten Teil zu springen und hier sequentiell zu lesen (mittlere Linie). Auch hier lohnt sich ggf. der Rücksprung in Kapitel 3, da dort einige Grundlagen zum Mobilitätsmanagement aus Datenschutzsicht gelegt werden.

Der eilige Leser, der sich zumindest über das abgedeckte Gebiet informieren und inhaltliche Zusammenhänge erkennen will, sollte die Abschnitte über mehrseitige Sicherheit des 1. Kapitels lesen und sofort zur Systematik in Kapitel 4 springen, bevor er sich in Kapitel 8 und im Anhang („Vergleichende Übersicht der vorgestellten Verfahren") einen Gesamtüberblick verschafft (rechte Linie).

In den Kapiteln 6 und 7 wird das Wissen über das Verfahren der Mixe zum Schutz der Kommunikationsbeziehungen zwischen Teilnehmern benötigt, um die Ausführungen zu verstehen. Ein entsprechender Exkurs zu Mixen findet sich deshalb im Anhang.

Neue Erkenntnisse

Die folgende Übersicht nennt kurz die wesentlichen Schwerpunkte und gibt die gewonnenen Erkenntnisse wieder:

1. Das Sicherheitsmanagement des GSM ist nicht geeignet, den Mehrseitigkeitsaspekt von Sicherheit zu unterstützen. Das GSM erreicht annähernd das Sicherheitsniveau existierender Festnetz-Telekommunikationssysteme. Der Schutz des Aufenthaltsorts von Mobilfunkteilnehmern ist unter dem Mehrseitigkeitsaspekt nicht gewährleistet.

2. Der Verzicht auf die Speicherung von Aufenthaltsinformation und der Broadcast von Verbindungswünschen über den gesamten Versorgungsbereich benötigt bei den zu erwartenden Teilnehmerzahlen eine immense Bandbreite und ist als Massendienst nicht geeignet. Daher müssen Verfahren entwickelt werden, die effizienter und ebenso datenschutzgerecht sind. Als Zusatz- oder Mehrwertdienst hat weltweites Paging durchaus seine Berechtigung.

3. Mit Hilfe sog. vertrauenswürdiger Umgebungen (Trusted Fixed Station) im Festnetz kann der Schutz des Aufenthaltsorts effizient gewährleistet werden. Die Hinzunahme vertrauenswürdiger Umgebungen verursacht jedoch Verfügbarkeits- und Managementprobleme sowie Mehraufwand.

4. Mit Hilfe eines Datenschutz garantierenden Kommunikationsnetzes kann über den unbeobachtbaren Aufbau von Verbindungen hinaus

auch der Schutz des Aufenthaltsortes von Mobilfunkteilnehmern gewährleistet werden.

5. Durch eine Kombination von Pseudonymisierung der Teilnehmer und Verkettung von Registern über anonyme Rückadressen kann die Aufenthaltsinformation datenschutzgerecht zur Signalisierung verwendet werden.

6. Das Architekturkonzept von UMTS ist geeignet, derart um Sicherheitsfunktionen erweitert zu werden, daß der Schutz des Aufenthaltsortes sowie unbeobachtbare Kommunikation möglich ist.

Danksagung

Ich danke Prof. Andreas Pfitzmann für die wertvolle Betreuung und Unterstützung während meiner gesamten Tätigkeit im Bereich Sicherheit mobiler Kommunikation. Zusammen mit ihm, Anja Jerichow und Dogan Kesdgan entstanden mehrere Papiere, deren Inhalte auch für das Entstehen dieses Buches bedeutsam waren. Weiterhin möchte ich Prof. Alexander Schill danken für seine Hinweise und Vorschläge zur Validierung der vorgestellten Verfahren. Ihm und Prof. Günter Müller danke ich herzlich für die spontane Bereitschaft, die Dissertation [Fede_98] zu begutachten, aus der dieses Buch entstanden ist.

Für Zuarbeiten und Recherchen, insbesondere an den Abschnitten über Location Update und Call Setup, danke ich Jan Müller. Er war ein wichtiger Diskussionspartner bei der Konkretisierung der Mobilkommunikationsmixe. Für Diskussionen zum Kollisionsabstand von impliziten Adressen danke ich insbesondere Guntram Wicke. Ihm, Thomas Ziegert und Dr. Piotraschke danke ich für ihr sehr gründliches Korrekturlesen.

Ich danke meinen Kollegen im Kolleg „Sicherheit in der Kommunikationstechnik", mit denen ich über inhaltliche Dinge diskutieren konnte und die meine Arbeit im Bereich Sicherheit seit Mitte 1994 mit begleiteten. Besonders danken möchte ich Dr. Kai Rannenberg, der immer viel Vertrauen in das Gelingen meiner Arbeit im Kolleg setzte. In diesem Zusammenhang möchte ich auch der Gottlieb-Daimler- und Karl-Benz-Stiftung Ladenburg danken, welche die Projektarbeit finanziert hat.

Ein Dank geht auch an den Verlag Vieweg und hier besonders an Frau Nadine Vogler und Herrn Dr. R. Klockenbusch, die mich sehr freundlich und kompetent betreuten.

Besonders danken möchte ich meiner Frau Billy und meiner Tochter Clara, die mich unterstützten, als ich die wesentlichen Teile dieses Buches aufschrieb. Ohne den Anschub, den die beiden mir gaben, hätte das alles viel länger gedauert.

Dresden, im September 1998   Hannes Federrath

x

Inhaltsverzeichnis

Teil 2 Datenschutzgerechtes Location Management   85

4 Systematik der vorgestellten Verfahren   85

5 Methoden mit ausschließlichem Vertrauen in die Mobilstation   91

Tabellenverzeichnis

Abbildungsverzeichnis

Teil 1

Analyse existierender Mobilfunknetze

Der erste Teil ist folgendermaßen aufgebaut: Einigen einführenden Bemerkungen zu mobilen Netzen folgt die Definition von mehrseitiger Sicherheit und von technischen Datenschutzforderungen, die diese Netze erfüllen sollen. Am Beispiel GSM werden einige wesentliche Merkmale mobiler Netze herausgearbeitet. Dem Mobilitäts- und Verbindungsmanagement in Funknetzen wird ein eigenes Kapitel gewidmet. Die zusammenfassende Darstellung von wesentlichen Sicherheitsproblemen des GSM-Netzes schließt den ersten Teil ab.

1 Mobilkommunikation und mehrseitige Sicherheit

1.1 Mobilkommunikation

Mobilkommunikation findet man inzwischen allerorts: Wo vor einigen Jahren noch Spezialanwendungen dominierten, hat sich der Massenmarkt durchgesetzt. Wer durch die größeren Städte Deutschlands (und Europas) schlendert, findet auf Häusern und Türmen oft neuen „Antennensalat": Die Fernsehantennen sind verschwunden, die Mobilfunkantennen sind an ihre Stelle getreten.

Die Geschichte der Mobilkommunikation geht einige Jahre zurück (nach [Keda_91]): Bereits Ende des 19. Jahrhunderts gelang dem Ingenieur und Nobelpreisträger für Physik Marconi (1874 – 1937) der Nachweis der drahtlosen Nachrichtenübertragung.

Im Jahre 1918 wurden in Deutschland die ersten Mobilfunkversuche entlang der Eisenbahnstrecke Berlin – Zossen in fahrenden Zügen durchgeführt. Im Jahre 1926 wurde ein öffentlicher Zugtelefondienst auf der Strecke Hamburg – Berlin eröffnet.

Die Mobilfunktechnik wurde jedoch erst in den 50er Jahren stark weiterentwickelt, nachdem man die Vorteile der UKW-Technik nutzen konnte. So entstanden handvermittelte Funktelefonnetze im 30-, 80- und später 160-MHz-Bereich. Diese Netze wurden 1958 in das sog. A-Netz integriert, das 1968 eine nationale Flächendeckung von etwa 80 % erreichte und von ca. 10.000 Teilnehmern genutzt werden konnte. Ab 1972 wurde das A-Netz dann durch die Netze B/B2 abgelöst, die 1986 etwa 27.000 Teilnehmer versorgten.

Ab 1985 begann der Betrieb des zellularen Funknetzes C, das als erstes nationales Netz die landesweite Auffindbarkeit und damit Erreichbarkeit unterstützte. Mit den D-Netzen begann für den Massenmobilfunk Anfang der 90er Jahre das digitale Zeitalter. Dieses Netz wurde europaweit als sog. GSM-Netz (Global System for Mobile Communication, Groupe Spéciale Mobile) standardisiert. Das E-Netz ist prinzipiell ein GSM-Netz, wird aber oft als DCS 1800 (Digital Cellular System) oder PCN (Personal Communication Network) bezeichnet.

Die Europäische Union [EU_93, EU_94] schätzt, daß im Jahr 2000 zwischen 40 und 50 Millionen Teilnehmer in Europa Mobilkommunikation nutzen werden. Im Jahr 2010 sollen es nach [EU_94] 80 Millionen Teilnehmer sein, während [EU_93] bereits 2005 eine Zahl von 100 Millionen Teilnehmern erwartet.

Nach [Hoek_90] soll nur etwa ein Drittel aller dienstlichen Anrufe den gewünschten Teilnehmer erreichen, da sich dieser häufig nicht in der Nähe seines Telefons befindet. Die Einführung von mobilen Massenkommunikationsdiensten besitzt somit das Potential für eine effizientere Kooperation zwischen den Menschen. Ungeachtet dessen bedarf es jedoch durchdachter Lösungen, die der Entscheidungsfreiheit und informationellen Selbstbestimmung der Nutzer gerecht werden. Hierzu gehören Sicherheits- und Datenschutzinteressen ebenso, wie Handhabbarkeit, Nutzerfreundlichkeit und Zuverlässigkeit. Dem Schutz und der Sicherheit von Mobilkommunikationsteilnehmern widmet sich dieses Buch.

1.1.1 Terminal- und Personal Mobility

Mobile Netze unterstützen unterschiedliche Arten von Mobilität:

- Terminal Mobility: Ein Teilnehmer nutzt Dienste über eine drahtlose Kommunikationsschnittstelle. Das hierzu verwendete Endgerät ist dabei ebenfalls mobil. In Funknetzen spricht man deshalb häufig von Terminal Mobility, da der Teilnehmer mit seinem mobilen Endgerät, einem Telefon, PDA (Personal Digital Assistant) oder tragbaren Rechner erreichbar ist.

- Personal Mobility: Ein Teilnehmer ist stets unter *einer persönlichen Rufnummer* erreichbar. Jeder Teilnehmer kann beliebige (allgemein zugängliche) Terminals als aktuelle Endgeräte verwenden. Ein Nutzer meldet sich bei einem Gerät an und nutzt seine mobilen und persönlichen Dienste dort. Das Endgerät muß nicht notwendigerweise selbst mobil sein.

Netze, die Terminal Mobility unterstützen, verwenden üblicherweise den freien Raum als Übertragungsmedium. Entsprechend kann man mobile Netze nach der Wellenlänge bzw. Frequenz des Trägers im Übertragungsmedium unterscheiden (Funkwellen, Lichtwellen).

1.1.2 Herausforderungen

Einige wesentliche Unterschiede von Festnetzkommunikation und Mobilfunk sind:

- Die Teilnehmer können sich großräumig bewegen.
- Die Bandbreite auf der Luftschnittstelle ist knapp.
- Die Luftschnittstelle ist störanfälliger als die Leitungen des festen Netzes.
- Die Luftschnittstelle bietet neue Angriffsmöglichkeiten und schafft damit neue Sicherheitsprobleme: z.B. Peilbarkeit und erleichterte Abhörmöglichkeit.

Nach [ScKü_95] muß in der Mobilkommunikation (bzw. Mobile Computing) mit neuen bzw. verschärften Problemen gerechnet werden:

- Die verfügbare Kommunikationsbandbreite und Dienstqualität schwankt erheblich.

- Die Konfiguration mobiler Netze unterliegt einer hohen Dynamik und Heterogenität der Ressourcen.

- Zeitweilige Diskonnektivitätsphasen müssen durch entsprechende Zugriffs- und Caching-Strategien überwunden werden können.

- Sicherheitsprobleme müssen mit Verschlüsselungs- und Spread-Spectrum-Technologien überwunden werden. Zusätzlich setzt die dynamische Ankopplung an (Fremd-)Netze hohe Anforderungen an die Zugangskontroll-, Accounting- und Authentikationsverfahren voraus.

In [ImBa_94] werden die Hauptherausforderungen an die Gestaltung von Mobilkommunikationssystemen genannt:

- Skalierbarkeit (Konfigurierbarkeit für eine variable Anzahl von Nutzern bzw. mobilen Endgeräten),

- Mobilitätsmanagement,

- Bandbreitenmanagement,

- Energiemanagement.

Das Sicherheitsmanagement wird zwar nicht als „Hauptherausforderung" genannt, die Autoren reflektieren jedoch, daß es einer der kontroversen Punkte bei der Gestaltung künftiger Systeme ist und wegen seiner Neuheit (infancy) bisher wenig Beachtung gefunden hat.

1.1.3 Beispiele für mobile Netze

Die folgende Zusammenstellung soll einen Eindruck von der Vielfalt der existierenden und geplanten Mobilkommunikationssysteme geben. Für das Verständnis von Abschnitt 7.4.7 sind zumindest die Ausführungen zum Universal Mobile Telecommunication System (UMTS) von Bedeutung. Die Bemerkungen zu den anderen vorgestellten Systemen tragen informativen Charakter. Durch den sich schnell verändernden Markt ist damit zu rechnen, daß in kürzester Zeit auch viele neue Dienste entstehen werden. Außer den Satellitennetzen arbeiten die meisten Funknetze im UHF-Band (300 MHz–3 GHz). Bei der Darstellung wird bereits auf einige Sicherheitsmerkmale eingegangen.

C-Netz

Das C-Netz arbeitet auf den (unverschlüsselten, aber verschleierten) Sprachkanälen als analoges zellulares Funknetz. Die Signalisierung wurde hier jedoch bereits digitalisiert. Als Arbeitsfrequenz wurde ein Bereich um 450 MHz festgelegt.

AMPS (Advanced Mobile Phone Service), IS-41, IS-54, IS-95

AMPS ist ein amerikanischer analoger Mobilfunkstandard, ähnlich dem deutschen C-Netz. Es ist gleichzeitig das erste zellulare Netz. Es wurde 1979 in Betrieb genommen (vgl. [MoPa_92, S.26]).

Aus AMPS heraus entwickelten sich die digitalen Services IS-41, IS-54 und IS-95. Dabei beschreibt IS-41 das Signalisierprotokoll, während IS-54 und IS-95 eine auf TDMA (Time Division Multiplex Access) bzw. CDMA (Code Division Multiple Access) basierende Funkschnittstelle beschreiben (vgl. [Browl_95]).

CT (Cordless Telephone)

Cordless Telephone entwickelte sich in mehreren Etappen (CT-1,-2,-3, neuerdings DECT): (nach [Bial_94, S.12f])

Zunächst wurde CT-1 von der CEPT realisiert. Dafür wurden europaweit die Frequenzen 914 MHz und 958 MHz reserviert. Später wurden diese Frequenzen an das GSM vergeben. CT-1 arbeitet analog. Die Sprache wird unverschlüsselt übertragen.

CT-2/(CAIS: Common Air Interface Standard) ist in Großbritannien auch unter dem Namen Telepoint bekannt geworden. Es ermöglicht in städtischen Gebieten das Führen eines Telefongesprächs, jedoch nicht das Entgegennehmen. Damit wurde auf das aufwendige Lokalisierungsmanagement verzichtet. Bei CT-2 wird die Sprache verschleiert (invertiert) übertragen.

CT-3 wurde parallel zu DECT entwickelt und unterstützt pikozellulare Mehrzellenstrukturen. Nach [Hoek_90] sind sich DECT und CT-3 sehr ähnlich. Größere Abweichungen gibt es lediglich beim belegten Frequenzbereich (800 – 1000 MHz) und bei der Kapazität, die mit 64 Kanälen pro Funkzelle nur halb so groß ist wie bei DECT.

DECT (Digital European Cordless Telephone)

DECT wurde von der ETSI 1992 genormt. Ihm wurde europaweit der Frequenzbereich 1880 bis 1900 MHz zugeteilt. Mit einer Datenrate von 32 kbit/s soll DECT kompatibel zu PSTN (herkömmliches Telefonnetz) und UMTS (Universal Mobile Telecommunication System) sein. Es ist ein pikozellulares Funknetz mit Mehrzellenkonfiguration (Clusterung), die über eine hierarchische Gruppierung erreicht wird.

Im DECT-Standard wurde lediglich eine Funkschnittstelle bei sehr hohen Teilnehmerdichten definiert. Dagegen werden keine Anwendungsdienste festgelegt, sondern nur die Transportdienste. DECT verwendet auf der Funkschnittstelle TDMA. Es verzichtet auf eine Zellplanung, wie sie im GSM notwendig ist. Stattdessen verwendet DECT eine sog. Dynamic Channel Allocation (DCA) [Hoek_90]. Jedes Handgerät scannt in Sendepausen alle DECT-Kanäle und belegt den besten Kanal, der noch frei ist.

Nach [DeFe_95] sind Bestrebungen im Gange, DECT und GSM miteinander zu verbinden. So soll es dann möglich sein, über eine Interworking-Unit einen DECT-Zellcluster als GSM-Location-Area anzusprechen.

DECT soll in verschiedenen Systemkonfigurationen einsetzbar sein [Pilg_92]:

a) Anwendung als Local-Loop (drahtlose „Telefondose" für private Haushalte), d.h. ohne aufwendige Verkabelung von Wohngebieten durch den Telekommunikationsanbieter,

b) Telepoint, d.h. Verbindungen über öffentliche Basisstationen in städtischen Gebieten,

c) Neighbourhood Telepoint, d.h. die „Vermischung" von *a)* und *b)*, wobei ggf. die Basisstation eines Nachbarn zur Verbindung genutzt wird.

Der DECT-Standard schreibt nach [Pilg_92] verschiedene Sicherheitsfunktionen vor. So werden ein Authentifizierungsalgorithmus (DECT Common Interface Part 10) und ein Chiffrieralgorithmus (Part 11) beschrieben. Wie die Sicherheitsfunktionen angewendet werden sollen, beschreibt der „DECT Common Interface Part 7: Security Features". Nach [Pilg_92] liegt er in der Version „5.2. ETSI Res 3S(EG-1)" vor.

GSM (Global System for Mobile Communication)

GSM ist ein zellulares Funknetz der zweiten Generation, das Roaming unterstützt. Roaming bedeutet, daß durch die Kooperation verschiedener europäischer bzw. weltweiter Anbieter die Nutzung des Netzes auch außerhalb des „Heimat"-Netzbetreibers möglich ist (vgl. auch [MoPa_92, S.46]).

In den weiteren Abschnitten wird auf GSM näher eingegangen.

PCN (Personal Communication Network), DCS 1800 (Digital Cellular System 1800)

PCN wurde Ende 1988 auf Initiative des britischen Ministeriums für Handel und Industrie (DTI) ins Leben gerufen [Silb_92, S.108]. Ziel von PCN ist die Weiterentwicklung zellularer Mobilfunkdienste auf der Basis von GSM. Dabei soll es

- eine höhere Kapazität und Dienstqualität als GSM bieten,

- sowohl geschäftliche als auch private Kunden (Heimbedarf) als Zielgruppe erreichen,

- auch mit Festnetzdiensten in Wettbewerb treten.

PCN, auch DCS 1800 genannt, ist ein direkter Nachkömmling des GSM und unterscheidet sich im wesentlichen in seiner Funkfrequenz, die höher liegt als die von GSM. Es hat kleinere Zellen als GSM. Somit werden sparsamere und leichtere mobile Geräte möglich.

PCN bietet wie DECT gute Ansätze auf dem Weg zu einem weltumspannenden Mobilkommunikationssystem, dem UMTS. Ein deutliches Zeichen sind z.B. Bestrebungen, ein Interworking zwischen beiden Standards (PCN und DECT) bei der Rufnummernidentifizierung, der Aufenthaltsregistrierung und Datenverschlüsselung auf der Funkschnittstelle zu erreichen.

ERMES (European Radio Messaging System)

ERMES ist ein Beispiel für einen Pager-Dienst. Als Ergänzung zu den zellularen GSM-Diensten soll es einen europaweiten, flächendeckenden Funkrufdienst bereitstellen. Funkrufdienste stellen gewöhnlich Kommunikationsverbindungen in eine Richtung (zum mobilen Teilnehmer) bereit. Das Versorgungsgebiet ist meist in wenige großflächige Rufzonen eingeteilt, in dem sich der mobile Teilnehmer anmelden muß. Der Funkruf wird dann nur in der jeweiligen Rufzone ausgestrahlt.

DSRR (Digital Short Range Radio)

DSRR ermöglicht ausschließlich Verbindungen zwischen mobilen Teilnehmern. Dabei werden Verbindungen auch über Relaisstationen geschaltet. Zielgruppe dieses Systems sind vor allem kleinere Betriebe und Transportunternehmen, aber auch Personen, die bisher Teile ihrer Kommunikation über CB-Funk abgewickelt haben. DSRR wurde von der ETSI standardisiert und hat die Frequenzbereiche 880 – 890 MHz und 933 – 935 MHz. (vgl. [Silb_92, S.112])

MODACOM

Modacom ist ein Produkt der Deutschen Telekom und soll in den deutschen Ballungsgebieten als paketorientierter Datendienst mit 9,6 kbit/s zur Verfügung stehen. Sprache wird nicht unterstützt. Durch Mailboxdienste wird die ständige Erreichbarkeit der Endgeräte gesichert. Es unterstützt Datenbankabfragedienste und Paketvermittlung (X.25) und soll darüber hinaus als Außendienst- und Fahrzeugsteuerungssystem dienen.

Wireless Networks

Wireless Networks finden meist Anwendung als sog. Inhouse Networks in Mobile-Computing-Anwendungen. Sie arbeiten oft auf Infrarot-Basis, z.B. im medizinischen Bereich, um die dort ohnehin schon hohe (elektromagnetische) Strahlenbelastung gering zu halten.

Ein Anwendungsbereich sind sog. Ad-hoc-Wireless-Networks, die z.B. zwischen den Teilnehmern einer Konferenz ohne vorherige aufwendige Verkabelung etabliert werden. Dabei werden hohe Anforderungen an die Flexibilität der Zugangskontrollmechanismen gestellt, aber auch an die Vertraulichkeit und Integrität der übertragenen Daten.

Ein besonderer Schwerpunkt von Wireless Networks sind Wireless LANs (Local Area Networks). [ImBa_94] definiert ein Wireless LAN als ein traditionelles LAN, das um ein drahtloses Interface erweitert wurde.

Um die Interoperabilität zwischen verschiedenen Systemen zu erreichen, wurde von IEEE der Standard 802.11 definiert, der die physikalischen Schicht und eine Medium-Access-Control-Schicht definiert. Dabei soll Infrarot und Funk zum Einsatz kommen [Sava_96]. Als Übertragungskapazität sind 1 – 20 Mbit/s vorgesehen (vgl. [Mosl_96]).

Beispiele für Wireless LANs sind nach [ImBa_94] Wavelan (NCR), ALTAIR (Motorola), Range LAN (Proxim), ARLAN (Telesystem).

Iridium, Inmarsat, Globalstar und Odyssey

Iridium ist ein Satellitenkommunikationsdienst, der von Motorola ins Leben gerufen wurde. Satellitenkommunikationsdienste sind als Ergänzung zu den terrestrischen Mobilkommunikationssystemen zu verstehen. Iridium soll mit 66 auf einer niedrigen Umlaufbahn (Low Earth Orbit, LEO) kreisenden Satelliten arbeiten [ImBa_94].

Die Kommunikation zwischen den Satelliten und der Erdoberfläche erfolgt über sog. Beams. Durch die Relativbewegung zwischen Satellit und Erdoberfläche müssen die Beams für eine bestehende Verbindung ständig gewechselt werden. Dies entspricht in zellularen Funknetzen dem Zellenwechsel. Außerdem soll bei Iridium einmal pro Minute ein Wechsel des Beams erfolgen.

Durch die großen Zellgebiete lassen sich die Handover-Prozesse, die durch die Relativbewegung vorgenommen werden müssen, bedeutend einfacher als im GSM lösen, da die vergleichsweise geringe Bewegung des mobilen Teilnehmers vernachlässigt werden kann.

Als Frequenzbereiche wurden Frequenzen im L-Band für den sog. Subscriber Link reserviert (1621,35–1626,5 MHz). Für die Kommunikation zwischen den Satelliten wurden Frequenzen im Ka-Band reserviert [Gron_96]. Die Funkkanäle sind ähnlich dem GSM in TDMA-Frames (Time Division Multiplex Access) geteilt. Iridium soll im L-Band bis zu 48 unabhängige Beams besitzen, wobei jeder eine Fläche von 600 km^2 abdeckt und 200 Verbindungen gleichzeitig abwickeln kann [Gron_96]. Iridium bietet 2,4 kbit/s Datenrate.

Der große Vorteil der Satellitenkommunikation ist die überall gegebene potentielle Erreichbarkeit des mobilen Teilnehmers. Das ermöglicht neue Dienste wie weltweites Paging und Personensuchsysteme.

Besondere Bedeutung gewinnt die Satellitenkommunikation in Verbindung mit den terrestrischen zellularen Netzen (z.B. GSM). Da GSM in schwach besiedelten Gegenden nur eine unvollständige Deckung erreicht, kann mit Hilfe sog. Dualmode Handsets eine flächendeckende Erreichbarkeit garantiert werden.

Weitere im Aufbau befindliche bzw. bereits verfügbare Satellitenkommunikationssysteme sind Inmarsat (International Maritime Satellite, teilweise auch International Maritime Telecommunication Satellite Organization genannt), Globalstar (Qualcomm, 48 Satelliten) und Odyssey (TRW, 12 Satelliten) [ImBa_94]. Sie sind voll digitalisierte Netze und bieten 9,6 kbit/s Datenrate.

Inmarsat A (noch analog) diente der maritimen Kommunikation und stand ab 1982 bereit. Inmarsat B (bereits digital) wurde für die allgemeine Sprach-, Fax- und Datenkommunikation entwickelt. Mit Inmarsat C können die Daten und Telexdienste genutzt werden, mit Inmarsat M Sprache und langsame Datenkommunikation. All diese Systeme sind zwar portabel, man kann jedoch nicht von Handsets sprechen: Die leichteste und kleinste Ausstattung (Inmarsat Mini-M) wiegt 2,5 kg (siehe auch [Gron_96]).

GPS (Global Positioning System)

GPS wurde von der US-Verteidigungsbehörde ab 1970 aufgebaut und ist seit 1993 verfügbar. Es ermöglicht die absolute Standortermittlung (in 3 Ebenen) auf (fast) jedem Punkt der Erde mit einer Genauigkeit von wenigen Metern. Es liefert dabei kontinuierliche Angaben über Position und Geschwindigkeit von Objekten sowie hochgenaue Zeitangaben.

GPS ist also eigentlich kein Mobilkommunikationssystem im engeren Sinne, sondern ein Navigationssystem. Ein Vorteil von GPS gegenüber anderen Navigationssystemen ist seine Wetterunabhängigkeit. Offizieller Name ist Navstar GPS (Navigation System with Timing and Ranging). Das System besteht aus den drei Systemanteilen Raumsegment, Kontrollsegment und Nutzsegment (nach [Grab_89]).

Das *Raumsegment* besteht aus 18 Satelliten ([With_95] nennt 24 Satelliten, von denen nur 21 benötigt werden.) auf 6 Umlaufbahnen in 20178 km Höhe mit einer Umlaufzeit von 11 Stunden 57 Minuten. Zu jedem Zeitpunkt können so auf jedem Punkt der Erde mindestens 4 Satelliten gleichzeitig empfangen werden.

Jeder Satellit hat einen Empfänger und Sender und sendet auf zwei L-Band Trägerfrequenzen (L1=1575,42 MHz und L2=1227,60 MHz) einen zivilen (C/A-Code, Clear oder Coarse Acquisition Code) und einen militärischen Code (P-Code, Precision oder Pseudorandom Code). Übermittelt werden die Identität des sendenden Satelliten, seine Position, die Uhrzeit und einige weitere Informationen.

Das P-Code-Signal wird verschlüsselt übertragen, hat eine Bandbreite von 20 MHz und ist Spread-Spectrum-(PN)-moduliert. Das C/A-Code-Signal hat dagegen nur eine Bandbreite von etwa 2 MHz.

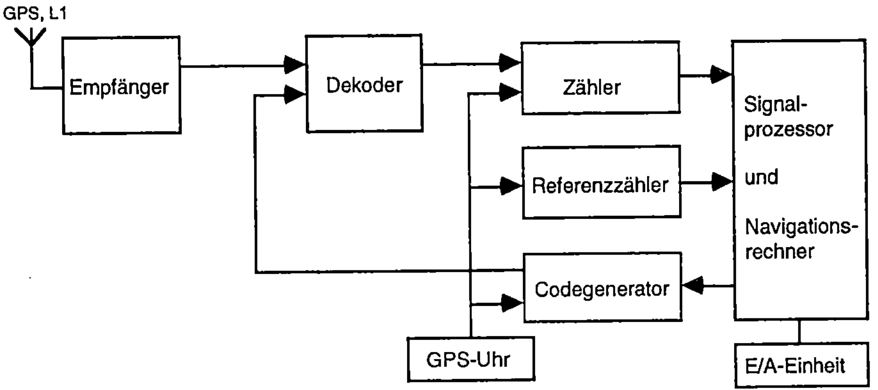

Abb.1-1: Prinzipschaltbild eines GPS-Empfängers für C/A-Code

Das *Kontrollsegment* besteht aus mehreren Bodenstationen, welche die Flugbahnen der Satelliten vermessen und ggf. Korrekturdaten übermitteln. Die Bodenstationen überprüfen außerdem, ob die von den Satelliten gesendeten Daten richtig sind.

Das *Nutzsegment* wird durch die sog. GPS-Empfänger (siehe Abb. 1-1) gebildet. Der GPS-Empfänger auf der Erde empfängt zur gleichen Zeit die Signale von 4 Satelliten, wobei nur 3 Signale für eine dreidimensionale Standortbestimmung nötig sind. Der vierte Satellit dient zur Synchronisation der Empfängeruhr mit der Atomuhr des Satelliten. Durch die Auswertung der Phasenverschiebung der Satellitensignale (Doppler-

Effekt) kann der Empfänger die eigene Geschwindigkeit und Beschleunigung ermitteln.

Die Genauigkeit von GPS beim C/A-Code beträgt ca. 30 – 100 m, die Geschwindigkeit kann auf 0,1m/s ermittelt werden und die Zeitgenauigkeit beträgt 100 µs. Leider sieht das System vor, daß der Betreiber die Ungenauigkeit bewußt auf 200 m erhöhen kann.

Die Genauigkeit von GPS beim P-Code soll 15 m betragen. Die Geschwindigkeitsmessung wird ebenfalls mit 0,1m/s angegeben und die Zeitgenauigkeit mit 100 ns.

Die Genauigkeit von GPS kann durch das sog. Differenzortungsverfahren (Differential GPS) weiter verbessert werden. Hierzu wird ein GPS-Empfänger an einem exakt vermessenen Standort stationär eingesetzt. Dessen bekannte Position wird mit den von GPS gelieferten Daten verglichen und die Korrekturdaten an alle lokalen GPS-Empfänger weitergeleitet.

Dorothy E. Denning und Peter F. MacDoran beschreiben in [DeMa_96] eine Anwendung des GPS-Systems, welche einem Nutzer (Client) den Zugang zu Diensten eines besonders schützenswerten Festnetzes (z.B. firmeninternes Netz) ermöglicht. Dabei steht die fehlerfreie Authentikation des Clients im Vordergrund. So soll über die bekannten Authentikatoren (z.B. Wissen eines Passwortes, Besitz einer Chipkarte, Test biometrischer Merkmale) hinaus der aktuelle Aufenthaltsort des Clients als Authentikator dienen. Der Client besitzt ein Gerät („CyberLocator"), mit dem die GPS-Signale empfangen werden können. Der Authentikator besteht aus den empfangenen zeitabhängigen Signalen der GPS-Satelliten.

Beim Zugang wird der Authentikator an den Host gesendet. Der Host verfügt ebenfalls über ein Gerät zum Empfang eigener GPS-Signale. Die eigenen Signale verwendet er als Referenz. Bei der Authentikation berechnet der Host aus Referenz und Authentikator die Standorte bzw. die Differenz zwischen beiden. Bei Unterschreiten einer bestimmten Entfernung gelingt der Zugang zum Host. Für eine beidseitige Authentikation soll die Prozedur zusätzlich in der Gegenrichtung ausgeführt werden.

Das Fälschen eines Authentikators, d.h. das Nachbilden der GPS-Signale mit einer ausreichenden Genauigkeit, soll nicht möglich sein, da feine Umlaufbahnabweichungen der Satelliten nicht in Realzeit vorhergesagt werden können, aber zur Authentikation herangezogen werden. Deshalb ist es für das Funktionieren des Systems auch erforderlich, daß die

Referenz- und Authentikatorsignale von denselben Satelliten stammen. Damit ist die maximale Entfernung zwischen Client und Host auf maximal 2.000 bis 3.000 km begrenzt. Weiterhin soll der Nichtfälschbarkeit die künstlich erzeugte Ungenauigkeit des C/A-Codes zugute kommen, da auch sie für den Angreifer nicht vorhersagbar ist, es sei denn, der GPS-Betreiber ist der Angreifer. Zur Verhinderung von Replay-Angriffen besitzt jeder Authentikator eine begrenzte Gültigkeit. In der vorgestellten Implementation sind dies 5 ms. Die Differenzmessung soll mindestens metergenaue Ergebnisse liefern. Ein Authentikator besitzt eine Länge von 20.000 Bytes. Für eine kontinuierliche Authentikation (alle Sekunden, aber auch in größeren Zeitabständen) müssen dann zusätzlich 20 Byte/s übertragen werden.

Als Vorteil geben die Autoren an, daß keinerlei (zusätzliche) geheime Information zur Verbesserung der Zugangskontrolle durch das vorgestellte Verfahren erforderlich ist. Wenn das mobile Gerät gestohlen wird, gelangt keine geheime Information in fremde Hände. Vielmehr legt der Angreifer bei einem Zugangsversuch sogar seinen aktuellen Aufenthaltsort offen. Die Bemerkungen zeigen, daß eine ausschließliche Authentikation über das vorgestellte Verfahren nicht genügt, da sonst für einen Angreifer ein Zugang zum System innerhalb der akzeptierten Entfernung möglich wäre. Dies muß also durch zusätzliche Authentikationsprozeduren verhindert werden.

Da das mobile Gerät zum Empfang der GPS-Signale keine (oder nur einfache) Signalverarbeitungsfunktionen enthält, ist es klein, leicht und kostengünstiger als handelsübliche GPS-Empfänger — nach [DeMa_96] um den Faktor 10 gegenüber normalem GPS und sogar um den Faktor 100 gegenüber Differential GPS.

UMTS (Universal Mobile Telecommunication System)

Das Universal Mobile Telecommunication System wird als das allgemeine Mobilkommunikationssystem der dritten Generation bezeichnet. In UMTS ist die Schaffung einer gemeinsamen Plattform für existierende Systeme der zweiten Generation, beispielsweise Mobilkommunikationssysteme der Standards GSM, DECT (Digital European Cordless Telephone), DCS 1800 (Digital Cellular System 1800), ERMES (European Radio Messaging System) sowie die Integration neuer Systeme geplant.

GSM dürfte das weltweit bisher erfolgreichste digitale zellulare Mobilfunknetz der zweiten Generation sein. Seinem Erfolg ist es sicherlich auch teilweise zu verdanken, daß die Initiative UMTS ins Leben gerufen wurde. Dabei wird davon ausgegangen, daß die Netze der zweiten Generation nur geringe Teilnehmer- und Übertragungskapazitäten sowie eine ineffiziente Abdeckung unterschiedlicher Funkräume besitzen [NoRo_94, Call_94].

Merkmale von UMTS sind (siehe auch [Swai_94]):

- Weltweite Nutzbarkeit: Das bedeutet, daß UMTS einer internationalen Normung unterzogen werden muß. Deshalb soll eine weltweite Standardisierung unter dem Namen FPLMTS (Future Public Land Mobile Telecommunication System) bzw. neuerdings IMT-2000 (International Mobile Telecommunication 2000) erfolgen. FPLMTS/IMT-2000 wurde initiiert von der ITU (International Telecommunication Union).

- Integration aller Mobilfunkdienste:

  - schnurlose: CT2 (Cordless Telephone 2), z.B. das britische Telepoint, und DECT,

  - zellulare: GSM, DCS 1800, PCN (Personal Communication Network),

  - Satellitenkommunikation, z.B. Iridium von Motorola,

  - weitere: z.B. Funkrufdienste wie ERMES.

- Unterstützung von Mobilität in Festnetzen (z.B. Personal Mobility).

- Bereitstellung von mobilen und Festnetz-Telekommunikationsdiensten mit Kapazitäten bis zu 2 Mbit/s.

- Nutzung neuer Frequenzbereiche: Für FPLMTS/IMT-2000 wurden bereits Frequenzbänder zwischen 1,7 und 2,69 GHz reserviert. Ebenso soll ein Bereich bei 20 GHz für Satellitennetze belegt werden.

- Kleinere Funkzellen, um noch mehr Teilnehmer pro Fläche versorgen zu können. UMTS will mindestens 50% der Bevölkerung erreichen, also ein Massendienst werden.

Im Zusammenhang mit UMTS und FPLMTS/IMT-2000 tauchen oft auch die Begriffe Universal Personal Telecommunications (UPT) und Personal Communication Services (PCS) auf. Die Kommunikationssysteme der 3. Generation sollen dabei folgende Eigenschaften besitzen:

- Unterstützung von Terminal Mobility und/oder Personal Mobility. Hierbei existieren sogar Überlegungen, einem Teilnehmer eine von Geburt an gültige „Kommunikationsnummer" zuzuweisen.

- Bereitstellung nutzerspezifischer Dienstprofile, z.B. Anrufmanagement-Dienste (Call Management, Erreichbarkeitsmanagement). In [ElTh_94] wird angegeben, daß es geplant ist, in sog. User Profiles netzseitig zu speichern, in welchen Gebieten und unter welchen Bedingungen ein bestimmter Dienst für einen Teilnehmer verfügbar ist. Eine Initiative für Erreichbarkeitsmanagement war z.B. PSCS (Personal Services Communication Space) [GuGK_94]. In PSCS sollten die Dienstnutzungsprofile und Erreichbarkeitsprofile im Netz, d.h. für den Netzbetreiber zugänglich gehalten werden. Die Sicherheit dieses Konzeptes setzte somit das Vertrauen in den Netzbetreiber voraus. In [BDFK_95, BeDF_96] wurde ein Konzept für persönliches Erreichbarkeitsmanagement vorgestellt, das diesen gravierenden Nachteil nicht besitzt, da die Erreichbarkeitsprofile eines Nutzers in einem ihm vertrauenswürdigen Bereich gehalten werden.

- Implementation fortgeschrittener Location Management Strategien mit dynamischen Location Areas und neuen Update-Strategien: So schlagen [BaKel_93] z.B. vor, eine Untermenge von Zellen zu sog. Reporting Cells zusammenzufassen. Bei einem eintreffenden Ruf werden dann Paging-Signale in diese Zellen ausgestrahlt. In [BaKe_94] schlagen sie drei neue Update-Strategien vor: Time based, Movement based und Distance based Update. Dabei wird die seit dem letzten Update verstrichene Zeit, die festgestellten Bewegungen bzw. die zurückgelegte Entfernung in den Update-Prozeß mit einbezogen.

Um die Vielfältigkeit der angebotenen Dienste, Frequenzen und Übertragungstechniken überhaupt effizient nutzen zu können, ist die Entwicklung eines multifunktionalen persönlichen Kommunikationsendgerätes (*Personal Communicator*), das alle mobilen Möglichkeiten in sich vereint, für UMTS/FPLMTS/IMT-2000 nötig. Außerdem wird es sicher in Zukunft an vielen (öffentlichen) Stellen multifunktionale Endgeräte und Kommunikationsdosen geben, über die die Dienste genutzt werden können.

Als architekturelle Basis für UMTS gilt nach [Mitt_94] eine Dreiteilung in die Komponenten Access Network, Intelligent Network (IN) und Core (oder Fixed) Network.

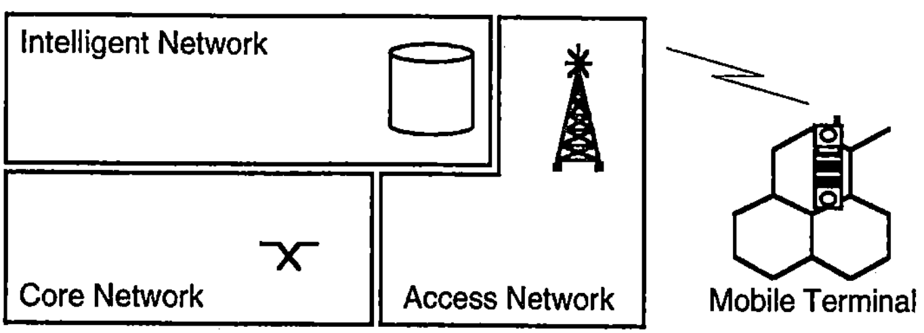

Abb.1-2: Architekturkonzept von UMTS (vgl. [Mitt_94])

Durch das IN-Konzept soll die schnelle und flexible Implementierung von Diensten erreicht werden. Die Mobilitätsfunktionen (Location Registration, Location Update etc.) sollen auch dort realisiert werden. Das Core Network soll durch Breitband-ISDN (B-ISDN) realisiert werden. Die Schnittstelle zum mobilen Teilnehmer bildet ein spezielles Zugriffsnetz, das direkt an das B-ISDN ankoppelt. Damit ist UMTS nicht mehr *das* mobile Netz, sondern ein „Netz von Netzen".

In [Römh_95] wurden Untersuchungen zu sicherheitsrelevanten Arbeiten an UMTS durchgeführt. Leider wurden dabei Sicherheitsdefizite festgestellt. So ist in UMTS bisher *kein* datenschutzgerechtes Location Management vorgesehen. Teilweise wird die Situation gegenüber dem GSM durch die fortgeschrittenen Location Management Prozeduren sogar noch verschärft! Da UMTS/FPLMTS/IMT-2000 jedoch noch in der Standardisierungsphase ist, bietet es es – beispielsweise durch die Integration verschiedener Mobilfunksysteme – Möglichkeiten zur Implementation von Sicherheitsfunktionen. Außerdem erlaubt das modulare Konzept aus IN-Funktionen jederzeit die Implementation von Zusatzdiensten für ein datenschutzgerechtes Location Management.

1.2   Mehrseitige Sicherheit

Künftige Datennetze sind offene, heterogene und komplexe Gebilde. Interessenkonflikte zwischen Akteuren (Dienstnutzer, Netzbetreiber, Dienstebereitsteller, Abrechnungseinheiten, regulierende Einrichtungen) sind vorprogrammiert. Im engeren Sinne sind hier die Schutzinteressen der Beteiligten von Bedeutung.

Mehrseitige Sicherheit bedeutet die Einbeziehung der Schutzinteressen *aller* Beteiligten sowie das Austragen daraus resultierender Schutzkonflikte beim Entstehen einer Kommunikationsverbindung.

Wann die *mehrseitige* Betrachtungsweise von IT-Sicherheit erstmals zu finden ist, läßt sich nur schwer nachvollziehen. Zumindest stellt Paul Baran bereits 1964 fest, daß sich die Sicherheitsanforderungen Vertraulichkeit und Integrität auf mehr beziehen können als nur auf den Inhalt zu übermittelnder Nachrichten. In [Bara_64] wird bereits vorgeschlagen, sowohl Ende-zu-Ende-Verschlüsselung als auch Verbindungsverschlüsselung (link-to-link-encryption) miteinander zu kombinieren, um Adressierungsinformation vor einem externen Angreifer zu verbergen, der auf Leitungen abhört. Ansonsten gingen alle Sicherheitskonzepte noch davon aus, daß die Teilnehmer in offenen Kommunikationsnetzen mindestens *einer zentralen Instanz* vertrauen müssen, damit sie geschützt sind.

David Chaum stellte 1981 in seinem Mixe-Artikel [Chau_81] fest, daß dies aus Sicht der Teilnehmer eine unbefriedigende Situation ist und präsentierte eine Lösung, bei der aus der Sicht der Teilnehmer lediglich eine von n Parteien ($n>1$) vertrauenswürdig sein muß, damit der Teilnehmer geschützt ist. Im Grenzfall ist jeder Teilnehmer eine der n Parteien, und damit nehmen die Nutzer ihren Schutz in die eigenen Hände. Somit entsteht ein ausgewogeneres Verhältnis zwischen Netzbetreiber, der bisher in einer sehr starken Position war, und Nutzern. Dies könnte man als die „erste Definition" von mehrseitiger Sicherheit betrachten.

Die öffentliche Auseinandersetzung über Datenschutz und die Risiken der automatisierten Informationsverarbeitung hatte mit dem Volkszählungsurteil Ende 1983 einen Höhepunkt. Vom Verfassungsgericht wurde das „Recht auf informationelle Selbstbestimmung" formuliert. Es gewährleistet die Befugnis des Einzelnen, grundsätzlich selbst über die Preisgabe und Verwendung seiner Daten zu bestimmen (BVerfGE 65,1) und ist bis heute eine Motivation zur Weiterentwicklung von mehrseitiger Sicherheit.

Es ist normal, daß Menschen untereinander Konflikte haben. Informationstechnische Systeme sind dann sicher, wenn sie in der Lage sind, die bereits existierenden (externen) Konflikte zwischen Menschen auszutragen und nicht noch zusätzliche Konflikte zwischen ihnen erzeugen. Eckard Raubold nennt 1986 u.a. folgende grundsätzliche Einsichten [Raub_86]: „Es gibt einen prinzipiellen Konflikt zwischen der Forderung nach Offenheit eines Systems für jedermann und der Notwendigkeit einer ‚Vertrauensbasis' zwischen kommunizierenden Partnern. ... Vertrauen ist nie absolut, sondern immer nur insoweit als Grundlage einer Beziehung tragfähig, wie eine Zuwiderhandlung prinzipiell im Streitfall nachweisbar bleibt."

Dieses Buch beschäftigt sich insbesondere mit Sicherheit in Mobilkommunikationssystemen. Deshalb werden in den folgenden Abschnitten einige Bemerkungen zur Beschreibung von Sicherheitsanforderungen für Mobilkommunikationssysteme gemacht. Diese sind teilweise ableitbar aus (bzw. identisch mit) denen herkömmlicher Kommunikationsnetze [Pfit_90]. Jedoch bringt der Mobilitätsaspekt neue oder auch speziellere Forderungen hervor.

1.2.1 Technische Datenschutzforderungen

Eine Möglichkeit, Schutzziele zu formulieren, sind die technischen Datenschutzforderungen, in Tab. 1-1. Sie versuchen, die Datenschutzinteressen mehrerer Parteien mit u.U. gegensätzlichen Interessen unter ein gemeinsames Konzept zu stellen.

Die Dreiteilung nach Vertraulichkeit, Integrität und Verfügbarkeit mit ihren Unterteilungen hat den Vorteil, sehr übersichtlich zu sein. Allerdings fällt auf, daß die Begriffe teilweise weit gefaßt wurden: So könnte man i1 als *Integrität der Nachrichteninhalte* bezeichnen, wogegen i2 – i4 unter dem Oberbegriff *Zurechenbarkeit* (accountability) eingeordnet werden können. Diese Vierteilung nach Vertraulichkeit, Integrität, Zurechenbarkeit und Verfügbarkeit wird deshalb auch beispielsweise in [CTCPEC_93] und [RaPM_96] verwendet. Ähnlich verhält es sich mit c2, das auch unter *Anonymität und Unbeobachtbarkeit* gefaßt werden kann. Die Forderung c3 stellt offenbar ein Spezifikum für die Mobilkommunikation dar. In vielen Mobilkommunikationsnetzen fällt sog. Lokalisierungsinformation an bzw. wird zur Diensterbringung benötigt. Lokalisierungsinformation dient einem Netz dazu, mobile Dienste effizient anzubieten und Verbindungen zu einem mobilen Teilnehmer effizient aufzubauen. Aus Sicht der Privatheit handelt es sich hierbei um schützenswerte personenbezogene Daten über einen mobilen Teilnehmer.

Vertraulichkeit (confidentiality)

c 1   Nachrichteninhalte sollen vor allen Instanzen außer dem Kommunikationspartner vertraulich bleiben.

c 2   Sender und/oder Empfänger von Nachrichten sollen voreinander anonym bleiben können, und Unbeteiligte (inkl. Netzbetreiber) sollen nicht in der Lage sein, sie zu beobachten.

c 3   Weder potentielle Kommunikationspartner noch Unbeteiligte (inkl. Netzbetreiber) sollen ohne Einwilligung den momentanen Ort einer mobilen Teilnehmerstation bzw. des sie benutzenden Teilnehmers ermitteln können.

Integrität (integrity)

i 1   Fälschungen von Nachrichteninhalten (inkl. des Absenders) sollen erkannt werden.

i 2   Gegenüber einem Dritten soll der Empfänger nachweisen können, daß Instanz x die Nachricht y gesendet hat.

i 3   Der Absender soll das Absenden einer Nachricht mit korrektem Inhalt beweisen können, möglichst sogar den Empfang der Nachricht.

i 4   Niemand kann dem Netzbetreiber Entgelte für erbrachte Dienstleistungen vorenthalten. Umgekehrt kann der Netzbetreiber nur für korrekt erbrachte Dienstleistungen Entgelte fordern.

Verfügbarkeit (availability)

a 1   Das Netz ermöglicht Kommunikation zwischen allen Partnern, die dies *wünschen* (und denen es nicht verboten ist).

Tab.1-1: Die technischen Datenschutzforderungen nach [Pfit_93]

Die technischen Datenschutzforderungen sind recht umfassend und gut geordnet. Sie dienen daher als Basis der hier vorgenommenen Sicherheitsbetrachtungen. Nicht alle Forderungen werden jedoch für alle Teilnehmer eines Kommunikationsnetzes gleich stark gelten. Vielmehr stellen die Forderungen eine Art „Maximaldatenschutz" dar. Das bedeutet, daß für einen Teilnehmer die Forderungen zumindest von technischer Seite her erfüllt werden können, sofern er dies wünscht. Daß dermaßen umfassende Schutzziele wie die oben vorgestellten nicht aus der Luft gegriffen sind, sondern auch gesellschaftlich und juristisch Beachtung finden, läßt sich beispielsweise aus dem sog. „Multimediagesetz" (Informations- und Kommunikationsdienstegesetz, IuKDG, siehe z.B. [IuKDG_97, Enge_97, Wuer2_96]) ablesen.

Ein wesentlicher Punkt bei der Realisierung von Sicherheit ist, daß zum Erbringen der Sicherheitsfunktion kein explizites Vertrauen in „fremde" Systemteile oder andere Teilnehmer vorausgesetzt wird, d.h. sie soll nicht oder, wenn dies nicht möglich ist, nur minimal von anderen beteiligten Instanzen (andere Teilnehmer, Netzbetreiber, Hersteller etc.) abhängen. In letzter Konsequenz bedeutet das, der Teilnehmer vertraut nur *sich selbst und seiner selbst gewählten Umgebung*, d.h. *seinem* Endgerät bzw. Rechner.

1.2.2   Anforderungen mehrseitiger Sicherheit

Eine weitere Einteilungsmöglichkeit nach Schutz- bzw. Sicherheitszielen sind die „Anforderungen mehrseitiger Sicherheit" nach [RDLM_95]. Sie stellen bestimmte Teilaspekte von Vertraulichkeit und Integrität expliziter dar:

Vertraulichkeit der Inhalte (confidentiality)

> Die übertragenen Inhalte einer Kommunikation werden nur den unmittelbar Beteiligten bekannt. Dieses Schutzziel entspricht der Datenschutzforderung c1.

Unbeobachtbarkeit (unobservability)

> Eine kommunikative Handlung kann durchgeführt werden, ohne daß ein Außenstehender (ggf. auch der Netzbetreiber) davon erfährt. Dieses Schutzziel ist in den Datenschutzforderungen c2 und c3 enthalten.

Anonymität (anonymity)

> Ein Benutzer hat die Möglichkeit, auch ohne Preisgabe seiner Identität Informationen zu erhalten bzw. zu kommunizieren. Dieses Schutzziel ist in den Datenschutzforderungen c2 und c3 enthalten.

Unverkettbarkeit (unlinkability)

Mehrere kommunikative Handlungen dürfen nicht miteinander in Verbindung gebracht werden, da auf diese Weise erstellte Informationssammlungen die Anonymität und Unbeobachtbarkeit verletzen können. Dieses Schutzziel ist in der Datenschutzforderung c2 (ggf. auch in c3) enthalten.

Pseudonymität (pseudonymity)

Auch wer anonymen Benutzern kostenpflichtige Dienste anbietet, ist imstande, auf sichere Weise zu seinen Einnahmen zu kommen, gegebenenfalls durch elektronische Substitute von Bargeld. Bei Anonymität ist Pseudonymität eine Voraussetzung für i4. Ggf. könnten die Nachweise in den Datenschutzforderungen i2 und i3 auch pseudonym geführt werden.

Zurechenbarkeit (accountability)

Zu Aktionen können die Urheber bzw. Verantwortlichen ermittelt und ggf. belangt werden. Dieses Schutzziel entspricht den Datenschutzforderungen i2, i3 und i4.

Unabstreitbarkeit (non-repudiation)

Quittungen bzw. Belege über das fristgerechte und tatsächliche Absenden und den Empfang von Nachrichten sind erhältlich. Dieses Schutzziel entspricht den Datenschutzforderungen i2 und i3.

Übertragungsintegrität (data exchange integrity)

Übertragene Daten kommen unmanipuliert beim Empfänger an. Auch die Aufzeichnung und erneute Versendung einer eigentlich korrekten Nachricht muß vermieden oder zumindest erkannt werden können. Dieses Schutzziel entspricht zumindest der Datenschutzforderung i1, aber auch a1, wenn der Schwerpunkt sowohl auf der Verhinderung von Manipulationen als auch auf „ankommen *müssen*" liegt.

Da bei den Betrachtungen nicht mehr nur die Sicherheit eines Netzbetreibers oder Dienstanbieters eine Rolle spielt, sondern ebenfalls die Sicherheit des Nutzers, betreffen die genannten Schutzziele die Interessen mehrerer Instanzen. Deshalb kann nach Erreichen der Schutzziele von *mehrseitiger Sicherheit* gesprochen werden. Nach [RDLM_95] sollen dadurch kostspielige und zeitraubende Konflikte zwischen den beteiligten Instanzen vermieden werden.

1.2.3   Sicherheitsanforderungen in der Literatur

Bei der Analyse verschiedener Literaturquellen zur Mobilkommunikation unter den Gesichtspunkten Datenschutz und Datensicherheit zeigt sich, daß die Autoren unterschiedliche Anforderungen an die Sicherheit in Mobilkommunikationsnetzen stellen. Ein wesentlicher Grund dafür sind voneinander abweichende Vorstellungen von schützenswerten Informationen oder Komponenten eines Mobilkommunikationsnetzes. Der folgende Abschnitt nennt und diskutiert ausgewählte Sicherheitsanforderungen.

In [CoBr_92] werden vier Forderungen an ein Funknetz in Bezug auf Datenschutz erhoben:

1. Schutz der Inhaltsdaten (protection of user data),

2. Schutz der Verbindungsdaten (protection of signalling information), inkl. Ort des Teilnehmers,

3. Benutzer- und Geräteauthentifikation (user authentication, equipment verification),

4. korrekte Abrechnung durch Netzbenutzer und Netzbetreiber (fraud prevention).

Gemäß den o.g. technischen Datenschutzforderungen entsprechen die in [CoBr_92] formulierten den Forderungen c1, c2, c3, i1 und i4. Dabei enthält Anforderung 2 den Schutz des Aufenthaltsortes von Benutzern entsprechend c3, wenn der Netzbetreiber mit eingeschlossen ist. Entsprechendes gilt für Anforderung 4.

Eine weitere Zusammenstellung von Sicherheitsanforderungen ist in [GrWo_92] zu finden:

1. Gegenseitige Identifikation und Authentikation zwischen den Knoten aller Netzverbindungen,

2. Schutz von Informationen, welche die Identität und den Aufenthaltsort des Nutzers betreffen,

3. Schutz der Nutzer- und Signalisierungsdaten, um ein Abhören dieser Daten zu verhindern und damit eine Lokalisierung oder Identifizierung eines Nutzers zu unterbinden,

4. Nichtabstreitbare Abrechnung der Gebühren – es muß möglich sein, unabhängig die Richtigkeit von Gebührenabrechnungen eines Dienstanbieters für einen Nutzer zu überprüfen.

Die Anforderungen von [GrWo_92] tangieren die wichtigsten Aspekte des Datenschutzes in Mobilfunknetzen, obgleich sie relativ allgemein formuliert sind. Es fehlen hier nur die Punkte Nutzeranonymität (c2), Empfangsbestätigung bzw. Absendebestätigung (i2, i3), welche bei den technischen Datenschutzforderungen vorhanden sind.

In [Frey_94] werden vier Sicherheitsanforderungen für UMTS formuliert:

1. Die Menge der geheimen Daten im System sollte so klein wie möglich sein. Die geheimen Informationen zur Authentikation müssen an gut geschützten Orten verwahrt und dürfen nicht übertragen werden. Ein geheimer Schlüssel zur Authentikation sollte beim Nutzer aufbewahrt werden.

2. Korrekte Rechnungen sind im Interesse aller beteiligten Parteien. Eine eingeschränkte Vertrauensbeziehung wird durch einen sicheren Rechnungsdienst zur Überprüfung im Falle einer Meinungsverschiedenheit kompensiert.

3. Geheime Informationen zur Authentikation, zum Beispiel GSM-Tripel, sollten nicht ohne Restriktionen zwischen den einzelnen Teilen des Netzes übertragen werden.

4. Der Austausch von geheimen Schlüsseln zwischen Teilnehmern und Stationen, welche im voraus keine Möglichkeit hatten, über einen sicheren Kanal ein Geheimnis zu teilen, muß möglich sein.

Die aus [Frey_94] entnommenen Sicherheitsanforderungen stellen die Interessen der Netzbetreiber stark in den Vordergrund. Dem Schutz des Netzes vor unberechtigter Nutzung durch Dritte dienen Anforderung 1 und Anforderung 3, die Ausstellung von korrekten Rechnungen (Anforderung 2) genügt den Bedürfnissen aller beteiligten Parteien. Der Schutz des momentanen Aufenthaltsortes eines Nutzers (c3) wird bei [Frey_94] gar nicht berücksichtigt.

In [MoPa_92] finden sich die Sicherheitsanforderungen für das später noch näher betrachtete GSM-Netz:

1. Schutz des Netzes vor unautorisiertem Zugriff und damit gleichzeitig Schutz der Nutzer vor betrügerischer Dienstnutzung durch Unberechtigte. Dies soll durch Authentikationsverfahren erreicht werden [MoPa_92, S.477].

2. Gewährleistung der Privatheit des Nutzers:

   - Das System soll eine Verschlüsselung der nutzerspezifischen Informationen (user information) erlauben. Die Implementierung dieser Funktionen soll jedoch keinen signifikanten Einfluß auf die Kosten der Teile des Systems haben, die durch Teilnehmer genutzt werden, welche diese Sicherheitsfunktionen nicht benötigen oder nicht wünschen [MoPa_92, S.34]. Dies soll durch eine Verschlüsselung auf der Funkschnittstelle erreicht werden. Dabei sollen neben den Nutzdaten auch personenbezogene Signalisierdaten geschützt werden können [MoPa_92, S.477].

   - Schutz der Identität der Mobilfunkteilnehmer vor Outsidern durch Verwendung einer temporären Identität auf der Funkschnittstelle [MoPa_92, S.477]. Dies soll dem Schutz vor Enthüllung des aktuellen Aufenthaltsorts dienen [MoPa_92, S.71].

Die aus [MoPa_92] entnommenen Sicherheitsanforderungen lassen trotz der Einbeziehung von Privatheitsaspekten noch einige Wünsche offen: So wird in Anforderung 1 lediglich die Authentikation des Nutzers vor dem Netz gefordert, jedoch keine gegenseitige Authentikation. Die Gewährleistung der Vertraulichkeitsanforderungen (Anforderung 2) bezieht sich nur auf die Funkschnittstelle, also gegen Outsider, nicht jedoch gegen die Betreiber des Netzes. Die Autoren weisen darauf hin, daß alle Sicherheitsfunktionen des GSM nicht mit dem Ziel entwickelt wurden, den Sicherheitsstandard des darunter liegenden Festnetzes (z.B. ISDN) zu übertreffen! Sie legen sogar offen, daß alle Sicherheitsmechanismen unter alleiniger Kontrolle des Netzbetreibers sind, d.h. der Nutzer keine Kontrolle darüber hat, ob und welche Sicherheitsfunktionen angewendet werden (siehe auch [MoPa_92, S.477f]). Der Grund für die nicht nutzerkontrollierbare Sicherheit bestand lt. [MoPa_92, S.71] darin, daß nutzerkontrollierbare Sicherheitsfunktionen viel kostenintensiver und komplizierter zu handhaben gewesen wären.

[LiHa1_95] nennt Sicherheitsanforderungen an Personal Communication Systems (PCS), die den Aspekt der Authentikation und die damit verbundenen Sicherheitsmechanismen besonders hervorheben:

1. Generierung von Sitzungsschlüsseln zur Verschlüsselung der über die Funkschnittstelle übertragenen Daten (Session key establishment).

2. Schutz der Vertraulichkeit der Daten, welche die Identität und den Aufenthaltsort von Teilnehmern betreffen (Caller ID confidentiality):

   - Der Aufenthaltsort des Teilnehmers soll vertraulich bleiben gegenüber Outsidern.

   - Die Identität des Teilnehmers soll auch gegenüber fremden Netzen (visited networks) geschützt bleiben.

3. Gegenseitige Authentikation zwischen Teilnehmer und aktuellem Netz (serving network).

4. Unabstreitbarkeit von Gebührendaten (non-repudiation of service), sowohl aus Sicht des Teilnehmers als auch aus Sicht eines fremden Netzes (visited network).

Die in [LiHa1_95] formulierten Anforderungen sind denen von [GrWo_92] sehr ähnlich. Allerdings wurden die Vertraulichkeitsanforderungen etwas präzisiert. Dafür wird über die gegenseitige Authentikation *aller* Netzverbindungen nichts ausgesagt.

[SpTh1_93] betrachten die Sicherheitsanforderungen in Mobilkommunikationssystemen vor allem aus dem Blickwinkel der möglichen Lokalisierung von Teilnehmern:

1. Sie stellen fest, daß der uneingeschränkte Zugriff auf die Lokalisierungsinformation eines Teilnehmers eine unakzeptable Einschränkung seiner Privatheit darstellt.

2. Darüber hinaus ist die Authentizität der Teilnehmer, von Netzkomponenten sowie der Aufenthaltsinformation selbst von Bedeutung.

3. Um die Vertraulichkeit des Aufenthaltsorts zu gewährleisten, schlagen sie außerdem vor, die Adressierungsinformationen zu verbergen.

Da die global nutzbaren Mobilkommunikationssysteme in der Regel mehrere administrative Bereiche (z.B. Staaten und Netzbetreiber) überspannen, ist eine Zentralisierung der Sicherheitsstrukturen entweder nicht wünschenswert oder gar nicht möglich. Daher schlagen [SpTh1_93] vor, einen „nutzerzentrierten" Ansatz zur Allokation der

Sicherheitsfunktionen zu wählen. In einem sog. „User Agent" sollen die personenbezogenen Daten (einschließlich der Aufenthaltsinformation) gespeichert werden. Der User Agent soll vertrauenswürdig für den mobilen Teilnehmer sein.

1.3 Angreifermodell unter dem Aspekt der Vertraulichkeit der Lokalisierungsinformation

Der Schutz des Aufenthaltsorts von Mobilkommunikationsteilnehmern (c3) und die Implementierung eines entsprechenden Mobilitätsmanagements sind zweifellos Vertraulichkeitsforderungen. Das Einhalten der Sicherheitseigenschaften (und hier speziell der Vertraulichkeitseigenschaft c3 als Hauptgegenstand der folgenden Kapitel) kann nur unter der unterstellten Stärke eines Angreifers beurteilt werden.

Im folgenden Angreifermodell wurde von einem Angreifer ausgegangen, dessen Ziel es ist, gezielt *Bewegungsprofile von Teilnehmern* zu erstellen. Als Bewegungsprofil sei die mit hinreichend kleinen Abständen mehrmals hintereinander mögliche Lokalisierung und Speicherung des aktuellen Aufenthaltsorts eines bestimmten Teilnehmers durch den Angreifer bezeichnet. Dies ist eine schwächere Eigenschaft als c3, da der einmalige Verlust der Vertraulichkeit des Aufenthaltsorts nicht genügt, um Bewegungsprofile zu erstellen, aber bereits gegen c3 verstößt.

1.3.1 Allgemeines zu Angreifermodellen

Als potentielle Angreifer müssen Außenstehende, Teilnehmer, Betreiber, Hersteller, Entwickler und Wartungstechniker betrachtet werden, die natürlich auch kombiniert auftreten können. Außerdem kann man nach Angreifern innerhalb des Netzes (Insidern) und außerhalb des Netzes (Outsidern) unterscheiden. Analog zu [Pfit_90, S.14f] sei an dieser Stelle ausdrücklich darauf hingewiesen, daß die Feststellung, daß eine Instanz angreifen kann, nicht gleichzusetzen ist damit, daß sie wirklich angreift. Die in den folgenden Abschnitten gemachten Sicherheitsbetrachtungen gehen von einem Angreifermodell aus, das folgende Aspekte berücksichtigt:

Aktive oder passive Rolle des Angreifers

- Was kann der Angreifer maximal **passiv beobachten**?
- Was kann der Angreifer maximal **aktiv kontrollieren** (steuern, verhindern)?
- Was kann der Angreifer **aktiv verändern**?

Mächtigkeit des Angreifers

- Wieviel **Rechenkapazität** besitzt der Angreifer?
- Wieviel **finanzielle Mittel** besitzt der Angreifer?
- Wieviel **Zeit** besitzt der Angreifer?
- Welche **Verbreitung** hat der Angreifer? Oder spezieller: Welche Leitungen, Kanäle, Stationen kann der Angreifer beherrschen?

Tab.1-2: Aspekte eines Angreifermodells

Im folgenden soll die unterstellte Stärke eines Angreifers genannt werden, unterschieden nach passivem/aktivem Angreifer und dessen Mächtigkeit. Die hier genannten Punkte gelten für alle nachfolgenden Betrachtungen. Wo die Beurteilung der Stärke eines Sicherheitsmechanismus von weiteren speziellen Annahmen über die Stärke des Angreifers abhängt, werden diese direkt im Zusammenhang mit dem erläuterten Mechanismus genannt. Ggf. werden dann auch Abschwächungen des Angreifermodells vorgenommen.

1.3.2 Passiver und aktiver Angreifer

Zur Beurteilung des Schutzniveaus der im weiteren diskutierten Verfahren soll davon ausgegangen werden, daß *Angreifern außerhalb des Netzes* (Outsidern) nur passive (abhörende, beobachtende) Angriffe möglich sind, um den Aufenthaltsort eines Teilnehmers zu erfahren. Sie sind außerdem in der Lage, die Verfügbarkeit von Ressourcen (Bandbreite, Dienste etc.) auf der Funkschnittstelle und im Festnetz zu stören. Sie sind jedoch nicht in der Lage, aktive (hier: Daten verändernde) Angriffe durchzuführen, um den Aufenthaltsort eines Teilnehmers zu erfahren.

Angreifern innerhalb des Netzes (Insider) sind passive und aktive Angriffe möglich, um den Aufenthaltsort eines Teilnehmers zu erfahren. Auch sie sind in der Lage, die Verfügbarkeit von Ressourcen auf der Funkschnittstelle und im Festnetz zu stören.

1.3.3 Mächtigkeit des Angreifers

1.3.3.1 Ausforschungssicherheit der Endgeräte

Die Existenz eines Vertrauensbereichs ist die Voraussetzung für die persönliche Sicherheit eines Nutzers. Niemand sonst innerhalb des Systems, dem der Nutzer *nicht* vertraut, kann ihm ein solches Gerät bereitstellen, ohne daß die Sicherheitsinteressen dieses Nutzers gefährdet würden. Die maximal erreichbare persönliche Sicherheit eines Teilnehmers kann nie größer werden als die Sicherheit des Gerätes, mit dem er physisch direkt interagiert. Dieses Gerät wird normalerweise durch ein dem Teilnehmer vertrauenswürdiges Benutzerendgerät realisiert (vgl. [PPSW_95]). Gleichzeitig bildet dieses Gerät den Vertrauensbereich dieses Teilnehmers. Das bedeutet, Angriffe innerhalb dieses Bereichs finden nicht statt. In diesem Vertrauensbereich kann der Nutzer geheime Berechnungen durchführen. Darüber hinaus muß das Gerät auch über ein vertrauenswürdiges Benutzerinterface verfügen. Ist ein Benutzerendgerät für den Teilnehmer nicht (mehr) vertrauenswürdig, so können noch so gute Sicherheitsmechanismen ihm keinerlei Schutz bieten.

Die Ausprägung eines solchen Vertrauensbereiches kann sehr unterschiedlich sein, wie die später dargestellten Verfahren zeigen werden. Es kann sich hierbei um eine Komponente im Heimbereich des mobilen Teilnehmers handeln (später bezeichnet mit Trusted Fixed Station) oder auch um einen ausforschungssicheren Chip, der beim Netzbetreiber plaziert ist (Methode der kooperierenden Chips). In jedem Fall (d.h. bei allen vorgestellten Verfahren) muß aber innerhalb der Mobilstation des Teilnehmers ein Vertrauensbereich existieren, in dem kryptographische Operationen ausgeführt und geheime Daten abgelegt werden können, und zwar geschützt vor allen fremden Instanzen (potentiellen Angreifern). Als Vorgriff auf die Bewertung des Sicherheitsniveaus des GSM-Standards sei erwähnt, daß das SIM (Subscriber Identity Module) diese Anforderung *nicht* erfüllt. Es besitzt zwar die physischen Eigenschaften (Ausforschungssicherheit), die nach dem gegenwärtigen Stand der Technik noch ausreichen würden, um dafür geeignet zu sein, allerdings unterstützt es lediglich die Sicherheitsanforderungen des Netzbetreibers und damit nur indirekt bzw. nicht die Sicherheitsanforderungen des Teilnehmers. Tritt der Netzbetreiber in der Rolle des Angreifers auf (Insiderangriff), bieten die implementierten Schutzmechanismen des GSM dem Teilnehmer keinerlei Schutz.

Zu beachten ist, daß der Einsatz von ausforschungssicheren Geräten, die *mehreren* Parteien vertrauenswürdig sein müssen, vermieden werden soll. Dies ist nötig, da in solchen Geräten nicht beliebig nach Trojanischen Pferden gesucht werden kann, denn dies käme einer Ausforschung gleich.

1.3.3.2 Manipulationssicherheit

Es wird angenommen, daß Hersteller oder Entwickler in der Lage sind, in Endgeräte (z.B. Mobilstation) und Netzkomponenten Trojanische Pferde einzubauen. Wartungsdienste könnten (z.B. während der Systemwartung) versuchen, Netzkomponenten des Netzbetreibers zu kompromittieren (z.B. Trojanische Pferde zu installieren). Dies gilt insbesondere für Komponenten größerer Entwurfskomplexität. Aus Sicht der Vertraulichkeit und Anonymität muß daher gefordert werden, daß schützenswerte Daten möglichst nicht erfaßbar sein dürfen. Wo die Erfaßbarkeit von Daten zur Erbringung der Funktion des Netzes unumgänglich ist, soll möglichst datensparsam gearbeitet werden.

1.3.3.3 Peilbarkeit sendender Funkstationen

Die Peil- und Ortbarkeit von Mobilstationen ist ein Spezifikum für Mobilfunknetze. Angreifer können Mobilstationen über ihre Funkwellen identifizieren, peilen und orten, wenn die Stationen ungespreizte Sendungen absetzen. Elektromagnetische Wellen tragen neben den zu übertragenden Daten Richtungsinformationen in sich und können somit zur Ortsbestimmung einer Sendestation eingesetzt werden. Bereits einfachste Peiltechniken ermöglichen einen Zugriff zu solchen Ortsinformationen und damit auch die Erstellung von Bewegungsprofilen. Allerdings ist die Annahme, daß jede Funkstation peilbar ist, abschwächbar. Um die Peilung elektromagnetischer Wellen zu erschweren, bietet es sich an, Störungen bei deren Ausbreitung zu nutzen. Ein Problem bei der Verarbeitung elektromagnetischer Wellen stellt das Rauschen dar. Rauschen ist eine kontinuierliche Spannung, die in nicht vorhersagbarer Weise schwankt und das Ergebnis innerer und äußerer statistischer Störungen ist. Wesentliche Anteile des Rauschens sind mit gleicher Leistungsdichte über das gesamte Frequenzspektrum verteilt.

Will man eine Welle peilen, muß sie erkennbar sein. Das bedeutet, ihr Signal/Rausch-Verhältnis muß einen bestimmten Wert überschreiten. Die Kenntnis dieser Bedingung führt zu Sendeverfahren für mobile Stationen, die Bandspreizverfahren (Spread Spectrum Systems) genannt werden. Bandspreizverfahren basieren auf dem Grundsatz der Nachrichtentheorie, daß es bei der Übertragung eines digitalen Zeichens nicht darauf ankommt, welche Form es besitzt, sondern nur auf seinen Energieinhalt, d.h. die Fläche, die sein Spektrum besitzt. Wird durch ein geeignetes Modulationsverfahren die Signalleistung nun so breit verteilt, daß sie wesentlich kleiner als die Rauschleistungsdichte ist, so ist dennoch eine Informationsübertragung möglich. Als konkretes Verfahren scheint die direkte Spreizung (Direct Sequence Spread Spectrum, DS/SS) am besten geeignet: Die zu übertragenden Daten werden zunächst auf einen Träger in herkömmlicher Weise aufmoduliert. Das entstehende, relativ schmalbandige Signal wird dann in einem zweiten Modulationsschritt mit einer breitbandigen binären Pseudozufallszahlenfolge, dem PN-Code (Pseudo Noise Code), der rauschähnliches Verhalten zeigt, moduliert. Die Erzeugung des PN-Codes geschieht unter Zuhilfenahme eines PN-Generators aus dem PN-Key, welcher das Geheimnis von Sender und legitimem Empfänger darstellt. Es entsteht ein Signal geringer Leistungsdichte, das von einer Antenne abgestrahlt werden kann und ähnliche Merkmale wie „weißes Rauschen" aufweist.

Auf der Empfängerseite wird der PN-Code nachgebildet. Durch erneute Multiplikation des empfangenen Signals mit diesem Code wird die Spreizung wieder zurückgenommen und der modulierte Träger liegt in seiner ursprünglichen Form vor. Aus ihm können nun die zu übertragenden Daten zurückgewonnen werden.

Durch Verwendung orthogonaler PN-Codes ist es möglich, mehrere Nutzer im selben Spektrum senden zu lassen. Die Auslastung ist ebenso hoch wie bei schmalbandiger Mehrfachnutzung des Spektrums durch Frequenz- (Frequency Division Multiplex) oder Zeitmultiplexverfahren (Time Division Multiplex).

Wenn die Signale im Vergleich zum thermischen oder Umgebungsrauschen eine geringere spektrale Dichte haben und wenn sich diese in Abhängigkeit von der Frequenz nur sehr langsam ändert, sind DS-Signale bei unbekanntem PN-Code mit konventionellen Mitteln wie Spektrumanalysatoren nicht zu entdecken. Lediglich mit einem Radiometer, d.h. durch Integration des vorhandenen Rauschens in einem Spektrum über einen längeren Zeitraum, könnte ein Signal entdeckt werden. Mit Radiometer erkannte Signale sind jedoch nicht peilbar. Nähere Informationen finden sich in [Torr_92] und [PiSM_82].

Ansätze, wie die Struktur vorhandener zellularer Mobilfunknetze modifizierbar wäre, finden sich in [ThFe_95] und [FeTh_95]. Dieser Aspekt wurde bereits in das Angreifermodell mit aufgenommen. Unter der Voraussetzung, daß entsprechende moderne Sendeverfahren eingesetzt werden, welche die Peil- und Ortbarkeit reduzieren, kann die Identifizierbarkeit und/oder Peilbarkeit reduziert werden. Gegen einen sehr starken Angreifer, der über entsprechend teure Meß- und Analysetechnik verfügt, gibt es jedoch mit hoher Wahrscheinlichkeit für den öffentlichen Massenmobilfunk keine geeigneten Maßnahmen.

1.4 Abgeleitete Sicherheitsmaßnahmen

Die folgende Liste soll einen Überblick über zu beachtende Maßnahmen geben, damit ein mobiles Kommunikationssystem als mehrseitig sicher zu bezeichnen ist:

- Die Daten müssen zwischen den vertrauenswürdigen Bereichen der Teilnehmer durch Ende-zu-Ende-Verschlüsselung geschützt werden. Im weiteren Sinn bedeutet das die Definition von Ende-zu-Ende-Diensten, speziell Dienste zur gegenseitigen Authentikation und Verschlüsselung von Signalisier- und Inhaltsdaten zwischen den Endgeräten der Teilnehmer.

- Die Daten müssen während der Funkübertragung zusätzlich verschlüsselt sein. Über die vorige Anforderung hinaus kann dies sinnvoll sein, damit neben den Inhaltsdaten auch Signalisierdaten vor Outsidern vertraulich sind. Prinzipiell ist eine solche zusätzliche Verbindungsverschlüsselung immer dann sinnvoll und nötig, wenn die Signalisierdaten personenbezogene Informationen enthalten, z.B.

die Gerätekennung einer Mobilstation oder die „Adresse" einer Chipkarte zur Personalisierung des Gerätes.

- Schutz vor Peil- und Ortbarkeit der Funkwellen durch funktechnische, informationstechnische und kryptographische Maßnahmen.

- Schutz vor Aufdecken von Kommunikationsbeziehungen im Festnetz.

- Datenschutzgerechte Funktionen zur Verwaltung der Aufenthaltsorte.

- Implementation von Erreichbarkeitsmanagementfunktionen, die Privatheit unterstützen. Zu dieser Erkenntnis gelangen z.B. [ImBa_94] und [Pfit_93]. So soll es konfigurierbare User Profiles geben, in denen ein Nutzer spezifiziert, wer ihn wann und wo erreichen kann. Da diese Profiles eigene und fremde personenbezogene Daten enthalten, sind sie besonders schützenswert.

- Unterstützung von asymmetrischen Kryptoalgorithmen (Public Key Cryptography). Durch diese Maßnahme kann erreicht werden, daß kein Vertrauen in die sichere Verteilung der Schlüssel erforderlich ist.

- gegenseitige Authentikation aller Komponenten des Netzes, gegenseitige Authentikation zwischen Teilnehmern und Netz sowie Ende-zu-Ende-Authentikation zwischen Teilnehmern.

- Anonyme mehrseitig sichere Entgeltabrechnungsfunktionen.

- Ermöglichen der Netzbenutzung mit vorbezahlten Wertkarten.

- Netzkomponenten müssen nach Trojanischen Pferden untersucht werden, bevor sie in Betrieb genommen werden. Diese Kontrolle sollte entwicklungs- und produktionsbegleitend sein.

- Die Befugnisse des Wartungsdienstes eines Netzes oder einer Netzkomponente müssen genau festgelegt und kontrolliert werden, um den Einbau von Trojanischen Pferden während der Wartung auszuschließen oder zumindest zu entdecken und Verantwortlichkeiten zu ermitteln.

- Unabhängigkeit der Netzkomponenten verschiedener Hersteller, um die Wirkung evtl. vorhandener verdeckter Kanäle und Trojanischer Pferde zu begrenzen sowie unnötige Verfügbarkeitsprobleme zu umgehen. Dieser Punkt meint zwei Aspekte: 1. Damit Komponenten verschiedener Hersteller zusammenarbeiten können, genügt eine klare

Schnittstellenbeschreibung, so daß die Implementierung verdeckter Kanäle zwischen Komponenten zumindest nicht mehr explizit erfolgen kann. 2. Ein Bauteil eines Herstellers, das in vielen Netzkomponenten eingebaut ist und ausfällt, führt u.U. zum Ausfall vieler Netzkomponenten.

Man kann die hier vorgestellten Sicherheitsmaßnahmen als eine Spezialisierung der bereits erwähnten *technischen Datenschutzforderungen* auffassen. Mit der Realisierbarkeit einiger der genannten Sicherheitsmaßnahmen beschäftigt sich die folgenden Kapitel. Besonderer Schwerpunkt ist der Schutz des Aufenthaltsorts von Mobilkommunikationsteilnehmern.

2 Mobilkommunikation am Beispiel GSM

GSM[1] dürfte das weltweit bisher erfolgreichste digitale zellulare Mobilfunknetz sein. Die folgenden Abschnitte widmen sich diesem Funknetz etwas genauer. Nach einigen allgemeinen Betrachtungen soll die Struktur des GSM erläutert werden. Da in Datenbanken eine Reihe schützenswerter personenbezogener Daten gespeichert werden, widmet sich dieser Problematik ein gesonderter Abschnitt. Schließlich werden in einem weiteren Abschnitt die vorhandenen Sicherheitsfunktionen erläutert und, soweit möglich, analysiert.

Da das datenschutzgerechte Mobilitäts- und Verbindungsmanagement in Funknetzen einen wichtigen Stellenwert in diesem Buch einnimmt, wird es in einem separaten Kapitel behandelt. Auch die für GSM relevanten Prozeduren werden dort erläutert.

2.1 Allgemeines

2.1.1 Standardisierung von GSM

GSM ist heute die gebräuchliche Abkürzung für Global System for Mobile Communication. Dabei war es ursprünglich die Kurzbezeichnung für Groupe Spéciale Mobile, einer Arbeitsgruppe der ETSI. Somit ist GSM eigentlich keine *globale* Norm, sondern eine europäische.

Die Arbeit an der Standardisierung wurde 1982 (noch innerhalb des CEPT) begonnen. Den Abschluß der ersten Phase der Spezifikation bildeten die ETSI/GSM-Recommendations Serien 01.xx bis 12.xx (siehe auch [MoPa_92, S.649ff]).

Die Standardisierungsphase 2 widmete sich weniger den technischen Details als neuen Diensten. In einem Final Release sollte der Übergang zu höheren Frequenzen und geringerer Sendeleistung geschafft werden, was mit DCS 1800 auch gelungen ist.

---

[1]   ... das Logo von GSM.

2.1.2 Leistungsmerkmale von GSM

Die wichtigsten Leistungsmerkmale des GSM sind:

- hohe, auch internationale Mobilität,
- hohe Erreichbarkeit unter einer international einheitlichen Rufnummer,
- hohe Teilnehmerkapazität,
- recht hohe Übertragungsqualität und -zuverlässigkeit durch effektive Fehlererkennungs- und -korrekturverfahren,
- hoher Verfügbarkeitsgrad (Flächendeckung mindestens zwischen 60 und 90 %),
- als Massendienst geeignetes Kommunikationsmedium,
- eingebaute Sicherheitsmerkmale:
  - Zugangskontrolldienste (PIN, Chipkarte),
  - Authentikations- und Identifikationsdienste,
  - Unterstützung von temporären Identifizierungsdaten (Pseudonymen),
  - Abhörsicherheit für Outsider auf der Funkschnittstelle,
- relativ niedriges Kostenniveau,
- flexible Dienstgestaltung,
  - Dienstevielfalt,
  - Entwicklungsfähigkeit,
- priorisierter Notrufdienst,
- Ressourcenökonomie auf der Funkschnittstelle durch FDMA (Frequency Division Multiplex Access), TDMA (Time Division Multiplex Access), Sprachkodierung, Warteschlangentechniken etc.

2.1.3 GSM in Zahlen

Im Juli 1995 existierten nach [Stat_95] in 35 europäischen Staaten öffentliche Mobilkommunikationsnetze, die von ca. 19 Millionen Menschen genutzt wurden, davon allein 3 Millionen (D-Netze, E-Netz und C-Netz zusammen) in Deutschland.

In der Bundesrepublik Deutschland existieren derzeit zwei GSM-Netze, das D1-Netz der Deutschen Telekom AG und das D2-Netz der Mannesmann Mobilfunk AG, sowie ein DCS 1800-Netz (eplus) eines neu gebildeten Konsortiums. Für die D-Netze werden lt. [Bial_94, S.135] deutschlandweit etwa 6000 BTS' installiert. Die Anzahl der BTS' im E-Netz dürfte aufgrund der kleineren Zellradien noch bedeutend größer sein.

Die folgenden Angaben stammen aus [Bial_94, S.138]. Eine GSM-Vermittlungsstelle (MSC) ist in der Lage, 300.000 bis 600.000 Teilnehmer zu bedienen. Die typische Verkehrskapazität eines MSCs liegt unterhalb von 100.000 Busy Hour Call Attempts, d.h. 28 Vermittlungsversuchen pro Sekunde.

Für Europa sollen die GSM-Netze die Anforderungen bis zum Jahr 2000 erfüllen können. Das GSM im 900 MHz-Bereich soll 20 Millionen Teilnehmer versorgen, während DCS 1800 die doppelte Teilnehmerzahl erreichen soll.

2.2 Struktur von GSM

2.2.1 Architektur

Das GSM-Netz ist ein auf Sprachübertragung optimiertes Netz. Es soll den Mobilfunkteilnehmern Zugang zu den öffentlichen Festnetzen – Integrated Services Digital Network (ISDN) und Public Switched Telephone Network (PSTN) – bieten und umgekehrt. Weiterhin sind auch Möglichkeiten zur Datenkommunikation (z.B. Mobile Computing) vorgesehen.

Das Operation and Maintenance Centre (OMC) nimmt eine zentrale Stellung ein. Ihm untergeordnet sind die Mobilfunkdatenbanken Home Location Register (HLR) und Visitor Location Register (VLR). Weiterhin existieren noch das Authentication Centre (AuC) und das Equipment Identity Register (EIR). Diese enthalten Daten und Funktionen für die Zugangskontrolle zum Netz.

Über die Mobilvermittlungsstellen MSC (Mobile Switching Centre), die funktechnischen Einrichtungen BSS (Base Station Subsystem) mit Steuereinrichtung BSC (Base Station Controller) und Funktürmen BTS (Base Transceiver Station) erfolgt der Nachrichtenfluß der Inhaltsdaten im mobilen Netz.

Die mobilen Geräte (Mobile Station, MS) können im GSM durch das Versorgungsgebiet bewegt werden, ohne daß der Funkkontakt abreißt.

Damit ein Übergang zum herkömmlichen Telefonnetz (PSTN/ISDN) möglich wird, existieren im Funknetz spezielle Vermittlungsstellen mit Gateway-Funktionalität, sog. Gateway-MSCs (GMSC).

Auf der logischen Ebene sind das HLR, das AuC und EIR zentral. Diese Bestandteile müssen aber deshalb nicht physisch zentral angeordnet sein.

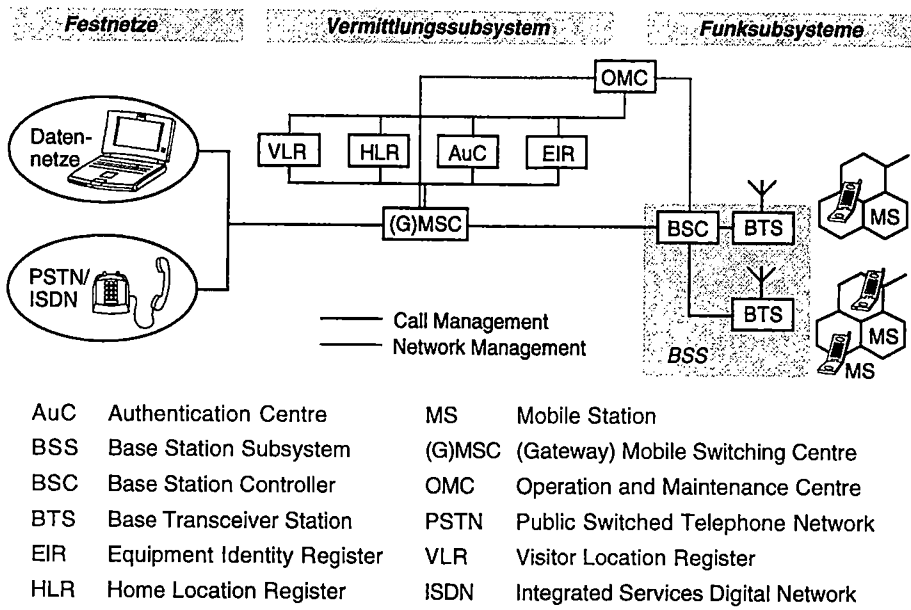

AuC	Authentication Centre	MS	Mobile Station
BSS	Base Station Subsystem	(G)MSC	(Gateway) Mobile Switching Centre
BSC	Base Station Controller	OMC	Operation and Maintenance Centre
BTS	Base Transceiver Station	PSTN	Public Switched Telephone Network
EIR	Equipment Identity Register	VLR	Visitor Location Register
HLR	Home Location Register	ISDN	Integrated Services Digital Network

Abb.2-1: Architekturschema des GSM (vgl. [Keda_91])

Die Trennung von Vermittlungsfunktionen (MSC, BSC, BTS) und Speicherfunktionen (HLR, VLR, EIR, AuC) unterstreichen das modulare Konzept von GSM, wodurch die Komplexität des Gesamtsystems auf überschaubare Funktionsblöcke reduziert wird.

Das AuC übernimmt netzseitig wichtige Funktionen bei der Abwicklung der Authentikationsprozedur. Hier werden die teilnehmerindividuellen symmetrischen Schlüssel *Ki* gespeichert und Rechenoperationen für die

Authentikationsprozedur und Generierung der Chiffrierschlüssel für die Verschlüsselung auf der Funkschnittstelle durchgeführt.

Das EIR ist eine Datenbank, die die Gerätekennungen von zugelassenen, fehlerhaften und gesperrten Geräten (MS) enthält.

2.2.2 Funktechnischer Aufbau

Das GSM-System arbeitet im Frequenzbereich von 890 – 915 und 935 – 960 MHz mit einem Duplex-Abstand von 45 MHz. Diese Frequenzbereiche wurden europaweit für GSM reserviert. Sie bilden je 124 Radiofrequenzkanäle mit einer Kanalbreite von 200 kHz. Einschließlich Fehlerschutzmaßnahmen entspricht das einer Bitrate von 271 kbit/s (nach [Keda_91]).

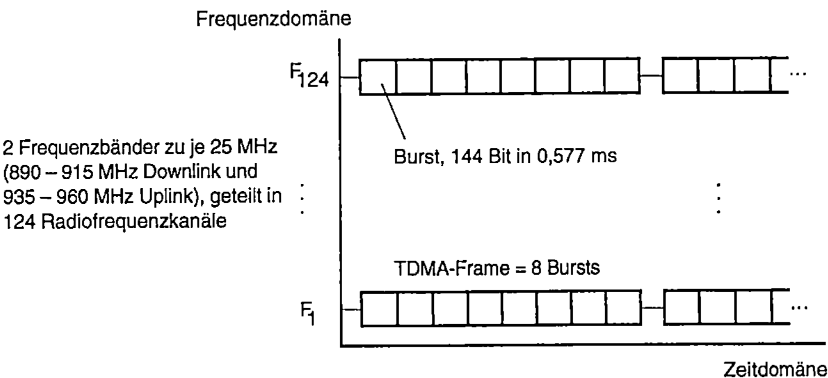

Abb.2-2: Aufteilung der Bandbreite in Radiokanäle

Die Frequenzplanformel im GSM lautet nach [Bial_94] (mit n=1...124):

$$F_{\text{Uplink}}(n) \quad = \quad 890{,}2\,\text{MHz} + (n\text{-}1) \cdot 0{,}2\,\text{MHz}$$

$$F_{\text{Downlink}}(n) \quad = \quad F_{\text{Uplink}}(n) + 45\,\text{MHz}$$

Jeder Radiokanal wird im Zeitmultiplexverfahren in sog. Burst Periods (BP) von 0,577 ms aufgeteilt [MoPa_92, S.195]. Ein Burst überträgt dabei 114 Bits. Acht Bursts bilden ein TDMA-Frame mit einer Verweildauer von $8 \cdot 0{,}577\,\text{ms} \approx 4{,}615\,\text{ms}$.

Logisch teilen sich die Kanäle des GSM in Verkehrs- und Steuerkanäle ein. Ein Verkehrskanal (Traffic Channel, TCH) transportiert Sprache und Nutzdaten:

- Fullrate Speech (TCH/FS): Auf diesem Kanal wird Sprache übertragen.
- Fullrate Data (TCH/FD): Auf diesem Kanal werden Daten übertragen.
- Halfrate Data (TCH/HD): Auf diesem Kanal werden ebenfalls Daten übertragen, allerdings mit geringerer Bitrate, so daß ein TCH zwei HD-Kanäle aufnehmen kann.

Steuerkanäle (Control Channels, CCH) werden zur Signalisierung verwendet. Die wichtigsten Steuerkanäle sind:

- Broadcast Control Channel (BCCH): Dies ist ein unidirektionaler Kanal (Downlink), auf dem z.B. der Aufenthaltsgebietscode und die Zellkennung gesendet werden.
- Common Control Channel (CCCH): Dies ist ein bidirektionaler Kanal, auf dem Steuerinformationen für die Verbindungsaufnahme gesendet werden, z.B. Paging-Nachrichten (Downlink) und Kanalanforderungen durch die Mobilstation (Uplink). Er teilt sich auf in
  - Random Access Channel (RACH): Dieser Kanal wird im Slotted-ALOHA Random Access benutzt und dient den Mobilstationen dazu, Kanalanforderungen für Punkt-zu-Punkt-Steuerkanäle abzusetzen.
  - Access Grant Channel (AGCH): Auf diesem Kanal bestätigt das Netz der Mobilstation z.B. die Zuweisung eines Punkt-zu-Punkt-Kanals.
  - Paging Channel (PCH): Er dient dazu, die Mobilstation z.B. bei einem eintreffenden Ruf zu erreichen.
- Stand-Alone Dedicated Control Channel (SDCCH): Dies ist ein bidirektionaler sog. dedizierter Kanal für den eigentlichen Austausch von Signalisierinformation zwischen Netz und einer Mobilstation.
- Slow Associated Control Channel (SACCH): Ein SDCCH und TCH wird stets begleitet von einem SACCH. Über ihn werden Synchronisationsdaten und Steuerinformationen für die Funkübertragung übermittelt (z.B. Power Control).
- Fast Associated Control Channel (FACCH): Dieser Kanal benutzt auf Anforderung einen Anteil der Kapazität eines zugewiesenen TCH, ist

also mit diesem assoziiert. Im Fall zeitkritischer Signalisieraufgaben wird dem TCH hierfür Kapazität entzogen. In Abhängigkeit von den Sende- und Empfangsverhältnissen (Störungen, Interferenzen) muß die Fehlerkorrektur dann versuchen, die „gestohlenen" TCH-Bits zu rekonstruieren.

Diese Kanäle werden noch weiter unterteilt. Die Tabelle gibt eine Übersicht.

Kanaltyp	Kanal	Senderichtung	Nettobitrate in kbit/s
Multipoint	BCCH	BTS→MS	0,782
Channels	CCCH		
	− RACH	MS→BTS	0,034
	− AGCH	BTS→MS	0,782
	− PCH	BTS→MS	0,782
Point-to-Point	SDCCH	MS↔BTS	0,782
Channels	TCH		
	− FS	MS↔BTS	13
	− FD	MS↔BTS	2,4...9,6
	− HD	MS↔BTS	2,4...4,8
	SACCH/TCH	MS↔BTS	0,383
	SACCH/SDCCH	MS↔BTS	0,391
	FACCH/F	MS↔BTS	9,2
	FACCH/H	MS↔BTS	4,6

Tab.2-1: Die logischen Kanäle des GSM (nach [FuBr_94])

Da die Bandbreite auf der Funkschnittstelle knapp ist, wurden Warteschlangentechniken bei der Kanalvergabe implementiert. Eine besondere Stellung nimmt dabei das sog. Off Air Call Setup (OACSU) ein: Nach einem Wählvorgang beim Call Setup wird nicht sofort ein Funkkanal reserviert, sondern erst, wenn der gerufene Teilnehmer abgenommen hat. (Zwischen Rufen und Abheben können bis zu 40 Sekunden vergehen.) In der Zwischenzeit kommt der Ruf in eine Warteschlange. Durch OACSU wird eine effizientere Auslastung der Frequenzen erreicht. Allerdings kann dann u.U. der Fall eintreten, daß zum Zeitpunkt des Abnehmens gerade kein Kanal frei ist. Dann wird der Teilnehmer durch eine Ansage gebeten zu warten.

Ein Ergänzungssystem zum GSM-Mobilfunk ist das DCS 1800 (Digital Communication System im 1800 MHz-Band). Es unterscheidet sich vom GSM durch höhere Trägerfrequenzlage (1710 – 1880 MHz), breitere Bänder (75 MHz) und einen höheren Duplex-Abstand (95 MHz). Die Zellradien sind im DCS 1800 kleiner als im GSM. Dadurch werden kleinere und leichtere Geräte möglich, da die Sendeleistung der Mobilstation geringer ist. In der Signalisierung existieren nur minimale Unterschiede zu GSM.

2.2.3 Mobilfunkgebiete im GSM

Ein Location Area (LA) ist die kleinste geographisch adressierbare Einheit des GSM. Ein LA kann aus mehreren Base Station Areas bestehen, d.h. mehrere Funkzellen können in einem LA zusammengefaßt sein. Durch die LAI (Location Area Identification) ist jedes LA eindeutig bestimmt.

Ein VLR-Area wird aus einem oder mehreren LAs zusammengesetzt und von einer Besucherdatei Visitor Location Register (VLR) verwaltet.

Ein MSC-Area entspricht einem geographischen Bereich. Gewöhnlich wird einem MSC-Area genau ein VLR zugeordnet.

Eine Funkzelle ist der kleinste geographische Versorgungsbereich eines Funknetzes. Die Funkzelle wird über eine BTS versorgt. Die Funkzelle besitzt eine sog. Cell Identity (CI), aus der auch die zuständige MSC-Adresse ermittelt werden kann.

Über den BCCH werden die Kennungen CI und LAI ausgestrahlt, die zusammen als Cell Global Identifier (CGI) bezeichnet werden. Ob und wie das Lokalisierungsmanagement auf Zellebene realisiert wird, ist unabhängig von der Struktur des Lokalisierungsmanagements auf LA-Basis. Auf das Location Management des GSM wird später detaillierter eingegangen.

2.2.4 Subscriber Identity Module

Das SIM (Subscriber Identity Module) ist eine Chipkarte (Smart Card). Sie ist standardisiert nach ISO IS-7816. Mit der SIM-Karte wird eine MS „personalisiert".

Die wichtigsten permanenten Daten und Prozeduren auf dem SIM sind:

- IMSI (International Mobile Subscriber Identity),

- teilnehmerspezifischer symmetrischer Schlüssel *Ki*,
- Algorithmus A3 für Challenge-Response-Authentikationsverfahren,
- Algorithmus A8 zur Generierung des Schlüssels *Kc* zur Inhaltsdatenverschlüsselung,
- PIN (Personal Identification Number) für Zugangskontrolle.

Die wichtigsten temporären Daten sind:

- TMSI (Temporary Mobile Subscriber Identity),
- LAI (Location Area Identification),
- Chiffrierschlüssel *Kc*,
- CKSN (Ciphering Key Sequence Number).

Die Erläuterung der wichtigsten Parameter erfolgt im nächsten Abschnitt.

2.3 Datenbanken des GSM

2.3.1 Home Location Register

Das HLR (Home Location Register) enthält semipermanente und temporäre Daten über die Funkteilnehmer, die einem HLR zugeordnet sind. Jeder Verbindungsaufbau wird über das HLR abgewickelt.

Die wichtigsten semipermanenten Daten sind:

- MSISDN (Mobile Subscriber ISDN Number) – eine 15-stellige Nummer, die international gültige, weltweit und netzübergreifend eindeutige Rufnummer des mobilen Teilnehmers. Sie beinhaltet
  - das Land (CC, Country Code), für Deutschland die 49,
  - das gebuchte Netz des Landes (NDC, National Destination Code), für das deutsche D1-Netz die 171, für D2 die 172,
  - die Nummer des HLR und die Teilnehmerkennung, zusammen als SN (Subscriber Number) bezeichnet.
- IMSI (International Mobile Subscriber Identity) – eine max. 15-stellige Nummer, in 9 Oktetts hineincodiert [MoPa_92, S.490]. Nach [MaMo_91] ist die IMSI für jeden GSM-Teilnehmer europaweit eindeutig. Die IMSI ist dem Mobilfunkteilnehmer nicht bekannt [Bial_94, S.84]. Sie besteht nach [MoPa_92, S.468f] aus

- Landeskennzahl (MCC, Mobile Country Code, 3 Ziffern, für Deutschland die 262),

- nationaler Netzkennzahl (MNC, Mobile Network Code, 1-2 Ziffern, für das deutsche D1-Netz die 01, für D2 die 02) und

- einer teilnehmerspezifischen Nummer, der MSIN (Mobile Subscriber Identification Number, maximal 10 Ziffern)

- Bestandsdaten über den Subscriber: Name/Firma, Anschrift, Zahlungsart, je nach Zahlungsart Bankverbindung oder Daten der Kreditkarte,

- Daten zum gebuchten Dienstprofil: Prioritäten, Anrufweiterleitung, Dienstrestriktionen, z.B. Roaming-Einschränkungen.

Die wichtigsten temporären Daten dienen größtenteils dem Location Management:

- **MSRN** (Mobile Subscriber Roaming Number) – die aktuelle Aufenthaltsnummer. Sie beinhaltet das Land (CC, Country Code), das besuchte Netz des Landes (NDC, National Destination Code) und das MSC des aktuellen LAs. Die MSRN dient dem Routing von eintreffenden Verbindungswünschen zum besuchten MSC. Falls sie bei Bedarf noch nicht im HLR vorhanden ist, wird sie vom VLR angefordert.

- VLR-Adresse, MSC-Adresse,

- eine Menge von Authentication Tripels vom AuC: *RAND, SRES, Kc* (siehe spätere Bemerkungen),

- Gebührendaten für die Weiterleitung an die Billing-Centres.

2.3.2 Visitor Location Register

Das VLR (Visitor Location Register) ist eine lokale Datenbank, die vor allem dazu dient, den Verbindungsaufbau effizient durchführen zu können. Ein VLR ist einem oder mehreren MSCs zugeordnet [MoPa_92, S.102]. Meist ist einem MSC auch ein VLR zugeordnet bzw. die VLR-Funktionalität in das MSC integriert. Das VLR enthält Kopien von Daten aus dem HLR und spezifische VLR-Daten:

- IMSI, MSISDN,

- **TMSI** (Temporary Mobile Subscriber Identity) – ein Pseudonym, das innerhalb eines VLR-Areas die Unverkettbarkeit von Teilnehmeraktionen gegenüber Outsidern auf der Funkschnittstelle gewährleisten soll. Sie ist 4 Oktetts lang [MoPa_92, S.490].

- MSRN,
- LAI (Location Area Identification) – Aufenthaltsbereichsidentifizierung, besteht aus MCC (Mobile Country Code), MNC (Mobile Network Code) und dem LAC (Location Area Code, Länge bis zu 2 Oktetts) [Bial_94, S.85].
- MSC-Adresse, HLR-Adresse,
- Daten zum gebuchten Dienstprofil: Prioritäten, Anrufweiterleitung, Dienstrestriktionen,
- Gebührendaten für die Weiterleitung an die Billing-Centres.

2.3.3 Equipment Identity Register

Das EIR (Equipment Identity Register) enthält semipermanent die Gerätekennungen (15 Ziffern) IMEI (International Mobile Station Equipment Identity) und zugehörigen Nutzungsberechtigungen aller zugelassenen Mobilfunkendgeräte. Die Gerätekennungen werden in sog.

- white-lists (zugelassene Endgeräte, verkürzte IMEI gespeichert),
- grey-lists (fehlerhafte Endgeräte, die *beobachtet* werden, volle IMEI gespeichert) und
- black-lists (technisch mangelhafte oder gestohlene Geräte, die gesperrt sind, volle IMEI gespeichert)

eingetragen. Es ist eine Lokalisierung der Geräte möglich!

Bei jeder Aufenthaltsregistrierung (Location Registration) ist auch eine Überprüfung der IMEI vorgesehen [Bath_92].

2.3.4 Authentication Centre

In der Reihe der Mobilfunkdatenbanken nimmt das AuC eine Sonderstellung ein. Im AuC sind folgende Daten permanent gespeichert:

- IMSI,
- teilnehmerspezifischer symmetrischer Schlüssel *Ki*.

Weiterhin werden für die Challenge-Response-Authentikationsprozedur und die Schlüsselgenerierung zur Inhaltsdatenverschlüsselung sog. **Authentication Tripel** gebildet. Sie bestehen IMSI-spezifisch aus:

- *RAND* (128 Bit) als Zufallszahl (Challenge) für die Authentikationsprozedur. Dieser Wert wird über die Funkschnittstelle an die MS gesendet.

- *SRES* (32 Bit) als korrekter Vergleichswert (Signed Response) für die Authentikationsprozedur,

- *Kc* (64 Bit) für Inhaltsdatenentschlüsselung im BSC.

Mehrere Authentication Tripel bilden ein **Authentication Set.**

Netzseitig besitzt nur das AuC die Algorithmen A3 und A8 zur Bildung von *SRES* und *Kc* aus *RAND* und *Ki*. In gewisser Hinsicht bildet das AuC das netzseitige Äquivalent zum SIM. Allerdings ist es – trotz der Trennung zum HLR – von seiner Struktur her ungeeignet, den Mehrseitigkeitsaspekt von Sicherheit zu unterstützen, da es für den Teilnehmer nicht zwangsläufig eine vertrauenswürdige Stellung einnimmt. Das auf symmetrischer Kryptographie basierende Verfahren zur Authentikation (und Inhaltsdatenverschlüsselung auf der Funkschnittstelle) zwingt die Teilnehmer allerdings zu Vertrauen in das AuC.

Aus reinen Effizienzgründen hätte man die AuC-Funktionalität komplett dem HLR zuordnen können. Möglicherweise ist dies in praktischen Realisierungen des GSM etwa sogar der Fall. Immerhin erfolgt die Speicherung des Tupels (IMSI, *Ki*) in der Datenbank des AuC in verschlüsselter Form.

2.4 Sicherheitsrelevante Prozeduren und Funktionen

Im GSM wurden eine Reihe sicherheitsrelevanter Prozeduren und Funktionen integriert, von denen die wichtigsten hier erläutert werden.

2.4.1 Zugangskontrolle

Die Zugangskontrolle zum Netz erfolgt mittels SIM-Karte, die über eine PIN geschützt wird. Diese geheime Identifikationsnummer muß vom Teilnehmer nach dem Einlegen der SIM-Karte oder nach dem Einschalten der MS eingegeben werden, damit eine Personalisierung erfolgen kann. Die PIN ist auf der Karte als vier- bis achtstellige Zahl gespeichert und kann nach dem Einbuchungsvorgang geändert werden (MS interne Funktion). Für Zusatzdienste kann weiterhin ein zusätzlicher Passwortschutz erfolgen. Beim Einbuchen ins Netz wird eine Authentikationsprozedur gestartet. Um Mißbrauch durch Diebstahl zu verhindern und zusätzlich technisch fehlerhafte oder mangelhafte Geräte zu beobachten bzw. zu sperren, wird eine Abfrage der IMEI vorgenommen.

2.4.2 Authentikation

Bevor die Authentikationsprozedur (Challenge-Response-Verfahren) beginnt, muß sich der Teilnehmer mit seiner IMSI beim Netz anmelden. Dies geschieht mindestens beim allerersten Einbuchen eines neuen Teilnehmers. Danach ist gewöhnlich eine Anmeldung mit der TMSI möglich. Daraufhin wird die Authentikationsprozedur gestartet. Weitere Authentikationsprozeduren können netzseitig beliebig oft initiiert werden, mindestens jedoch bei

- Aufenthaltsregistrierung (Location Registration),
- Call Setup (in beiden Richtungen),
- verbindungsloser Aktivierung von Zusatzdiensten,
- Kurznachrichtendienst SMS (Short Message Service),
- LUP mit VLR-Wechsel

wird die Authentikationsprozedur angestoßen.

Dazu wird der MS eine Zufallszahl $RAND$ (Challenge, 128 Bit) gesendet. Im SIM der Mobilstation wird in einem Algorithmus A3 eine Verknüpfung von Ki und $RAND$ vorgenommen und als $SRES'$ (Response, 32 Bit) an das Netz zurückgegeben. Im VLR werden $SRES$ und $SRES'$ auf Gleichheit getestet. Bei $SRES=SRES'$ ist die Authentikation erfolgreich verlaufen.

Die zur MS übertragene Zufallszahl $RAND$ wird weiterhin zur Generierung des Schlüssels Kc verwendet (siehe nachfolgende Abschnitte).

Um nicht bei jeder Authentikationsprozedur die Daten vom (u.U. weit entfernten) AuC holen zu müssen, werden zu einem Zeitpunkt aus Effizienzgründen mehrere Authentication Tripel berechnet und an das HLR zur Speicherung gegeben (sog. Authentication Set). Jedes Authentication

Tripel wird nur einmal benutzt. Zu diesen Bemerkungen siehe auch [CoBr_92].

Der kryptographisch relevante **Algorithmus A3** ist

- auf dem SIM untergebracht,

- eine mit *Ki* parametrisierte Einwegfunktion,

- nicht (europaweit, weltweit) standardisiert, sondern kann vom Netzbetreiber festgelegt werden. Die Schnittstellen sind jedoch standardisiert.

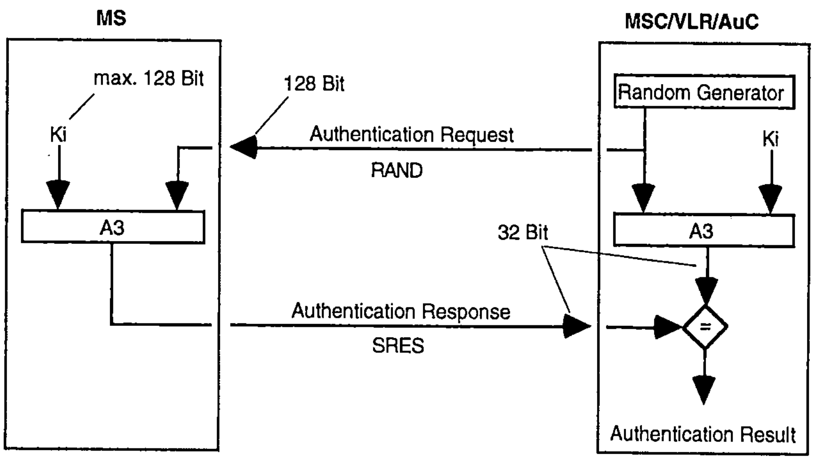

Abb.2-3: Authentikationsprozedur

Es wurde keine gegenseitige Authentikation vorgesehen: Lediglich der Nutzer authentisiert sich vor dem Netz.

Die Authentikation im GSM verwendet symmetrische Kryptographie. Das macht die Speicherung nutzerspezifischer geheimer Schlüssel beim Netzbetreiber erforderlich. In [MüSt_96, Stol_97] und [Hets_93] wurden Protokolle unter Verwendung asymmetrischer Kryptographie (public key cryptography) vorgestellt.

Über die kryptographischen Eigenschaften der üblicherweise eingesetzten Implementationen von A3 war öffentlich bis vor einiger Zeit wenig bekannt. Inzwischen sind jedoch Unterlagen verfügbar, die bei einigen Algorithmen deutliche Schwächen offenbarten, so daß man möglicherweise sogar auf Kosten anderer Teilnehmer telefonieren könnte (siehe auch Abschnitt 3.7.2).

2.4.3 Pseudonymisierung durch TMSI

Die TMSI (Temporary Mobile Subscriber Identity) stellt ein Pseudonym dar, das die Unverkettbarkeit von Teilnehmeraktionen innerhalb des VLR-Area gegenüber Outsidern des Kommunikationsnetzes auf der Funkschnittstelle gewährleisten soll, da Signalisierungsdaten teilweise unverschlüsselt übertragen werden. Sie wird z.B. nach erfolgreicher Authentikation vom VLR vergeben und ist zusammen mit der LAI eindeutig an die IMSI gebunden (siehe auch [Bial_94, S.84]).

Bereits [MoPa_92, S.489f] weisen darauf hin, daß die Spezifikation der TMSI in der Literatur teilweise mißverständlich ist: Eigentlich setzt sich die TMSI aus LAI und einem sog. TIC (TMSI-Code) zusammen. In den Spezifikationen würde aber häufig die Bezeichnung TMSI für TIC verwendet, so daß dann von einer verkürzten TMSI (entspricht TIC) und einer langen TMSI (LAI und verkürzte TMSI zusammen) gesprochen wird. Es soll hier die Bezeichnung „TMSI" synonym zu „TIC" und „verkürzter TMSI" verwendet werden. Auf den Begriff „volle TMSI" wird verzichtet und stattdessen „LAI, TMSI" geschrieben.

Nach [MoPa_92, S.484] soll die TMSI immer dann anstelle der IMSI verwendet werden, wenn dies möglich ist. Da eine Mobilstation bei der allerersten Kontaktaufnahme (erstes Einbuchen) bzw. nach technischen Störungen im regulären Ablauf zunächst keine TMSI besitzt, muß sie sich mit ihrer IMSI melden. Die IMSI ist eine dem Teilnehmer unbekannte explizite Adresse, die ein gewöhnlich öffentliches Pendant besitzt: die MSISDN.

Der IMSI wird dann vom Netz eine TMSI zugewiesen. Nach einem Ausbuchen bleibt die aktuelle TMSI zusammen mit der LAI sowohl im Netz als auch in der SIM des Teilnehmers gespeichert. Das nächste Einbuchen kann dann pseudonym durch Senden von (LAI old, TMSI old) erfolgen.

Die Verwendung der TMSI anstelle der IMSI spart weiterhin Bandbreite auf der Funkschnittstelle: So wird z.B. bei einem Paging nur die 4 Oktetts lange TMSI im LA ausgestrahlt, während die IMSI 9 Oktetts beanspruchen würde.

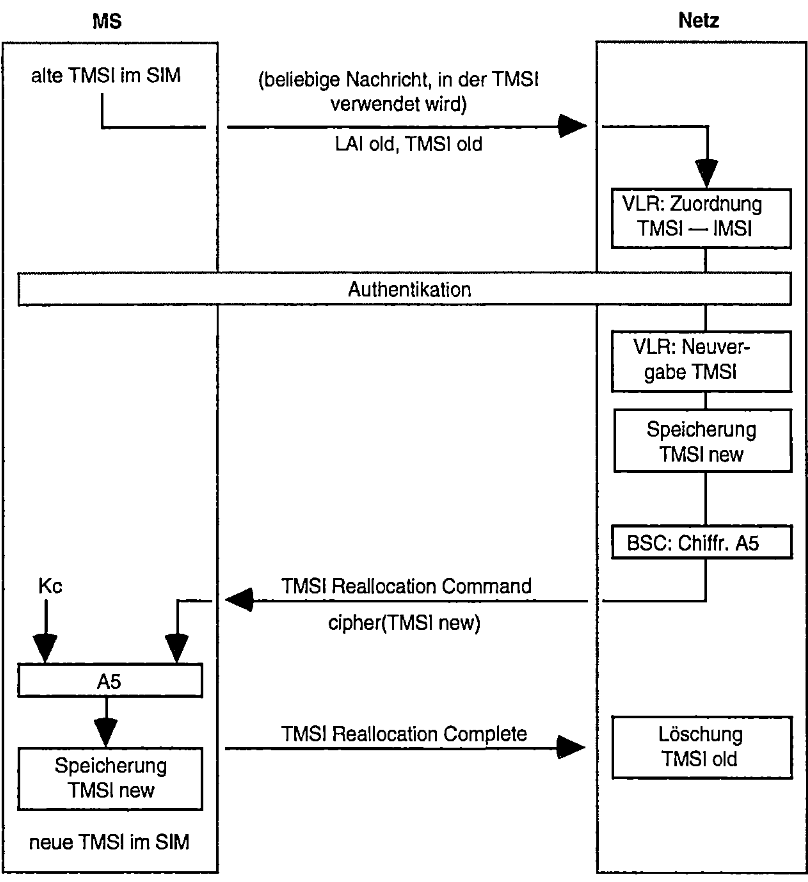

Abb.2-4: Neuvergabe einer TMSI bei bekannter alter TMSI

Wann und wie oft die TMSI geändert werden soll, legt der Netzbetreiber fest. Der mobile Teilnehmer hat darauf keinen unmittelbaren Einfluß (Es sei denn, er bucht sich regelmäßig aus und wieder ein...). In [GSM_03.20, S.12] wird jedoch angegeben, daß zumindest bei jedem LUP eine Änderung der TMSI erfolgen muß. Laut [CoBr_92] wird bei jeder Gelegenheit, bei der eine Authentikation durchgeführt wird, auch die TMSI neu vergeben.

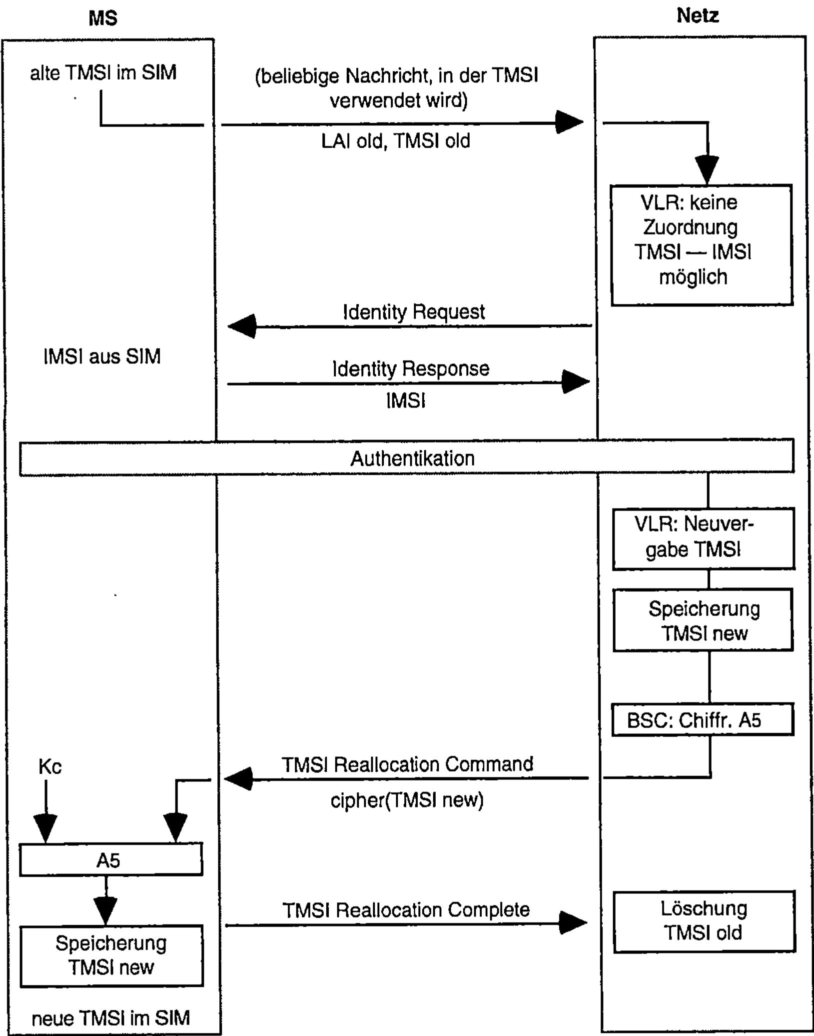

Abb.2-5: Neuvergabe einer TMSI bei unbekannter alter TMSI

Der TMSI-Vergabe geht stets eine erfolgreich verlaufende Authentikationsprozedur voraus. Über den Algorithmus, nach dem eine TMSI generiert wird, sind keine Einzelheiten bekannt [CoBr_92].

Die Verschlüsselung der vom Netz gesendeten neu zugewiesenen TMSI auf der Funkschnittstelle erfolgt wie die Verschlüsselung der Inhaltsdaten mit dem Algorithmus A5 (siehe Abschnitt 2.4.5). Da es jedoch Situationen geben kann, wo keine Verschlüsselung auf der Funkschnittstelle stattfindet (z.B. bei Inkompatibilität mit Algorithmen im Ausland), ist die Pseudonymisierung mittels TMSI nicht mehr effektiv, da jetzt die unverschlüsselten TMSIs miteinander verkettet werden können.

Wenn sich der Teilnehmer (z.B. bei einem Location Update) beim Netz meldet, wird die TMSI unverschlüsselt übertragen. Eine Verschlüsselung ist nicht möglich, da das Netz ja nicht „weiß", welchen Schlüssel es zum Entschlüsseln der Nachricht verwenden soll, schließlich kennt es nicht den Absender der Nachricht. Es bliebe nur eine probeweise Entschlüsselung mit *allen* Schlüsseln *aller* Teilnehmer. Außerdem müßte die Nachricht Redundanz enthalten, um zu erkennen, daß es sich unter dem verwendeten Schlüssel um eine „gültige" Nachricht handelt.

Prinzipiell ist eine Verschlüsselung der TMSI auch gar nicht notwendig, da sie für Outsider nicht verkettet werden kann mit der IMSI. Dies gilt jedoch nur, wenn jede TMSI nur einmal verwendet wird. Ob dies im GSM in jedem Fall sichergestellt ist, bleibt zu bezweifeln. Insbesondere im Fehlerfall, z.B. bei einer Funkstörung während eines Location Update könnte bei der nächsten Kontaktaufnahme eine erneute Verwendung der TMSI einem Angreifer Verkettungsmöglichkeiten geben. Noch verschärfter wird jedoch die Situation, wenn die Zuordnung zwischen der alten TMSI und der IMSI verloren gegangen ist. In diesem Fall muß die IMSI unverschlüsselt über die Funkschnittstelle gesendet werden (siehe Abb. 2-5): Falls im Netz Fehlfunktionen auftreten, z.B. wenn das alte VLR bei einem LUP nicht erreichbar ist, Daten verloren gegangen sind oder die übermittelte TMSI im VLR unbekannt ist, darf das Netz die IMSI von der MS jederzeit anfordern. Es wird jedoch bereits in [GSM_03.20, S.12] darauf hingewiesen, daß dies eine Verletzung der Dienstqualität ist und nur angewendet werden soll, wenn nötig.

Die hier geschilderten Zusammenhänge gelten nur für die Verwendung von symmetrischer Verschlüsselung, wie sie im GSM eingesetzt wird. Bei asymmetrischer Verschlüsselung könnte ohne weiteres die zu sendende Nachricht mit dem öffentlichen Schlüssel des Netzes verschlüsselt werden. Die TMSI könnte entfallen und stets die IMSI verwendet werden.

Bei Verwendung eines indeterministischen Kryptosystems würde die gleiche IMSI stets einen unterschiedlichen Chiffretext erzeugen, wodurch keine Verkettbarkeit für Outsider möglich wäre. Indeterministische Kryptoverfahren besitzen die Eigenschaft, gleiche Klartextblöcke in unterschiedliche Chiffretextblöcke zu verschlüsseln. Das bedeutet, wenn k mal der gleiche Klartextblock verschlüsselt wird, entstehen mit hoher Wahrscheinlichkeit k unterschiedliche Chiffretextblöcke.

2.4.4 Generierung des Chiffrierschlüssels Kc

Bevor die Inhaltsdatenverschlüsselung auf der Funkschnittstelle vorgenommen werden kann, muß ein Chiffrierschlüssel Kc generiert werden.

Auch dieser Prozedur geht ein Authentikationsprozeß voraus. Mit jeder Authentikation ändert sich auch Kc, der über den **Algorithmus A8** aus dem bei der Authentikation verwendeten *RAND* generiert wird. Für A8 gelten dieselben Eigenschaften wie für A3.

Da die Algorithmen A3 und A8 stets gleichzeitig verwendet werden, bietet sich ein kombinierter Algorithmus A3/A8 an, der beide Werte – natürlich unterschiedlich – berechnet. Eine Implementation für A3/A8 ist inzwischen bekannt geworden unter dem Namen COMP128. Auf Schwächen von COMP128 wird in Abschnitt 3.7.2 eingegangen.

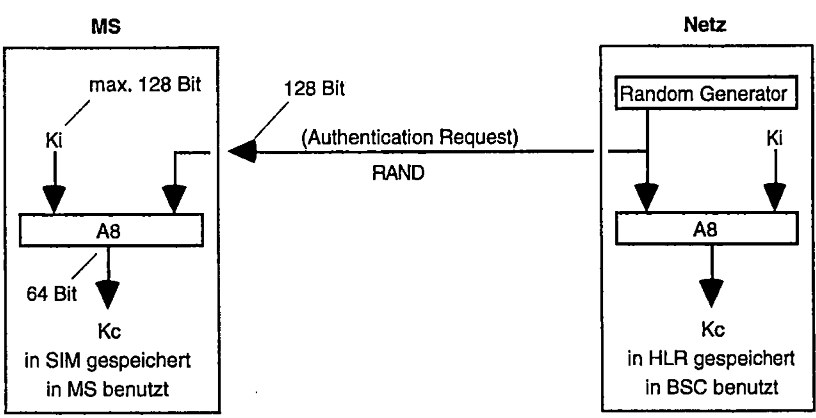

Abb.2-6: Generierung von *Kc*

2.4.5 Verschlüsselung auf der Funkschnittstelle

Der Klartextstrom wird mit einem pseudozufälligen Bitstrom XOR verknüpft und somit verschlüsselt übertragen. Der verwendete **Algorithmus A5** zur Generierung des pseudozufälligen Bitstroms ist europa- bzw. weltweit (Algorithmus A5X) standardisiert. Er ist in der mobilen Station untergebracht.

Der Algorithmus generiert alle 4,615 ms (das ist die Länge eines TDMA-Frames) eine Folge von 114 pseudozufälligen Bits (entspricht einem Burst). Die Frame-Nummer dient der Synchronisation zwischen Mobilstation und BSC/BTS, wo netzseitig der Algorithmus angewendet wird. Wie sich die Rahmennummer zusammensetzt, ist in [Bial_94, S.81] zu finden. Der pseudozufällige Bitstrom wiederholt sich nach ca. 209 Minuten, da sich dann die TDMA-Rahmennummer wiederholt. In [Schn_96] wird der A5-Algorithmus im C-Quellcode angegeben. Im Internet ist unter http://jya.com/crack-a5.htm eine Zusammenstellung von weiteren Informationen zu finden.

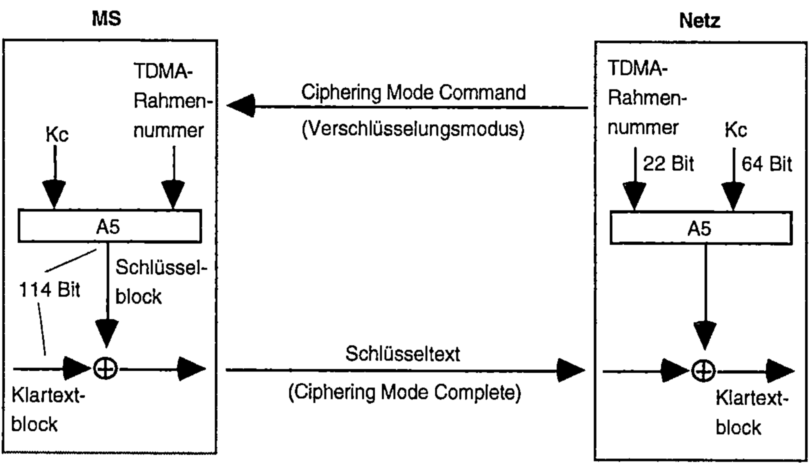

Abb.2-7: Verschlüsselung auf der Funkschnittstelle

Um den Import- und Exportbestimmungen einiger Länder gerecht zu werden, wurde ein kryptographisch schwächerer **Algorithmus A5*** (oder A5/2) definiert, der in diesen Ländern zur Anwendung kommt. Deshalb sind alle neueren Mobilfunkgeräte mit mehreren Algorithmen ausgestattet.

Um sicherzustellen, daß sowohl im BSC als auch in der MS ein gültiger Schlüssel *Kc* verwendet wird, existiert eine sog. Ciphering Key Sequence Number (CKSN).

Die Verschlüsselung wird vom MSC (siehe [MoPa_92, S.325]) mit dem Ciphering Mode Command initiiert, um zu signalisieren, daß mit Verschlüsselung auf den Verkehrs- bzw. Steuerkanälen (z.B. SDCCH) begonnen werden soll. In diesem Kommando wird der mobilen Station auch mitgeteilt, welchen Verschlüsselungsalgorithmus sie verwenden soll. Im Ciphering Mode Command kann auch der Modus „keine Verschlüsselung" angegeben werden. Im Zusammenhang mit den Möglichkeiten des IMSI-Catchers (siehe Abschnitt 3.7.1) muß man annehmen, daß dort entweder dieser Modus verwendet wird oder es möglich ist, das Ciphering Mode Command geziehlt zu unterdrücken, womit alle weitere Kommunikation unverschlüsselt stattfände.

Mit Ciphering Mode Complete der MS erfolgt die Bestätigung und zugleich die Synchronisation für die MS. Die Verschlüsselung kann auch mit dem ersten chiffrierten Block bestätigt werden.

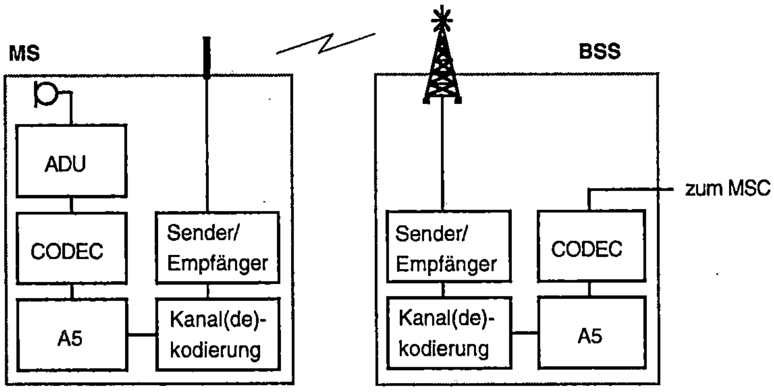

Abb.2-8: Sprachkodierung, Verschlüsselung und Kanalkodierung

Die Vertraulichkeit der Signalisierungsdaten auf der Funkschnittstelle (Signalling Information Element Confidentiality) wird ebenfalls durch Verschlüsselung erreicht. Insbesondere werden IMEI, IMSI, sonstige Teilnehmeridentitäten, Rufnummer des Anrufers (beim Mobile Terminated Call, MTC) und die Rufnummer des Gerufenen (beim Mobile Originated Call, MOC) vertraulich behandelt [Bial_94, S.188].

Abb. 2-8 zeigt das Zusammenspiel von Sprachkodierung im sog. CODEC-Baustein, der Inhaltsdatenverschlüsselung mit A5 und der Kanalkodierung.

2.4.6   Ein Beispiel

Abb. 2-9 soll das Zusammenwirken von Authentikation und Verschlüsselung an einem etwas umfassenderen Beispiel für Location Update (LUP) demonstrieren.

Durch die MS wird ein Location Updating Request abgesetzt. Daraufhin fordert das Netz die MS auf, sich zu authentisieren. Nach erfolgreich verlaufener Authentikation wird der MS der Verschlüsselungsmodus mitgeteilt und von der MS bestätigt. Danach wird ihr die neue TMSI mitgeteilt und die Nachricht Location Updating Accept geschickt (siehe z.B. [MoPa_92, S.490]). Die MS bestätigt den Empfang der neuen TMSI mit TMSI Reallocation Complete.

Das Bild verdeutlicht, daß die Signalisierungsdaten verschlüsselt (Algorithmus A5) über die Luft übertragen werden.

Die folgende Tabelle zeigt noch einmal, wo welche sicherheitsrelevanten Algorithmen und Daten verwendet werden (aus [Bial_94, S.193]):

Ort	gespeicherte Daten
HLR	Sets of RAND/SRES/Kc zu jeder IMSI
VLR	Sets of RAND/SRES/Kc zu jeder IMSI, CKSN, TMSI, LAI zu jedem Kc
MSC, BSS	A5, Kc, CKSN, TMSI, IMSI
AuC	A3, A8, Ki, Kc, IMSI, RAND, SRES
EIR	IMEI
MS	A5, IMEI
SIM	A3, A8, IMSI, Ki, Kc, PIN, Super-PIN, Personal Unblocking Key, RAND, SRES, CKSN, TMSI, LAI, SIM-Status

Tab.2-2: Allokation sicherheitsrelevanter Parameter im GSM

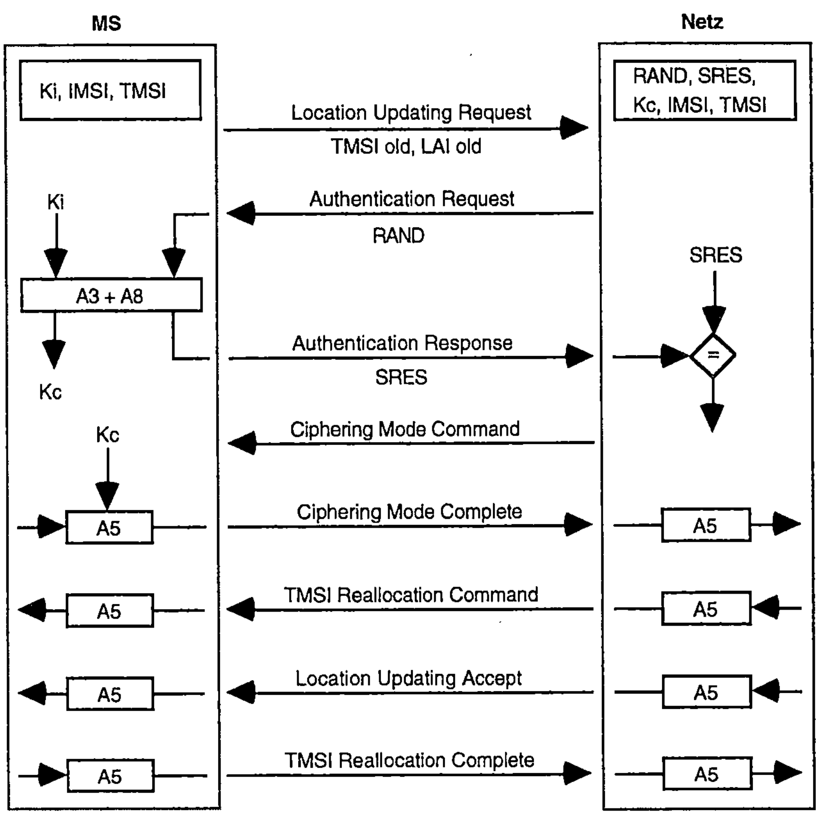

Abb.2-9: Zusammenspiel der Sicherheitsfunktionen

3 Mobilitäts- und Verbindungsmanagement

3.1 Wozu Location Management?

Das Versorgungsgebiet eines Funknetzes ist, wie bereits erwähnt, eingeteilt in Funkbereiche, sog. Funkzellen, da das zur Verfügung stehende Spektrum begrenzt ist. Die Dämpfung der Funkwellen bildet eine natürliche Begrenzung für die Größe der Funkzellen. Sie ist bei konstanter Sendeleistung z.B. abhängig von der Sendefrequenz und den örtlichen Gegebenheiten (Funkschatten, Mehrwegeausbreitung).

Folglich bietet sich eine Mehrfachnutzung des zu Verfügung stehenden Spektrums an. Benachbarte Funkzellen nutzen dabei unterschiedliche Frequenzspektren, wodurch Störungen (Interferenzen) zwischen ihnen vermieden bzw. minimiert werden können. Dies führt zu einer effizienten Ausnutzung der Bandbreite, die jedoch mit einer detaillierten Frequenzplanung vor Inbetriebnahme des Netzes erkauft wird.

Die Aufteilung des Spektrums kann dabei nach der Frequenz und der Zeit erfolgen. Die entsprechenden Zugriffsverfahren werden Frequency Division Multiple Access (FDMA) und Time Division Multiple Access (TDMA) genannt. In modernen Mobilfunknetzen kann die Aufteilung der Spektren durchaus dynamisch sein. Man spricht dann von Code Division Multiple Access (CDMA) [Abra_94, Lee2_91, SMPB_91, Spa1_83, Stee1_94, ViPa_92].

Funkzellen sollen als *physische* Versorgungsbereiche eines Mobilfunknetzes bezeichnet werden. Der kleinste *logische* Versorgungsbereich eines zellularen Funknetzes wird Location Area (LA) genannt. Ein LA muß dabei nicht notwendigerweise genau einer Funkzelle entsprechen. Die Kennung (Adresse) eines LA ist die Location Area Identification (LAI).

Um einen mobilen Teilnehmer bei einem ankommenden Anruf effizient erreichen zu können, muß dem Netz das aktuelle LA zum Zeitpunkt des Verbindungswunsches zur Verfügung stehen. Wie die späteren Ausführungen zeigen werden, kann dies auch ohne die permanente und explizite Speicherung des Aufenthaltsorts erreicht werden. Beim Paging wird in allen Funkzellen des LAs ein Rufsignal ausgestrahlt, wodurch die aktuelle Funkzelle „gefunden" wird.

Die mobilitätsspezifischen Funktionen (Location Management) werden unterschieden nach Location Update Prozeduren (LUP) und Handover-Prozessen (HOV). LUP umfaßt alle Prozeduren, die bei nicht bestehender Verbindung (Standby oder Idle Mode) eine Aktualisierung des Aufenthaltsorts im Netz bewirken. Sie werden im GSM von der MS ausgelöst. HOV ist das Umschalten einer bestehenden Kommunikationsverbindung, z.B. eines Gesprächs, auf einen anderen Funkweg. Befindet sich ein mobiler Teilnehmer bei bestehender Verbindung in Bewegung, muß bei einem Wechsel in eine andere Funkzelle das Gespräch dorthin übergeben werden. Es kann jedoch theoretisch auch ohne den Wechsel einer Funkzelle zu einem HOV kommen, beispielsweise dann, wenn ein Funkkanal stark gestört ist und auf einen anderen umgeschaltet wird. Im GSM wird diese Aufgabe vom Netz übernommen, da die Echtzeitanforderungen an HOV sehr hoch sind. Das mobile Netz verfügt über eine globale Übersicht der Verkehrssituation und der vorhandenen Ressourcen und kann deshalb diese Aufgabe gut erfüllen (vgl. [MoPa_92, S.399]).

Die logische Teilung in LAs ist zunächst unabhängig von der Teilung in Funkzellen. Die Teilung nach logischem und physischem Versorgungsbereich ist durchaus sinnvoll: Alle Location Management Funktionen operieren auf der logischen Einheit LA. Das Management der Funkfrequenzen, das sog. Radio Resource Management, kann davon unabhängig erfolgen. Der Vorteil ist, daß LAs so dynamischer konfiguriert werden können, z.B. in Abhängigkeit von der Anzahl zu versorgender Teilnehmer in einem LA, ihrem Verkehrsverhalten und ihrer Mobilität. Je nach Optimalitätskriterium, z.B. Bandbreiteauslastung auf der Funkschnittstelle, Teilnehmerzahl im LA etc., kann so die Größe eines LAs angepaßt werden. Durch geschickte Zuordnung der Zellen zu einem LA (z.B. entlang eines Straßenzugs) werden außerdem Location Update- und Handover-Prozesse minimiert.

Die Zusammenfassung mehrerer Funkzellen ist auch eine Frage der Kostenoptimierung eines Netzes. Gehören viele Zellen zu einem LA, werden die LUP-Kosten gesenkt und die Paging-Kosten steigen. Beim Paging über den gesamten Versorgungsbereich eines Funknetzes sind die LUP-Kosten minimal, während die Paging-Kosten maximal werden.

Das andere Extrem ist die Entsprechung eines LAs zu genau einer Funkzelle. Damit fallen nur Kosten für das Paging in der Funkzelle an, dafür sind die LUP-Kosten hoch. [ImBa_94] bezeichnet dies als den fundamentalen Tradeoff des Location Managements. Unter dem Kostengesichtspunkt ist deshalb eine Minimierung der Gesamtkosten (LUP+Paging) wünschenswert.

3.2   Location Management allgemein

Eine Möglichkeit der Registrierung des Aufenthaltsorts eines mobilen Teilnehmers ist, an einer **zentralen Stelle** im Netz eine Datei zu halten, die bei eingebuchtem Teilnehmer stets das aktuelle LA des Teilnehmers kennt. Diese Datei wird Home Location Register (HLR) genannt.

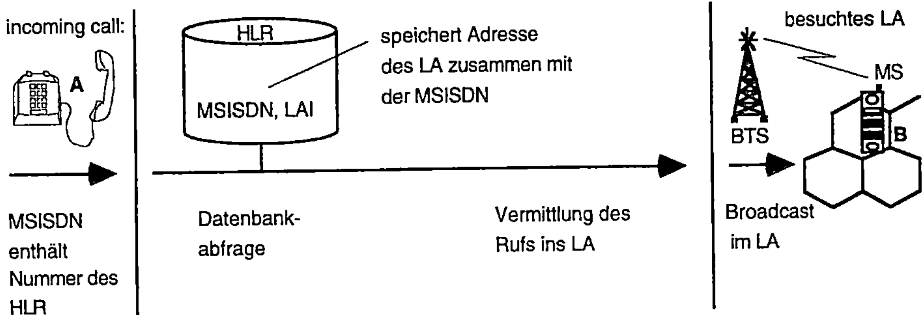

Abb.3-1: Verbindungsaufbau bei zentraler Speicherung

Soll der mobile Teilnehmer erreicht werden, wählt der A-Teilnehmer die weltweit eindeutige mobile Rufnummer des B-Teilnehmers, die Mobile Subscriber Integrated Services Digital Network Number (MSISDN). Für netzinterne Zwecke existiert speziell im GSM noch eine weitere Nummer, die sog. International Mobile Subscriber Identity (IMSI). Für die weiteren Betrachtungen wird vereinfachend angenommen, daß IMSI und MSISDN bezüglich eines mobilen Teilnehmers äquivalent sind.

Im HLR wird die LAI festgestellt und der Ruf ins LA weitervermittelt. Über die Base Transceiver Stations (BTS) wird der Verbindungswunsch in allen Funkzellen des LAs ausgestrahlt (Paging).

Wechselt der Teilnehmer mit seiner Mobilstation (MS) das LA, so muß er dies dem HLR mitteilen. Das damit verbundene LUP erzeugt auf der Funkschnittstelle und im Netz Signalisieraufwand. Sind das HLR und das besuchte LA weit voneinander entfernt, belastet der entstehende Signalisierverkehr weite Teile des Netzes erheblich!

Als Ausweg kann eine **zweistufige Speicherung** der Lokalisierungsinformation angewendet werden. Hierzu werden mehrere LAs zu einem Besucherbereich zusammengefaßt. In diesem Besucherbereich speichert eine lokale Datei, das sog. Visitor Location Register (VLR), das aktuelle LA eines Teilnehmers, während im u.U. weit entfernten HLR die Adresse des VLR, hier bezeichnet mit A_{VLR}, gespeichert ist.

Ändert sich das LA, ohne daß der Besucherbereich verlassen wird, so ist nur eine Aktualisierung des VLR-Eintrags erforderlich. Erst beim sehr viel selteneren Verlassen des Besucherbereiches muß eine Aktualisierung des HLR-Eintrags erfolgen. Der Signalisierverkehr im Netz wird gesenkt, die Komplexität des Gesamtsystems steigt jedoch. Die hier beschriebene Form der Speicherung von Lokalisierungsinformationen wird in GSM-Netzen angewendet.

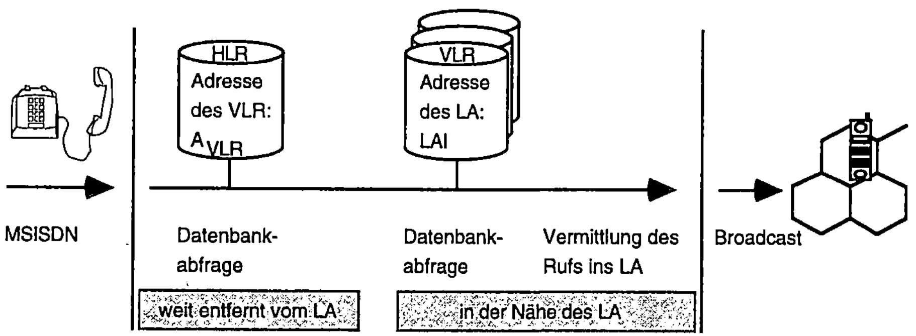

Abb.3-2: Verbindungsaufbau bei zweistufiger Speicherung

Verallgemeinert man das beschriebene Vorgehen, so gelangt man zu einer **mehrstufigen Speicherung** von Lokalisierungsinformation, wobei die Register Ri mit $i=1...n$ unterschiedlich granulare Lokalisierungsinformation speichern.

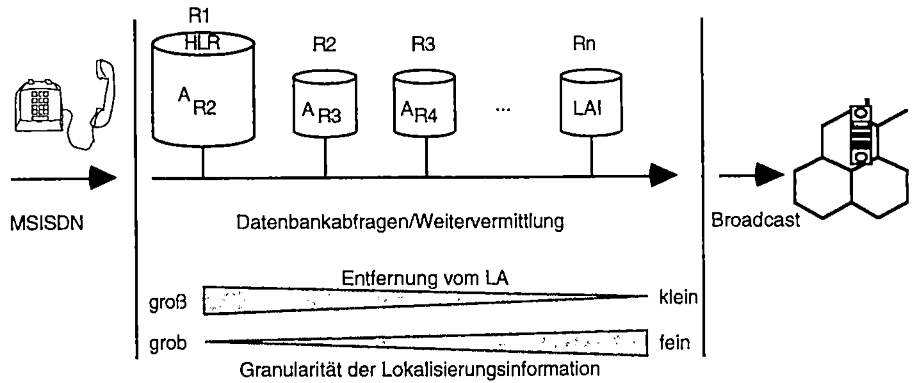

Abb.3-3: Verallgemeinerte mehrstufige Speicherung

Diese Verallgemeinerung führt zu einem aufwendigeren Verbindungsaufbau, da zusätzliche Datenbankabfragen erforderlich sind. Beim LUP
ist jedoch nur noch seltener eine Aktualisierung im Fernbereich erforderlich, was die Signalisierlast senkt.

3.3 Erstellbarkeit von Bewegungsprofilen

Trotz der beschriebenen zunehmenden Diversität und Verteiltheit von
Lokalisierungsinformation ist stets die Erstellung von Bewegungsprofilen für den Netzbetreiber möglich. Dies hat zwei Ursachen:

Erstens kooperieren die Betreiber der Mobilfunkdatenbanken (HLR, VLR
bzw. *Ri*) miteinander. Das ist bei dem beschriebenen Verfahren nötig, damit ein Ruf weitervermittelt werden kann. Andererseits führt es dazu,
daß die diversität gespeicherten Informationen leicht verkettet werden
können.

Zweitens müssen die Lokalisierungsdaten unter einem Namen, entweder der Identität des Teilnehmers (MSISDN oder IMSI) oder einem Pseudonym in den Datenbanken abgespeichert werden.

Wie bereits erwähnt, ist das im GSM im HLR und VLR die MSISDN bzw.
IMSI. Beim HLR-Eintrag ist klar, daß dies dort der Fall sein muß, da das
HLR gewissermaßen die „Wurzel" des Lokalisierungsbaumes ist, über
den der Teilnehmer gefunden wird. Für das VLR bzw. die *Ri* ist das jedoch nicht mehr unbedingt erforderlich. Hier könnten die Einträge

problemlos pseudonym erfolgen. Erfolgen sie nicht pseudonym, ist der Teilnehmer durch das VLR bzw. *Ri* verfolgbar, wobei das erstellbare Bewegungsprofil mit zunehmendem *i* detaillierter wird. Andernfalls ist für den, der die Verkettung zwischen Pseudonym und Identität nicht vornehmen kann, nur ein Pseudonym verfolgbar. Erfolgt ein regelmäßiger Wechsel des Pseudonyms, z.B. bei einem sowieso fälligen LUP, wird die Erstellung von Bewegungsprofilen eines Teilnehmers erschwert.

Die Verwendung von Pseudonymen zur Speicherung von Lokalisierungsinformationen schafft jedoch neue Probleme:

- Es muß bei einem ankommenden Anruf eine Verkettung der pseudonymen Dateieinträge erfolgen, um den mobilen Teilnehmer zu erreichen.

- Bei einem LUP mit Pseudonymwechsel muß die Unverkettbarkeit des alten und neuen Pseudonyms erhalten bleiben.

Die hier gemachten Bemerkungen lassen sich ohne weiteres auf mobile Netze übertragen, die nicht zellular aufgebaut sind: Bei Personal Mobility bucht sich der mobile Teilnehmer bei einer Station des Festnetzes ein und teilt so dem Netz mit, daß er Kommunikationswünsche an dieser Station entgegennehmen will. Auch hier sind Location Management Funktionen erforderlich.

3.4   Location Update Prozeduren

Wie bereits erwähnt, ist das Versorgungsgebiet eines GSM-Netzes in Besucherbereiche eingeteilt. Die Registrierung eines Besuchers erfolgt im Besucherregister (VLR). Ein Besucherbereich (VLR-Area) kann mehrere LAs umfassen und ein LA mehrere Funkzellen. Über einen speziellen Signalisierkanal strahlen die Basisstationen (BTS) für jedes LA eine Location Area Identification (LAI) aus.

Alle LUPs werden von der MS ausgelöst. Es kann bei der Bewegung eines mobilen Teilnehmers zu folgenden Situationen kommen:

a) Funkzelle neu, aber LA wird nicht verlassen und damit auch nicht der Besucherbereich;

b) LA neu, damit auch Wechsel der Funkzelle, aber Besucherbereich wird nicht verlassen;

c) Besucherbereich (VLR-Area) neu, damit auch Wechsel des LA und damit auch Wechsel der Funkzelle.

Es gibt noch einen weiteren Fall, der durch die Trennung von Vermittlungs- und Speicherfunktionen entsteht, da im GSM nach [MoPa_92, S.102] einem VLR mehrere MSCs zugeordnet sein können:

d) Besucherbereich alt, jedoch MSC-Area neu. Damit ändern sich auch LA und Funkzelle.

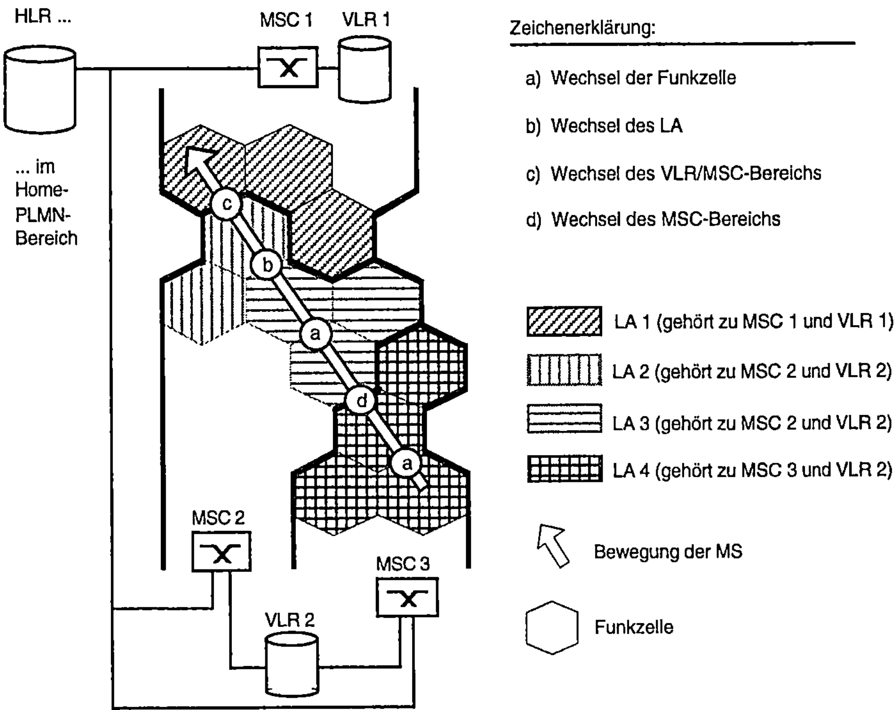

Abb.3-4: Grafische Darstellung verschiedener LUP-Situationen

Die Situation *a)* erfordert kein LUP. Bei einem existierenden Gespräch ist jedoch ein Handover (HOV) erforderlich. Alle anderen Situationen erfordern ein LUP, wobei für *b)* nur eine Aktualisierung des VLR erforderlich ist. Die Situationen *c)* und *d)* führen zu einer Aktualisierung im HLR und *c)* zusätzlich zu einem VLR-Wechsel. Dort wird ein neuer Eintrag angelegt und der Eintrag im alten VLR gelöscht. In Situation *d)* ist die Aktualisierung des HLR deshalb erforderlich, weil das VLR nur über das (neue) MSC erreicht wird. Die Unterscheidung von *c)* und *d)* ist in der Praxis von geringer Bedeutung, da nach [MoPa_92, S.102] VLR und MSC meist zusammengelegt sind. Deshalb werden auch im weiteren nur noch die LUP-Fälle *b)* und *c)* betrachtet.

3.4.1 Einbuchen

Zum Einbuchen (Location Registration) in das Netz empfängt die Mobilstation (MS) zunächst die LAI und meldet sich bei der zuständigen Base Transceiver Station (BTS) unter einer dem Netz bekannten Identität an. Beim ersten Einbuchen ist das die International Mobile Subscriber Identity (IMSI). Bei jedem weiteren Einbuchen ist das ein Pseudonym, die Temporary Mobile Subscriber Identity (TMSI), die zusammen mit der LAI des zuletzt besuchten Gebietes gesendet wird. LAI und TMSI ermöglichen dem Netz die Verkettung zur IMSI. Die TMSI wird im GSM verwendet, um die häufige Übertragung der IMSI über die Funkschnittstelle zu vermeiden. Es soll dadurch für Outsider verborgen werden, wer sich wo im Netz aufhält. Beim Verlust der Zuordnung zwischen „TMSI, LAI" und IMSI (z.B. nach einem Datenbankausfall) müssen jedoch alle Prozeduren mit der IMSI durchgeführt werden.

Die BTS ist einem Mobile Switching Centre (MSC) mit Visitor Location Register (VLR) zugeordnet. Durch die BTS wird der Aufenthaltswunsch der MS an das MSC/VLR weitergeleitet. Nach erfolgreicher Authentizitätsprüfung wird im VLR ein Dateieintrag mit der gemeldeten LAI des Teilnehmers angelegt. Außerdem wird beim gebuchten Netzbetreiber des Teilnehmers im Home Location Register (HLR) ein Verweis auf das aktuelle MSC/VLR angelegt.

3.4.2 Aufenthaltsaktualisierung

Das Auslösen der Aufenthaltsaktualisierung (Location Update, LUP) erfolgt durch die MS, indem sie sich mit ihrer alten LAI und TMSI beim neuen Bereich „anmeldet". Wenn das nachfolgende Sicherheitsmanagement (z.B. die Authentikationsprozedur) erfolgreich verlaufen ist, wird der MS vom Netz eine neue TMSI zugewiesen.

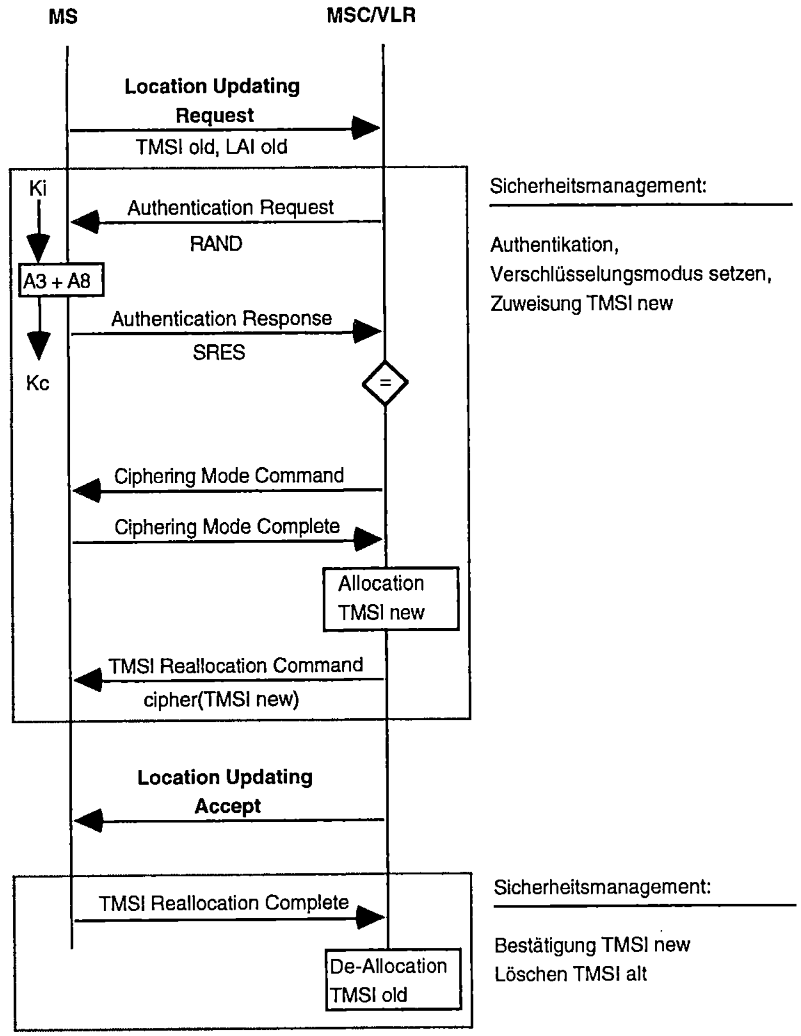

Abb.3-5: LUP: Neues LA, aber altes VLR (TMSI bekannt)

3.4.2.1 Neues LA, aber altes VLR

In Abb. 3-5 wird das Protokoll für ein LUP zwischen zwei LAs dargestellt,
die zum selben VLR- und MSC-Area gehören. Die Randbedingungen da-

bei sind, daß im VLR die alte TMSI bekannt ist. Sollte das nicht der Fall sein, dann wird über die Nachricht Identity Request die IMSI angefordert (siehe auch Vergabe der TMSI). Die restlichen Protokollschritte bleiben erhalten. Um das Zusammenspiel von LUP-Prozessen und Sicherheitsmanagement noch einmal deutlich zu machen, wurden die Protokollschritte für Authentikation, Chiffrierschlüsselgenerierung und Verschlüsselungsmodusauswahl in dieses Bild hinzugenommen. Aus Gründen der Übersichtlichkeit wird bei den weiteren Bildern darauf verzichtet. In [MoPa_92, S.490] wird angegeben, daß auch auf die Nachricht TMSI Reallocation Command verzichtet werden kann im Zusammenhang mit einem erfolgreichen Location Update. Die neue TMSI würde dann mit der Nachricht Location Updating Accept mitgeteilt werden.

3.4.2.2 Neues VLR

Diese LUP-Prozedur wird ausgeführt, wenn das alte und neue LA zu verschiedenen VLRs gehören.

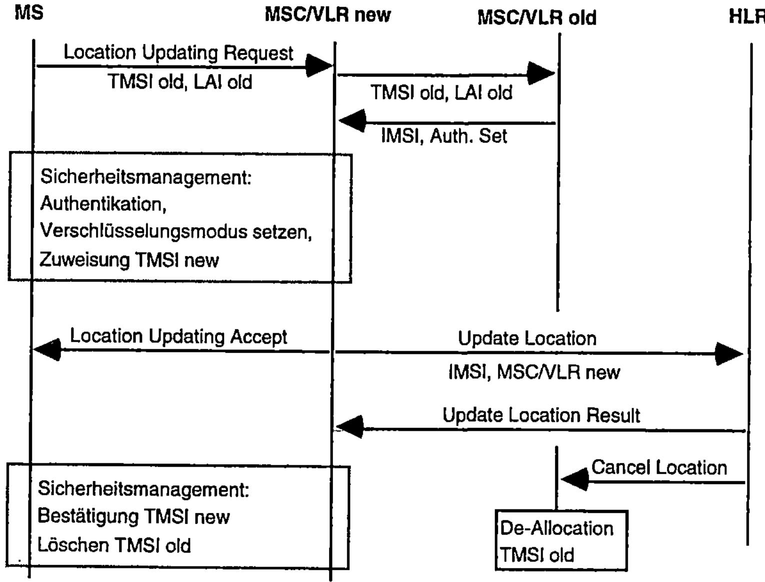

Abb.3-6: LUP: Neues VLR (altes VLR erreichbar)

3.4.3 Periodische Aufenthaltsaktualisierung

Selbst wenn sich die Mobilstation nicht bewegt, wird von Zeit zu Zeit ein periodisches Location Update (PLU) ausgeführt. Das PLU soll die Aktualität der in den Datenbanken gespeicherten Aufenthaltsinformationen sicherstellen. Da ein Location Update stets von der Mobilstation ausgeht, wird über den Broadcastkanal die Periode des PLU durch den Netzbetreiber mitgeteilt und das PLU dann periodisch von der Mobilstation ausgelöst. Nach [MoPa_92, S.472] kann sich die Periode zwischen 6 Minuten und mehr als 24 Stunden bewegen. Es ist auch möglich „unendlich" als Periode zu signalisieren, wodurch das PLU unterdrückt wird.

In [RaDe_98] wird eine sehr einfache Methode angegeben, um die Periode selbst festzustellen: Der Nutzer soll sein eingeschaltetes Mobiltelefon neben ein Transistorradio legen, worauf dieses in der PLU-Periode ein deutlich hörbares galoppierendes Knistern von sich gibt.

Im Internet ist unter http://www.ii-mel.com/interception/mobile_tracegb.htm eine Übersicht der PLU-Perioden einiger Betreiber zu finden.

3.5 Rufaufbau (Call Setup) im GSM

Man unterscheidet im GSM verschiedene Rufaufbau-Typen. Die wichtigsten sind dabei abgehende (Mobile Originated Call, MOC) und ankommende (Mobile Terminated Call, MTC) Rufe. Ein Mobile-Mobile Call ist ein zusammengesetzter Ruf, bestehend aus MOC und MTC [Bial_94, S.352].

Es wird zwischen Call Setup mit frühzeitiger Verkehrskanalzuweisung, sog. early-TCH-Assignment, und „funkfreiem" Rufaufbau (Off Air Call Setup, OACSU) unterschieden. Man spricht von einem OACSU, wenn ein Traffic Channel (TCH) zwischen MS und Netz erst zugeordnet wird, nachdem der gerufene Partner antwortet [MoPa_92, S.355f]. Beim early-TCH-Assignment wird der Funkkanal dagegen zugewiesen, sobald dem Netz genaue Informationen über die Art der gewünschten Verbindung bekannt sind. Die Art der gewünschten Verbindung hängt eng zusammen mit dem gewünschten Dienst (z.B. SMS, Daten, Sprache). Da jedoch fast alle Prozeduren mit einer Kanalanforderung (Channel Assignment Request) beginnen, wird mit der Zuweisung gewartet, bis die Dienstanforderungen klar sind. Beim MOC wird sowohl beim early-TCH-Assignment als auch beim OACSU zu Beginn eine Kanalanforderung gestellt. Beim MTC nur beim early-TCH-Assignment.

3.5.1 Vermittlung ankommender Rufe

Durch das oben beschriebene Location Management wird erreicht, daß ein ankommender Anruf (Mobile Terminated Call, MTC) für den mobilen Teilnehmer in den aktuellen Aufenthaltsbereich der MS vermittelbar ist.

Beim MTC werden je nach Aufenthaltsort des Teilnehmers, zur Verfügung stehender Routing-Informationen und Leitwegewahl (z.B. Anrufumleitung) mehrere Varianten unterschieden. Das Protokoll beschreibt einen von einem Fremdnetz kommenden Ruf. Ein Anrufer hat die MSISDN des mobilen Teilnehmers gewählt. Beim Eintritt am Gateway-MSC (GMSC) in das mobile Netz wird anhand der MSISDN das zuständige HLR gefunden und aufgefordert, die Routing-Information zu senden. Die Routing-Information ist die Mobile Subscriber Roaming Number (MSRN). Die MSRN beinhaltet an aktuellen Aufenthaltsinformationen über den Teilnehmer das Land, das besuchte Netz des Landes sowie das MSC des aktuellen LAs.

Falls im HLR die MSRN bereits gefunden wurde, wird diese zurückgesendet. Bei aktivierter Anrufumleitung wird der Ruf zum Alternativziel geleitet. Der allgemeinere Fall ist jedoch, daß die MSRN vom VLR angefordert wird. Dazu wird diese mit der Nachricht Provide Routing Information vom VLR angefordert. Da das HLR die Zuordnung zwischen MSISDN und IMSI vornehmen konnte, genügt hier das Senden der IMSI.

Wenn das Gateway-MSC die MSRN erhalten hat, routet es den Verbindungswunsch direkt zum MSC. Das MSC fragt nun mit Send Info for Incoming Call nach der aktuellen LAI (bzw. genauer nur nach dem Location Area Code LAC) und TMSI (evtl. alternativ IMSI). Von dort wird über die zuständigen BTS' die TMSI (oder evtl. IMSI) im LA ausgestrahlt und nach Antwort der MS die Verbindung hergestellt.

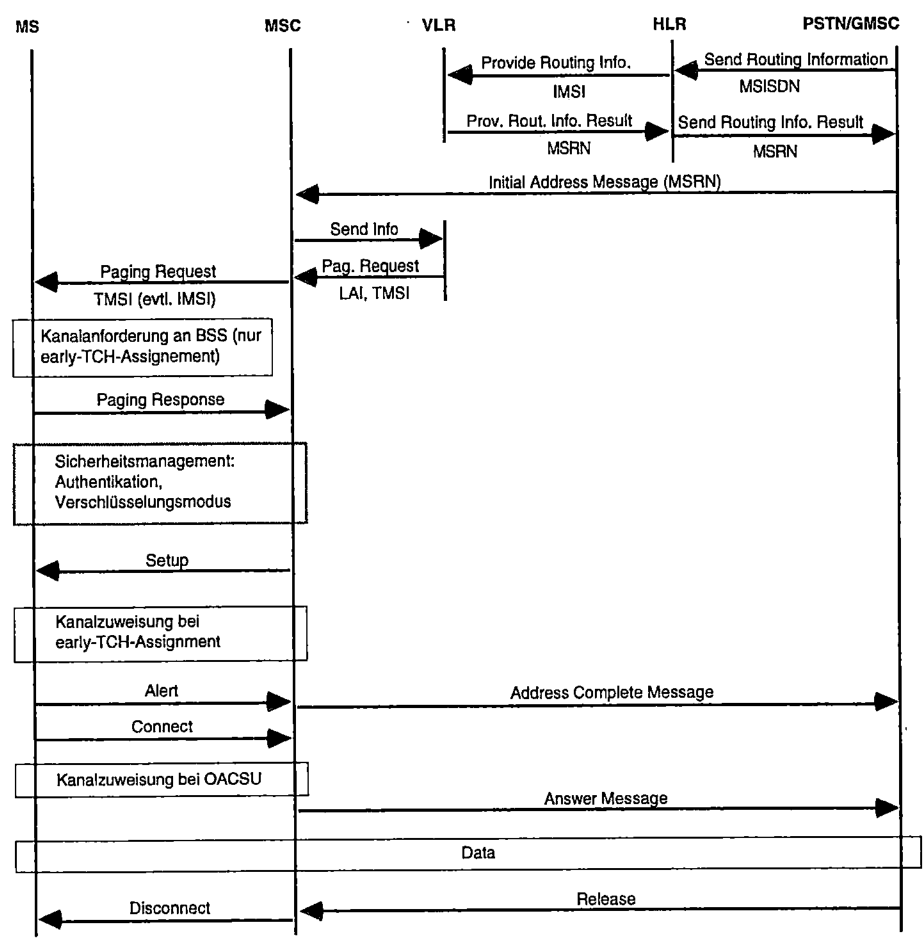

Abb.3-7: Protokoll des Mobile Terminated Call Setup im GSM

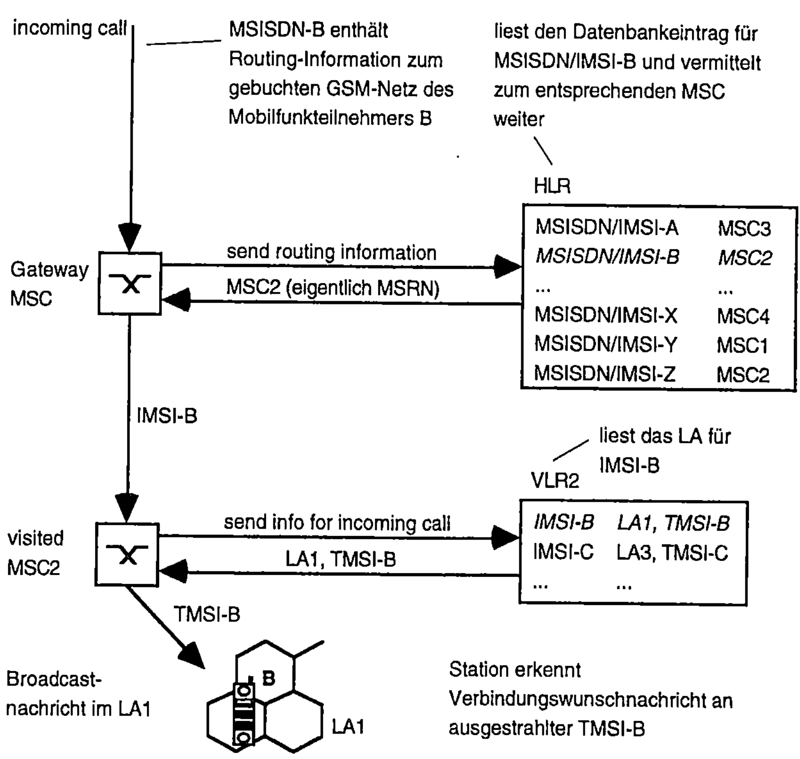

Abb.3-8: Datenbankabfragen bei einem MTC im GSM

Abb. 3-8 stellt die Datenbankabfragen explizit dar: Wenn ein mobiler Teilnehmer B unter seiner Rufnummer (MSISDN-B) erreicht werden soll, wird zunächst das HLR nach dem zuständigen MSC gefragt. In der obigen Darstellung entspricht dies der MSRN. Das bedeutet, daß vor dem Senden der MSRN evtl. noch eine Abfrage im VLR erfolgen muß, falls das HLR nicht die aktuelle MSRN besitzt. Dies wurde zur Vereinfachung des Bildes jedoch nicht dargestellt. Dann erfolgt die Abfrage des aktuellen LAs und der aktuellen TMSI von B. Schließlich wird der Verbindungswunsch im LA ausgestrahlt.

3.5.2 Vermittlung abgehender Rufe

Ein Mobile Originated Call (MOC) ist ein von der MS ausgehender Anruf. Da an dieser Rufart keine Funktionen des Location Managements beteiligt sind, wird an dieser Stelle nicht näher darauf eingegangen. Nähere Informationen finden sich z.B. in [GSM_03.20, Version 4.3.1, S.40ff].

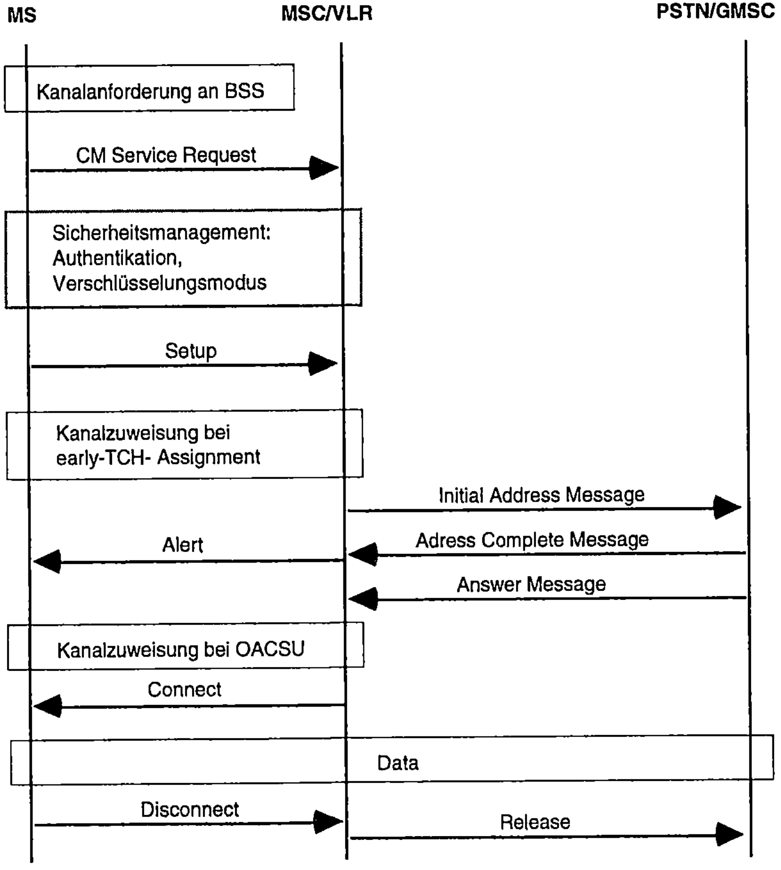

Abb.3-9: Protokoll des Mobile Originated Call Setup im GSM

3.6   Erstellbarkeit von Bewegungsprofilen im GSM

Da das GSM-Mobilfunknetz jederzeit in der Lage ist, einen Teilnehmer zu erreichen, d.h. seinen aktuellen Aufenthaltsort kennt, ist bei kontinuierlicher Akkumulation von Lokalisierungsinformation die Aufzeichnung eines Bewegungsprofils eines Teilnehmers (genauer: des SIM-Moduls) möglich. Dies verstößt gegen die Datenschutzforderung c3.

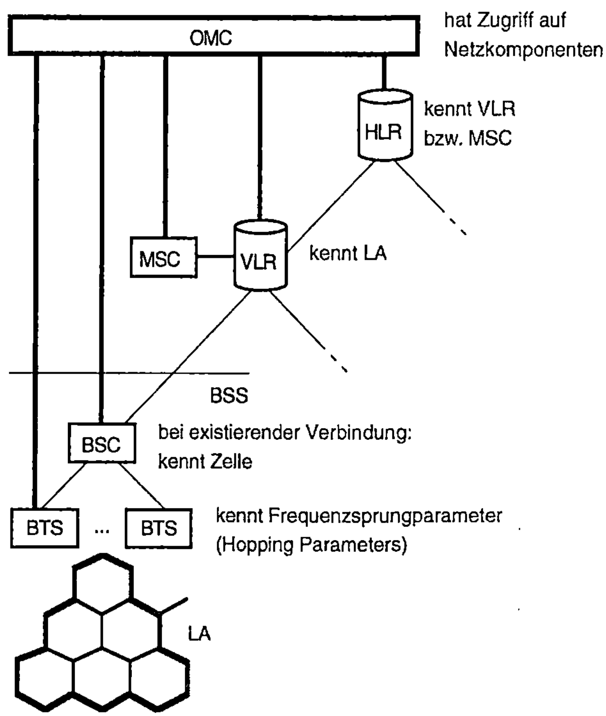

Abb.3-10: Bewegungsprofile auf den administrativen Ebenen

Laut [RaDe_98] ist die längerfristige Speicherung von Aufenthaltsdaten die tägliche Praxis einiger GSM-Netzbetreiber. So findet sich im Internet unter http://www.ii-mel.com/interception/mobile_tracegb.htm eine Übersicht, wie lange ein Backup der Aufenthaltsdaten durch den jeweiligen Netzbetreiber gehalten wird.

Auf den verschiedenen Ebenen des Netzes existieren verschiedene Möglichkeiten zur Erstellung von Bewegungsprofilen, auf die in den folgenden Abschnitten eingegangen wird.

3.6.1 Ebene OMC

Das Operation and Maintenance Centre (OMC) besitzt aufgrund seiner zentralen Stellung Zugriff auf alle Netzkomponenten.

Diese Zugriffsmöglichkeiten sollen die Fernwartung des Netzes ermöglichen. Es muß davon ausgegangen werden, daß somit auch entsprechende Datenbankzugriffe auf die Lokalisierungsdaten der Teilnehmer möglich sind.

3.6.2 Ebene HLR

Für jede IMSI wird die aktuelle VLR/MSC-Adresse sowie zusätzliche Routing-Information (Mobile Subscriber Roaming Number, MSRN) gespeichert. Eine Erstellung von Bewegungsprofilen ist mit VLR-Genauigkeit möglich. Nach [Bath_92] erfolgt jedoch keine Verknüpfung der IMSI mit den Bestandsdaten.

3.6.3 Ebene VLR/MSC

Für jeden Teilnehmer, der sich im VLR/MSC-Area aufhält, wird die LAI gespeichert und ständig aktualisiert. Nach [Bath_92] ist im VLR die Genauigkeit des Aufenthaltsorts bis zum BSC gegeben. Das legt den Schluß nahe, daß ein LA (eindeutig bestimmt durch seine LAI) einem BSC-Area entspricht. Im Standard ist dies nicht explizit ausgeführt, für eine effiziente Implementierung des GSM-Standards ist diese Annahme jedoch durchaus sinnvoll. Ähnliches gilt auch für die Zuordnung VLR–MSC: Es ist nicht eindeutig beschrieben, ob jedem MSC genau ein VLR zugeordnet ist und umgekehrt. Für die technische Realisierung ist diese 1:1-Zuordnung aber sinnvoll. In der Literatur wird deshalb häufig von einem MSC/VLR-Area gesprochen.

Verläßt ein Teilnehmer den zuständigen MSC/VLR-Area, werden die Lokalisierungsdaten gelöscht. Im VLR erfolgt keine Sortierung der Daten nach Teilnehmern [Bath_92].

3.6.4 Ebene BSS

Für die Realisierung des Lokalisierungsmanagements auf Zellebene (Funkzelle) sind in den BSS' (genauer im BSC) entsprechende Funktionen realisiert. Diese kommen allerdings nur dann zur Anwendung, wenn ein Teilnehmer eine existierende Verbindung besitzt. Deshalb fallen diese Prozeduren unter die Handover-Prozesse und nicht unter Location Update (LUP). Es wird dann allgemein nur noch davon gesprochen, daß die Verbindung auf einen *anderen Funkweg* umgeschaltet wird.

Aus den vorhandenen Funktionen kann man schlußfolgern, daß, solange sich ein Teilnehmer im zuständigen BSS aufhält, Lokalisierungsinformationen bis auf Zellgenauigkeit vorhanden sind. Diese Informationen sind für das Interworking von GSM-Netzen und deren Bestandteilen (verschiedener Hersteller, Betreiber und/oder Nationen) nicht erforderlich. Gründe hierfür könnten sein:

- Das BSC ist eine in sich geschlossene Einheit ohne Schnittstellen, über die Zellinformationen übertragen werden müssen. Das BSC als Steuereinheit auf Funkebene steuert die BTS' über Port- oder Funkadapteradressen direkt. Für das GSM-Netz ist also eine Funkzelle keine geographische Einheit im eigentlichen Sinn. Die BTS selbst ist nur eine funktechnische Einrichtung ohne Rechenkapazität.

- Für die Entgeltabrechnung sind im GSM nur Lokalisierungsinformationen mit BSC-Genauigkeit bzw. LAI-Genauigkeit erforderlich ([Bath_92], siehe auch folgende Bemerkungen), nicht jedoch mit Zellgenauigkeit.

3.6.5 Funktechnische Ebene (BTS)

Da elektromagnetische Wellen Richtungsinformation enthalten, ist eine Peilung und Ortung von Sendern gewöhnlich möglich. Dies gilt auch für die Sendeeinrichtungen der Mobilstationen. Im GSM (Phase 2) wird das Sendeverfahren Frequency Hopping (FH) angewendet, das die Peilbarkeit für Außenstehende zwar erschwert, jedoch nicht verhindert [Thee_94]. Der Netzbetreiber ist jedoch sehr gut in der Lage, über bestimmte Peilverfahren (z.B. Laufzeitpeilung) selbst innerhalb der Funkzelle den Aufenthaltsort eines Teilnehmers festzustellen.

Obwohl die BTS' selbst keine Rechenkapazität besitzen, können auch sie ferngewartet werden. So ist es z.B. möglich, die Frequenzsprungparameter (Hopping Parameters) über das BTS Management Protocol zu verändern [MoPa_92, S.639]. Der entfernte Zugriff auf die Funksignale würde die besonders genaue und „bequeme" Lokalisierung eines Teilnehmers ermöglichen, da dann entsprechende Peiltechniken innerhalb der Funkzelle von der Ferne aus initiiert werden könnten.

Theoretisch sind also Bewegungsprofile auf wenige Meter genau möglich. Solche Peilverfahren zum Zwecke der Teilnehmerverfolgung sind allerdings im GSM-Standard nicht vorgesehen. Es könnte aber durchaus sein, daß ein Netzbetreiber zu gegebener Zeit einen Ortungsdienst (als Mehrwertdienst) anbietet, z.B. als Notfalldienst. Technische Überlegungen hierzu finden sich z.B. in [Kenn_95].

3.6.6 Entgeltabrechnung und Bewegungsprofile

Zur Abrechnung der Dienstnutzung werden Verbindungsdaten, sog. Anrufdatensätze (Call-, Billing-Records), vom HLR und VLR an Abrechnungszentralen (sog. Billing-Centres) übermittelt, nach Teilnehmern sortiert und mit den Bestandsdaten verknüpft. Da die Verbindungsdaten auch die BSC bzw. LAI einer Verbindung enthalten, sind die Billing-Centres in der Lage, Bewegungsprofile mit der Genauigkeit der LAI und Abrechnungsrecord-Periode zu erstellen.

Die Felder eines **Call Records** können beinhalten (nach [MaMo_91]):

- die MSISDN und IMSI des rufenden Teilnehmers (bei einem Mobile Originated Call),

- die gerufene Nummer,

- die gewählten Ziffern: normalerweise identisch mit der gerufenen Nummer, jedoch wichtig bei Kurzwahlnummern und Anrufweiter- bzw. -umleitung,

- die Standortinformation bestehend aus

  - MSC-Area: ähnlich aufgebaut wie die Rufnummer (15 Ziffern): CC, NDC, 2 Ziffern für MSC-Kennung, weitere für Abrechnung bedeutungslose Ziffern,

  - LAI und CI,

  - Funkkanalkennung – nicht für die Abrechnung nötig,

- die sog. Trunk-Group, d.h. die Verbindungsleitung, auf der das MSC die Verbindung weiterschaltet – nicht für Gebührenabrechnung mit dem Kunden relevant, evtl. aber für Abrechnung mit anderen (Festnetz)-Betreibern,

- benutzte Zusatzdienste,

- die IMEI des benutzten Gerätes,

- den Typ der Mobilstation (Mobile Station Classmark): enthält Daten zur Sendeleistung und ob es sich um ein Handy, tragbares Gerät oder Einbaugerät handelt,

- Zeitmarkierungen (Time Stamps): Beginn, Ende, Dauer des Gesprächs (Uhrzeit und Datum),

- OACSU-Indikator: zeigt an, ob ein Gespräch mit Off Air Call Setup aufgebaut wurde,

- Fullrate/Halfrate-Indikator: gibt an, ob die Verbindung auf einem Fullrate- oder Halfrate-Kanal ablief,

- Grund für die Beendigung des Gesprächs (Cause for Termination): gibt an, ob normales Ende, Funkstörung, Erkennung eines gestohlenen Gerätes oder Ausfall einer Netzkomponente,

- Datenvolumen (bei Datendiensten ausgewertet),

- eine laufende Nummer (Call Reference).

Da LUPs des mobilen Teilnehmers einen z.T. hohen Signalisierungsaufwand zur Folge haben können, ist auch die Erstellung eines **Location Update Records** zur Entgeltabrechnung möglich [MaMo_91]. Er enthält dann:

- die IMSI,

- den alten und neuen Standort des Teilnehmers,

- den Typ der Mobilstation (Mobile Station Classmark),

- Zeitmarkierungen (Time Stamps) für die LUP-Ausführung und

- Cause for Termination.

Hat ein Teilnehmer einen **Einzelentgeltnachweis** gebucht, werden einige Daten der Billing Records an den Dienstanbieter (soweit vorhanden) und an den Teilnehmer weitergereicht. Ob die Standortkennungen an den Dienstanbieter weitergereicht werden, hängt im wesentlichen vom gebuchten Dienstprofil des Teilnehmers ab. Gewöhnlich werden sie jedoch nicht weitergereicht. An den Subscriber werden *keine* Standortkennungen weitergereicht. Der Einzelentgeltnachweis soll nach [Bath_92] folgende Daten enthalten:

- eine laufende Nummer,
- Time Stamps: Datum und Uhrzeit eines Gesprächs, Gesprächsdauer,
- Nummer des angerufenen Teilnehmers (voll oder verkürzt),
- Tarif des Gesprächs (Haupt-/Nebenzeit),
- Entgelteinheiten und Preis.

Die **Netzbenutzung mit vorbezahlten Wertkarten** wird vom GSM nicht direkt unterstützt. Einige Voraussetzungen für die Implementierung eines Dienstes mit vorbezahlten Wertkarten wurden mit dem Entgeltzusatzdienst Advice of Charge (AoC) geschaffen. Bei aktiviertem AoC werden die während eines Rufs angefallenen Gebühreneinheiten *nach* dem Gespräch dem Teilnehmer übermittelt und angezeigt.

Leider sind im GSM keinerlei Funktionen implementiert, die dem Nutzer garantieren, daß die Rechnungsstellung korrekt verlaufen ist, d.h. nur das in Rechnung gestellt wurde, was tatsächlich genutzt wurde.

3.6.7 Registrierung der Gerätekennungen (EIR)

Wie bereits erläutert, existieren im GSM sog. Gerätekennungsdatenbanken (Equipment Identity Register, EIR). Jedes GSM-Mobilfunkgerät besitzt eine entsprechende International Mobile Station Equipment Identity (IMEI), die abgefragt werden kann. Die Erstellung von Bewegungsprofilen eines Gerätes auf der grauen und schwarzen Liste (grey-list, black-list) ist explizit vorgesehen.

Ursprünglich war im EIR nur die Speicherung der IMEI geplant. Es gab aber bei einigen Betreibern (z.B. D2-Netz) Überlegungen, die IMEI zusammen mit den Bestandsdaten (z.B. wer das Gerät erworben hatte) zu speichern! Ziel war es, dem Besitzer Hinweise auf aktuellere Software u.ä. zu geben, sowie eine Verfolgung der das Netz störenden Geräte zu ermöglichen (siehe [Bath_92]).

3.7 Bekannte Angriffe auf GSM-Sicherheitsfunktionen

3.7.1 IMSI-Catcher

Die vorhandenen Sicherheitsfunktionen (Verschlüsselung, Pseudonymisierung der Teilnehmer durch die TMSI) können durch gezielte Angriffe ausgehebelt werden. Hierbei hat ein Gerät, der sog. IMSI-Catcher, einiges Aufsehen erregt [Plei_97, Fox_97].

Der Name des IMSI-Catchers bezieht sich auf die Abkürzung für die netzinterne Rufnummer International Mobile Subscriber Identity (IMSI). Durch die gezielte Ausnutzung der Interaktionsmöglichkeiten in Sicherungsprotokollen des GSM ist es möglich, die IMSIs aller Nutzer einer Funkzelle zu ermitteln.

Die Funktionsweise des IMSI-Catchers ist denkbar einfach. Gegenüber der Mobilstation des Nutzers verhält er sich wie eine Basisstation, gegenüber der „echten" Basisstation des Netzbetreibers wie eine Mobilstation. Hierzu sendet der IMSI-Catcher ein Signal auf dem Broadcastkanal, das von den Mobilstationen stärker empfangen werden muß als das Signal der echten Basisstation. Die Mobilstationen wählen stets die am besten erreichbare Basisstation und melden sich folglich beim IMSI-Catcher.

Der IMSI-Catcher soll auch in der Lage sein, die Inhalte von Gesprächen mitzuhören. Der Mobilstation wird hierzu höchstwahrscheinlich signalisiert, daß sie keine Verschlüsselung mehr verwenden soll. Da der Protokollablauf bei der Datenverschlüsselung das Ciphering Mode Command enthält, kann der IMSI-Catcher, der ja eine „Man-in-the-middle-attack" durchführt, jederzeit den Verschlüsselungsmodus zwischen IMSI-Catcher und Mobilstation ändern. Zwischen IMSI-Catcher und echter Basisstation hat er keine Möglichkeit, über Protokollnachrichten auf den Verschlüsselungsmodus Einfluß zu nehmen. Er könnte jedoch hier z.B. einen schlechten Funkkanal simulieren und die Basisstation so dazu bringen, die Abschaltung der Verschlüsselung zwischen Basisstation und IMSI-Catcher zu signalisieren. Eine weitere Möglichkeit wäre, eine verlorengegangene Synchronisation der Verschlüsselung zwischen Mobilstation und Netz zu simulieren, indem anstatt der echten verschlüsselten Daten von der Mobilstation unsinnige Daten weitergereicht werden. Kann die Synchronisation nicht wieder hergestellt werden, wird schließlich auf Verschlüsselung verzichtet und der IMSI-Catcher kann alle Daten bzw. Gespräche mitschneiden.

Das Aushebeln der Sicherheitsfunktionen des GSM hätte man leicht verhindern können, indem anstelle einer einseitigen Authentikation Mechanismen zur gegenseitigen Authentikation (sowohl Nutzer vor Netz als auch Netz vor Nutzer) vorgesehen worden wären. Im GSM authentisiert sich nur der Nutzer vor dem Netzbetreiber. Der technische Aufwand für die gegenseitige Authentikation wäre nur geringfügig höher gewesen.

Es muß angemerkt werden, daß über die Arbeitsweise des IMSI-Catchers nur Vermutungen angestellt werden können, da detaillierte technische Informationen über ihn nicht öffentlich verfügbar sind. Die skizzierten Angriffe zeigen jedoch die Realisierbarkeit eines solchen IMSI-Catchers.

3.7.2 Cloning der SIM-Karte

Neben der im vorangegangenen Abschnitt beschriebenen Überwachung von Teilnehmern steht die Frage, ob es möglich ist, unberechtigt auf Kosten anderer zu telefonieren.

Der Authentikationsmechanismus A3 des GSM (siehe Abschnitt 2.4.2) soll dies in Verbindung mit der SIM-Karte (siehe Abschnitt 2.2.4) verhindern. Leider sind die Spezifikationen für die Algorithmen nicht öffentlich. Inzwischen sind jedoch Unterlagen zu einem Algorithmus COMP128 verfügbar. COMP128 soll sowohl A3 als auch A8 implementieren. Er ist im Internet z.B. unter http://www.scard.org/gsm/a3a8.txt veröffentlicht. Nachdem einige Schwächen von COMP128 entdeckt wurden, war folgender Angriff möglich: Der Angreifer muß für einige Zeit im Besitz der SIM-Karte und der PIN des Teilnehmers sein, auf dessen Kosten er telefonieren will. Der Angriff wird offline, d.h. ohne Kommunikation mit dem GSM-Netz, durchgeführt. Nach etwa 150.000 Anfragen an die SIM-Karte läßt sich der geheime Schlüssel Ki ermitteln. Somit ist es dann online möglich, auf die Challenge ($RAND$) mit der korrekten Response ($SRES$) zu antworten. Ein Angreifer könnte also jetzt eine „Kopie" einer berechtigten SIM-Karte anfertigen.

Der beschriebene Angriff wurde durch die Arbeiten von Marc Brienco (Smart Card Developers Association), Ian Goldberg und Dave Wagner (beide University of California in Berkeley) möglich und ist im Internet unter http://www.isaac.cs.berkeley.edu/isaac/gsm.html beschrieben.

Je nach verwendetem Chipkartenleser und Rechner soll der Angriff derzeit etwa 8 bis 12 Stunden dauern, um *Ki* zu ermitteln. Da der Angriff auf einer gefundenen Schwäche von COMP128 beruht, funktioniert er nur mit SIM-Karten von Betreibern, die diesen Algorithmus verwenden. Eine Übersicht über Betreiber, die COMP128 *nicht* verwenden, ist im Internet unter http://www.scard.org/gsm/ zu finden.

3.7.3 Abfangen von Authentication Tripeln

Mit dem oben beschriebenen Angriff ist es nicht möglich, auf Kosten anderer zu telefonieren, indem einfach nur Informationen auf der Funkschnittstelle abgefangen werden. Der folgende in [Ande_97] beschriebene Angriff geht jedoch genau diesen Weg. Viele Netzbetreiber verbinden ihre Basisstationen (BTS) untereinander über (nicht öffentliche) Richtfunkstrecken. Ziel dieses Vorgehens ist es, möglichst wenig Kommunikationsstrecken von fremden Betreibern nutzen zu müssen. Diese Richtfunkstrecken sind meist unverschlüsselt.

Meldet sich ein Teilnehmer bei einer BTS an, wird er aufgefordert, sich zu authentisieren. Gemäß den Ausführungen in Abschnitt 2.4.2 wird beim HLR bzw. Authentication Centre ein Authentication Tripel angefordert. Sofern diese Anforderung über eine unverschlüsselte Richtfunkstrecke gesendet wird, kann ein Angreifer das Authentication Tripel, bestehend aus *RAND*, *SRES* und *SRES'*, abhören und aufzeichnen. In der eigentlichen Authentikationsprozedur muß der Angreifer auf *RAND* nur noch das eben abgefangene *SRES* senden und ist authentisiert.

Auslöser für die Bemühungen Andersons war die Ausschreibung eines Service Providers, der 10.000 DM an eine gemeinnützige Organisation überweisen wollte, wenn es einem Hacker gelänge, auf Kosten einer bestimmten GSM-Rufnummer zu telefonieren. Die zugehörige SIM-Karte war bei einem Anwalt hinterlegt.

Als der beschriebene Angriff veröffentlicht wurde, hatte der Service Provider das Angebot bereits zurückgezogen.

3.8   Zusammenfassung der Sicherheitsprobleme

Zusammenfassend lassen sich bezüglich der Sicherheitsaspekte einige Punkte an GSM kritisieren. Auf Lösungsmöglichkeiten wird in der folgenden Übersicht grob eingegangen. Der zweite Teil des Buchs greift dann den Aspekt des vertrauenswürdigen Location Managements heraus und beschreibt und bewertet verschiedene Lösungsmöglichkeiten zum Schutz des Aufenthaltsorts von Mobilkommunikationsteilnehmern.

Sicherheitsprobleme	**Lösungsmöglichkeiten**
Die verwendeten Kryptoalgorithmen (A3, A5, A8) sind teilweise geheim gehalten. Ihrer kryptographischen Stärke muß daher blind vertraut werden.	Offenlegung aller Kryptoalgorithmen, Verwendung von standardisierten und wohluntersuchten Algorithmen.
Die Kryptoverfahren sind ausschließlich symmetrisch. Ein Insider kann deshalb in Kenntnis aller Nachrichteninhalte kommen. Es muß vertraut werden, daß er diese nicht zur Kenntnis nimmt, speichert oder weitergibt. Er kann durch Weitergabe oder Benutzung des im AuC gespeicherten geheimen Schlüssels Ki Dienste auf Kosten eines berechtigten Teilnehmers nutzen. Im Streitfall läßt sich nicht beweisen, ob die Ansprüche eines Netzbetreibers berechtigt sind oder ein Insiderangriff stattgefunden hat.	Verwendung von asymmetrischen Kryptoalgorithmen zur Authentikation und Sitzungsschlüsselaustausch (hybride Verschlüsselung).
Die Schlüsselerzeugung des geheimen Schlüssels Ki erfolgt nicht unter der Kontrolle der Teilnehmer.	Verzicht auf ausforschungssichere Hardware, die *mehreren* Parteien vertrauenswürdig sein muß.
Es existieren nur sehr schwache Maßnahmen für die Vertraulichkeit des Aufenthaltsorts. Gegen Insiderangriffe schützen diese Maßnahmen jedoch nicht.	Der zweite Teil wird sich ausführlich mit Lösungsmöglichkeiten beschäftigen.
Die Peilbarkeit von mobilen Stationen ist möglich.	Anwendung von Direct Sequence Spread Spectrum als Sendeverfahren.
Es existieren keine bittransparenten Sprachkkanäle, die eine Verlängerung der 64 kbit/s-ISDN-Sprachkanäle zum GSM erlauben. Deshalb ist keine Ende-zu-Ende-Verschlüsselung der Sprache möglich.	Ergänzung der Kommunikationsprotokolle, um den netzseitigen Sprachcodierer zu übergehen. Lösungsansätze finden sich z.B. in [FeMü_97].

Es ist keine Ende-zu-Ende-Authentikation zwischen Teilnehmern vorgesehen.	Für Lösungsansätze im ISDN siehe z.B. [Sail_96]. Diese müssen ggf. adaptiert werden für mobile Netze.
Es ist keine gegenseitige Authentikation vorgesehen, d.h. des Teilnehmers vor dem Netz *und* des Netzes vor dem Teilnehmer.	Zu Lösungsansätzen siehe z.B. [AzDi_94, LiHa1_95].
Es ist keine anonyme Netzbenutzung möglich. Voraussetzung hierfür wären anonymitätsunterstützende Funktionen zum Location Management, Verbindungsaufbau sowie bei der Abrechnung (z.B. vorbezahlte Wertkarten und/oder anonyme Abrechnungsverfahren).	Lösungsansätze für Anonymitätsunterstützung finden sich teilweise im zweiten Teil. Für anonyme Entgeltabrechnungsverfahren sei auf [BüPf_90, PWP_90, WaPf_85] verwiesen.
Vertrauen in die korrekte Abrechnung ist wie bei den bisherigen Netzen erforderlich.	Verwendung asymmetrischer Kryptosysteme im Zusammenhang mit neuen Abrechnungsverfahren.
Durch die erhöhte technische Erreichbarkeit folgt eine erhöhte persönliche Erreichbarkeit, was neue Erreichbarkeitsmanagementdienste erforderlich macht, um die Privatsphäre der Teilnehmer zu wahren. Entsprechende Mehrwertdienste müssen nachgerüstet werden.	Lösungsansätze finden sich z.B. in [GuGK_94, BDFK_95, BeDF_96].
Durch die hohe Komplexität von GSM ist eine überschaubare Kontrolle des Gesamtsystems schwer möglich.	klare Definition von Schnittstellen zwischen Netzkomponenten, möglichst niedrige Entwurfskomplexität.

Tab.3-1: Sicherheitsprobleme im GSM

GSM ist mobiles Netz *mit* Sicherheitsfeatures, erfüllt jedoch *nicht* alle „Technischen Datenschutzforderungen". Insbesondere der *Mehrseitigkeitsaspekt* von Sicherheit wurde nicht berücksichtigt. Besonders unbefriedigend ist die Tatsache, daß die Sicherheitsmechanismen unter alleiniger Kontrolle des Netzbetreibers sind.

Teil 2

Datenschutzgerechtes Location Management

Dieser Teil beschäftigt sich hauptsächlich mit der Vertraulichkeit des Aufenthaltsorts von mobilen Teilnehmern in Kommunikationsnetzen. Die in den folgenden Kapiteln beschriebenen Lösungsmöglichkeiten für ein datenschutzgerechtes Location Management bauen aufeinander systematisch auf. Deshalb wird im ersten Kapitel ein Überblick über die behandelten Methoden gegen die Erstellung von Bewegungsprofilen gegeben.

4 Systematik der vorgestellten Verfahren

Die digitalen Mobilkommunikationssysteme haben mit GSM (Global System for Mobile Communication) [GSM_93] ihren ersten Vertreter für den Massenmarkt in Europa und die Entwicklung neuer Systeme schreitet natürlich voran. Dies und die teilweise noch unbefriedigenden Sicherheitsmerkmale der vorhandenen Netze sind genug Motivation, mit neuen Vorschlägen zum datenschutzgerechteren Entwurf künftiger Netze beizutragen. Ein solches künftiges Netz ist z.B. UMTS (Universal Mobile Telecommunication System). Außerdem mag es – in gewissen Grenzen – stets Möglichkeiten geben, die vorhandenen und bereits standardisierten Netze an geeigneter Stelle zu modifizieren oder um entsprechende Zusatzdienste zu erweitern, um sie datenschutzgerechter zu gestalten.

Die Unterteilung der im folgenden vorgestellten Verfahren orientiert sich im wesentlichen am notwendigen Vertrauen in Teile des Netzes;

schließlich sind bei der Entwicklung von Schutzkonzepten Annahmen über die Verbreitung eines Angreifers (oder in der dualen Welt die Ausdehnung von Vertrauensbereichen) ein wesentlicher Faktor! Die hier vorgestellten Schutzkonzepte bedienen sich solcher Vertrauensbereiche. Dementsprechend ist auch die Übersicht in Tab. 4-1 aufgebaut, die als Grundlage für die weiteren Kapitel zu verstehen ist. Sofern hinter der jeweiligen Methode eine Quellenangabe zu finden ist, bezeichnet diese deren erstmalige Publikation.

4.1 Zusammenhang der Methoden

In den folgenden Kapiteln wird auf die Methoden genauer eingegangen und deren besondere Eigenschaften werden hergeleitet. Zur besseren Verständlichkeit soll ihr Zusammenhang bereits jetzt hergestellt werden.

Die Methode **A.1** stellt einen extremen Ansatz dar, da er das Location Management sehr vereinfacht bzw. ganz darauf verzichtet. Vom „evolutionären" Gesichtspunkt ist die Methode A.1 ein Vorfahre der Methoden B.1 und B.2, die Teilaspekte des in [Pfit_93] vorgestellten Verfahrens der „Funk-Mixe" sind. Funk-Mixe sind eine Kombination der Maßnahmen Ende-zu-Ende-Verschlüsselung, Verbindungsverschlüsselung zwischen mobiler und ortsfester Teilnehmerstation, Mixe im Festnetz (siehe [Chau_81, PfWa_87, PfPW_91] bzw. den Exkurs über das Mix-Netz im Anhang) und Verteilung (Broadcast) gefilterter Verbindungswünsche auf der Funkschnittstelle.

Bei **A.2** werden Teilnehmer statisch zu einer Gruppe zusammengefaßt. Die Funktionen des Location Managements laufen für diese Gruppe gemeinsam ab.

B.1 ist eine effizienzsteigernde Maßnahme zu A.1, bei der ebenfalls auf sämtliches Location Management verzichtet wird. Der Hintergrund ist dabei folgender: Unter der Annahme, daß eine Trusted FS im Festnetz existiert, führt die ausschließliche Verwendung offener impliziter Adressen auf der Funkschnittstelle zu einer im Rahmen der Möglichkeiten effizienten Signalisierung.

A.   Vertrauen nur in die MS

A.1   Broadcast-Methode:
Verzicht auf Speicherung von Lokalisierungsinformation und Broadcast (Paging) von Verbindungswünschen im gesamten Versorgungsbereich, Adressierung der MS über implizite Adressen. Dabei kommen sowohl verdeckte als auch offene implizite Adressen zum Einsatz (Standardmethode). Reduzierung des Broadcastaufwands durch variable implizite Adressierung, [FJKP_97].

A.2   Methode der Gruppenpseudonyme:
Bildung von Anonymitätsgruppen und gruppenbezogenes Location Management, [KFJP_96].

B.   Vertrauen in die MS und zusätzliches Vertrauen in einen *eigenen* ortsfesten Bereich

B.1   Adreßumsetzungsmethode:
Wie A.1, jedoch erfolgt über einen ortsfesten, dem gerufenen Mobilfunkteilnehmer vertrauenswürdigen Bereich, z.B. eine vertrauenswürdige ortsfeste Heimstation, im weiteren Trusted Fixed Station (Trusted FS) genannt, eine Adreßumsetzung von verdeckten auf sog. kurze offene implizite Adressen, [Pfit_93].

B.2   Methode der Verkleinerung der Broadcast-Gebiete:
Wie B.1, jedoch nimmt die Trusted FS eine Verkleinerung der Broadcast-Gebiete, d.h. ein teilnehmerbestimmtes Location Management vor, [Pfit_93, SpTh1_93].

B.3   Methode der expliziten vertrauenswürdigen Speicherung:
Speicherung von Lokalisierungsinformation und Durchführung des Location Managements in der Trusted FS, [Pfit_93, Hets_93].

B.4   Methode der Temporären Pseudonyme (TP-Methode):
Pseudonyme Speicherung von Lokalisierungsinformation im Netz und Verkettung über die Trusted FS, [KeFo_95, KFJP_96].

C.   Vertrauen in die MS und zusätzliches Vertrauen in einen *fremden* ortsfesten Bereich

C.1   Organisatorisches Vertrauen:
Abwandlung der Verfahren mit Trusted FS (B.1 bis B.4) derart, daß die Trusted FS durch unabhängige, frei wählbare vertrauenswürdige dritte Instanzen (Trusted Third Party, TTP) ersetzt wird (Standardmethode). Vertrauen in mindestens einen unter vielen, [KeRJ_98].

C.2   Methode der kooperierenden Chips:
Verlagerung der Lokalisierungsinformation und des Location Managements in ausforschungssichere, nicht veränderbare und mehrseitig sichere Hardware, Vertrauen in die physische Sicherheit der Chips.

C.3   Methode der Mobilkommunikationsmixe:
Vertrauen in ein Datenschutz garantierendes Festnetz und „geschützte" Speicherung von Lokalisierungsinformation mit Hilfe kryptographischer Techniken, Vertrauen in mindestens einen unter vielen, [FeJP_96].

Tab.4-1: Übersicht der Methoden

Um den nicht unerheblichen Bandbreiteaufwand der Verteilung über das gesamte Versorgungsgebiet weiter zu reduzieren, wurde mit **B.2** ein Ansatz zum Location Management gemacht, bei dem „die ortsfeste Teilnehmerstation den ungefähren Aufenthaltsort des mobilen Teilnehmers weiß" [Pfit_93, S.458]. Die Trusted FS soll dabei einen Verbindungswunsch zunächst nur in jene Teile des Netzes ausstrahlen lassen. Von ähnlichen Überlegungen gehen auch [SpThl_93] aus. Allerdings wird dort der umgekehrte Weg vorgeschlagen: Die Autoren gehen von einer feingranularen Speicherung der Lokalisierungsinformation aus und empfehlen, die Paging- oder Broadcast-Gebiete soweit zu vergrößern, daß nur noch grobe Lokalisierungsinformation gespeichert werden muß. Dieser Mechanismus soll, wie auch andere Sicherheitsmechanismen, einer nutzerbestimmbaren Skalierbarkeit unterliegen können.

Die Methoden **B.3** und **B.4** gehen davon aus, daß das Location Management gemeinsam mit einer vertrauenswürdigen Umgebung implementiert ist. Von einer ähnlichen Überlegung gehen auch C.1 und C.2 aus.

C.1 wandelt die Methoden mit einer vertrauenswürdigen Umgebung im Festnetz derart ab, daß ihre Funktion auch durch vertrauenswürdige Dritte erbracht wird. Als Beispiel wird gezeigt, wie dies bei der TP-Methode realisiert wird.

Die Methode **C.2** zielt darauf ab, daß bei der Speicherung der Aufenthaltsinformation in ausforschungssicheren Geräten die Allokation der Geräte keine Rolle mehr spielt. Diesen organisatorischen Vorteil kann man geschickt mit bestimmten Sicherungsmechanismen verbinden, wie an der Methode der kooperierenden Chips gezeigt wird. Die ausforschungssichere Hardware bildet dann direkt die vertrauenswürdige Umgebung.

Die Methode **C.3** beruht auf den Sicherheitsannahmen eines Datenschutz garantierenden Netzes. Die Methode der Mobilkommunikationsmixe greift dabei auf ein Mix-Netz zurück, bei dem Kommunikationsbeziehungen verborgen werden. In einem Mix-Netz erreichen spezielle zwischengeschaltete Rechner, die sogenannten Mixe, die Unverkettbarkeit zwischen Ein- und Ausgabenachrichten. Mehrere Mixe können hintereinander geschaltet werden, wobei die Unverkettbarkeit erhalten bleibt, wenn mindestens einer von n Mixen ($n>1$) nicht durch einen Angreifer kontrolliert wird. Der Schutz des Aufenthaltsorts wird durch den

Schutz der Kommunikationsbeziehungen zwischen den Lokalisierungs-
datenbanken und dem mobilen Teilnehmer erreicht.

In [Pfit_93] wird noch ein Aspekt genannt, der das Erstellen von Bewegungsprofilen weiter erschweren kann: Das Filtern unerwünschter Verbindungswünsche in der Trusted FS führt dazu, daß eine Weiterleitung
solcher Rufe in das Aufenthaltsgebiet gar nicht erst geschieht. Besonders
interessant ist diese Variante, wenn man davon ausgehen muß, daß jeder
Aufbau einer Gesprächs- oder Datenverbindung zum mobilen Teilnehmer mit einer möglichen Lokalisierung, z.B. durch Peilung der elektromagnetischen Wellen, einhergeht. Prinzipiell ist das Filtern mit jeder
anderen Methode kombinierbar. Damit entsteht ein von der Mobilfunk-
problematik zunächst unabhängiger Dienst, das Erreichbarkeitsmanagement (siehe [BDFK_95]). Im hier gewählten Kontext soll er jedoch
vor allem den Schutz vor Verbindungswunschnachrichten, die Ausfor-
schungszwecken (z.B. Lokalisierung) dienen, gewährleisten.

Viele der vorgestellten Konzepte wurden jeweils als separate Verfahren
zum Schutz des Aufenthaltsortes publiziert (A.2, B.1–B.4, C.3). Andere
gelten als „Standardmethoden" zur Sicherung der Vertraulichkeit von
Verkehrsdaten (A.1, C.1).

Das Verfahren C.3 bildet einen Hauptschwerpunkt der Betrachtungen,
da es die Speicherung des Aufenthaltsorts unter dem stärksten Angreifermodell realisiert und somit als Grenzfall für den erreichbaren Schutz
von Aufenthaltsinformation in Mobilkommunikationssystemen gelten
kann. Bezüglich dieses stärksten Angreifermodells ist nur die Methode
A.1 die Ausnahme, da dort ein noch stärkerer Angreifer keine Möglichkeit zur Lokalisierung hat. Allerdings werden auch keinerlei Aufenthaltsdaten gespeichert, die mißbräuchlich verwendet werden könnten.
Den extrem hohen Schutz bei A.1 erkauft man sich jedoch mit einen extrem hohen Aufwand für die Verteilung von Verbindungswünschen.

4.2 Zusätzliche notwendige Maßnahmen zum Schutz des Aufenthaltsorts

Um den Schutz des Aufenthaltsorts von Mobilfunkteilnehmern zu gewährleisten, sind über die Implementierung datenschutzgerechter Verfahren zum Location Management hinaus noch weitere Maßnahmen in

Abhängigkeit unterschiedlicher Angreifermodelle nötig. Die entsprechenden Maßnahmen sind der

i) Schutz der Kommunikationsbeziehungen zwischen den Komponenten des Festnetzes (siehe [PfWa_87, PfPW1_89, PfPW_91]),

ii) Schutz gegen Ortung und Peilung der Funkwellen sendender Mobilstationen (siehe [FeTh_95, FJKP_95]).

Punkt *i)* ist wichtig, da sonst für einen starken Angreifer, der alle Kommunikation im Netz abhören könnte, Transaktionen zwischen BTS', VLRs und HLR erkennbar wären. Da aber BTS' und VLRs bestimmte Teilgebiete versorgen, wäre eine indirekte Lokalisierung möglich. Der Schutz wird beispielsweise über spezielle Adressierungsverfahren oder Mix-Netze erreicht.

Wie später gezeigt wird, können Mix-Netze, die den Schutz der Kommunikationsbeziehungen gewährleisten, ebenfalls zum Schutz des Aufenthaltsorts angewendet werden. Dies wird beim Verfahren der Mobilkommunikationsmixe ausgenutzt, d.h. der Schutz der Kommunikationsbeziehungen ist fester Bestandteil des Verfahrens.

Prinzipiell läßt sich auch die Technik des DC-Netzes aus [Chau_88] anwenden, um Kommunikationsbeziehungen zwischen Teilnehmern zu schützen. Allerdings wäre dies eine Überspezifikation bzgl. des Schutzes des Aufenthaltsorts, da das Senden im DC-Netz auf einem Broadcast-Netz implementiert ist. Broadcast (A.1) allein genügt jedoch, um die Vertraulichkeit des Aufenthaltsorts zu erreichen. Die zusätzliche Anwendung des DC-Netzes bringt also hier keine zusätzlichen Vorteile aus der Sicht des zu erreichenden Schutzziels.

Punkt *ii)* ist wichtig, da die Funkwellen Richtungsinformation enthalten. Ein Senden ist einerseits nötig, wenn die Mobilstation auf eine für sie bestimmte Nachricht reagieren soll. Andererseits bedeutet jede Aufenthaltsaktualisierung (Location Update Request) ein Senden. Konsequenterweise sollte der Schutz des Aufenthaltsortes jedoch in *beiden* Fällen aufrechterhalten werden. Spezielle Sendeverfahren wie Code Division Multiple Access (CDMA) oder Direct Sequence Spread Spectrum (DS/SS) reduzieren die Angriffsmöglichkeiten durch Peilung und Ortung. Man kann davon ausgehen, daß bei entsprechender Implementierung mit ihnen eine Peilung beim Signalisieren wirkungsvoll verhindert werden kann, da die Sendezeit dort meist sehr kurz ist.

5 Methoden mit ausschließlichem Vertrauen in die Mobilstation

In diesem Kapitel werden die Broadcast-Methode (A.1) und die Methode der Gruppenpseudonyme (A.2) diskutiert. Bei der Broadcast-Methode wird auf jegliches Location Management verzichtet, wogegen bei der Methode der Gruppenpseudonyme die Aufenthaltsorte einer großen Gruppe von Teilnehmern gespeichert werden.

5.1 Vermeidung von Lokalisierungsinformation: Broadcast-Signalisierung (A.1) — ein extremer Ansatz

Zur Motivation der folgenden Abschnitte soll folgende Aussage diskutiert werden: Zum Erreichen des mobilen Teilnehmers eines Mobilkommunikationssystems ist Information über den Aufenthaltsort des Teilnehmers notwendig. Tatsächlich scheint dies nötig, da eine Verbindungswunschnachricht zum mobilen Teilnehmer gelangen muß. Das bedeutet, Lokalisierungsinformation muß zu dem Zeitpunkt über einen mobilen Teilnehmer vorhanden sein, zu dem er erreicht werden soll. In den existierenden zellularen Netzen wurde das aber bei der Implementierung gleichgesetzt mit einer permanenten Speicherung und Aktualisierung von Lokalisierungsinformation: Zu jedem Zeitpunkt kennt das Netz die LAI jedes eingebuchten Teilnehmers. Durch kontinuierliche Datenbankabfragen sind Bewegungsprofile erstellbar.

Betrachtet man das Versorgungsgebiet eines Netzes als geschlossenes geographisches Gebiet und existieren Mittel, eine Nachricht in dieses gesamte Gebiet zu verteilen (Broadcast), so ist keine Lokalisierungsinformation nötig. Der Implementierungsaufwand für die Aufenthaltsdaten in den Datenbanken wird gespart, der Aufwand für die Signalisierung, insbesondere der Bandbreiteaufwand steigt. Diese Lösung genügt damit den Datenschutzforderungen. Das bedeutet jedoch nicht, daß damit die Forderung c3 vollständig erfüllt ist. Wie bereits im Angreifermodell formuliert, sind sendende Funkstationen nach wie vor peil- und identifizierbar.

Für das Paging von Verbindungswünschen zu einer MS per Broadcast und *ohne Speicherung von Lokalisierungsinformation* existieren als grundsätzliche Möglichkeiten:

- Signalisierung über *alle* Basisstationen (BTS') im Versorgungsbereich,
- Signalisierung über große Überlagerungszellen, z.B. über Satelliten:
  - geostationäre Satelliten,
  - niedrig fliegende Satelliten (LEO-Satelliten).

Wie die MS nach Erhalt der Verbindungswunschnachricht reagiert, hängt von der Kommunikationsumgebung ab, in der sie sich aufhält. Sie kann über das nächstgelegene zellulare Netz antworten, über das Signalisiernetz, in dem die Verbindungswunschnachricht sie erreicht hat oder auf eine andere Art. Dies soll nicht in diesem Abschnitt diskutiert werden. Beachtet werden muß jedoch, daß die antwortende und damit sendende Mobilstation peilbar ist.

5.1.1 Implizite Adressierung bei Broadcast

Da alle über die Funkschnittstelle übertragenen Daten von jedem aufgefangen werden können, werden natürlich besondere Anforderungen an die Art der Codierung und Adressierung von Verbindungswunschnachrichten gestellt. Spezielle Adressierungsverfahren bieten hier eine Lösung: Implizite Adressen (anders als explizite Adressen) [PfWa_87]

- stellen lediglich ein für den Empfänger erkennbares Merkmal dar,
- enthalten keine Routing-Information und bezeichnen damit keinen Ort im Netz und
- sind mit nichts verkettbar.

Die einfachste Implementierung von impliziten Adressen sind Zufallszahlen: Ein Teilnehmer wählt sich eine Menge solcher Zufallszahlen (seine Adressen), die er in einem lokalen Speicher (aus Effizienzgründen meist ein Assoziativspeicher) hält. Die Nachricht (hier: Verbindungswunschnachricht) wird mit einer dieser Zufallszahlen adressiert.

Durch Vergleich der verteilten Zufallszahl mit denen im lokalen Speicher kann der Empfänger erkennen, ob eine Nachricht für ihn bestimmt ist. Da die Adresse offen übertragen wird, wird diese Adressierungsart auch **offene implizite Adressierung** genannt. Um die Unverkettbarkeit von Nachrichten zu erreichen, darf jede offene implizite Adresse *nur einmal verwendet werden.*

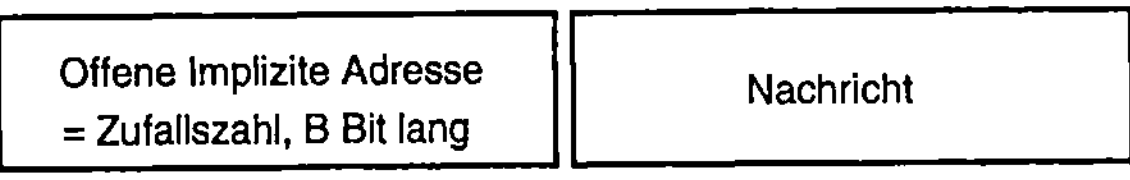

Abb.5-1: Offene implizite Adressierung

Die geeignete Länge B einer offenen impliziten Adresse hängt im wesentlichen ab

- von der Anzahl n der zu versorgenden Teilnehmer,

- ihren Verkehrsgewohnheiten (Anrufhäufigkeiten, Spitzenbelastungszeiten) und

- der zur Signalisierung (Verteilung) zur Verfügung stehenden Nettobitrate b.

Bei zu kurzen Adressen tritt zu häufig „Fehlalarm" auf, da es dann wahrscheinlich ist, daß unterschiedliche Teilnehmer gleiche implizite Adressen besitzen. Zu lange Adressen erfordern unnötig hohen Bandbreiteaufwand. Ein Maß für die adäquate Wahl der Länge einer impliziten Adresse ist der mittlere Kollisionsabstand zwischen zwei Adreßkollisionen. Der mittlere Kollisionsabstand T_{koll} [s] ist die Zeit, die zwischen zwei Adreßkollisionen vergeht und damit zur Störung eines Teilnehmers führt.

Die mittlere Ankunftsrate von Verbindungswünschen pro Teilnehmer sei λ [s^{-1}]. Die mittlere Ankunftsrate von Verbindungswünschen, die vom Broadcast-Netz verarbeitet werden muß, ist entsprechend

$$\lambda_n = n \cdot \lambda.$$

Entsprechend ist der Zeitabstand zwischen zwei Broadcasts im Mittel $1/\lambda_n$ [s].

Es wird angenommen, daß jeder Teilnehmer aus 2^B möglichen Adressen l verschiedene Adressen gewählt hat. In einer technischen Realisierung (Pseudozufallszahlengenerator) wird gewöhnlich jede Adresse gleichwahrscheinlich erzeugt. Bei l unterschiedlichen Adressen, die einem

Teilnehmer zugeordnet sind, ist die Wahrscheinlichkeit $1/2^B$, daß dieser Teilnehmer die aktuell ausgestrahlte Adresse besitzt. Der Eintritt dieses Ereignisses soll „Kollision" genannt werden. Dies entspricht im Bernoulli-Versuch (siehe [Tran_96, S.36]) dem Ereignis „Erfolg" ($1 - q = 1/2^B$), während das Ereignis „Mißerfolg" die Fälle umfaßt, in denen dieser Teilnehmer die ausgestrahlte Adresse nicht gewählt hatte ($q = 1 - 1/2^B$).

Es werden in einem Experiment solange unabhängige Bernoulli-Versuche durchgeführt, bis ein „Erfolgs"-Ereignis festgestellt wird, wobei die Zufallsvariable X die Anzahl der Versuche vor dem ersten „Erfolg" darstellt, d.h. der (i+1)te Versuch erfolgreich ist. X folgt einer geometrischen Verteilung

$$x(i) = P\{X{=}i\} = q^i \cdot (1 - q)$$

mit i=0,1,... als Anzahl der Fehlversuche. Der Erwartungswert für X ist

$$E[X] = \frac{q}{1-q} \quad \text{(siehe [Tran\_96, S.37]).}$$

$E[X]$ beschreibt also die mittlere Anzahl der Broadcasts, die nötig sind, *bevor* erstmals das „Erfolgs"-Ereignis „Kollision" eintritt. Eine Kollision tritt also im Mittel nach $E[X]$+1 Broadcasts ein.[3] Folglich ist der Zeitabstand zwischen zwei Kollisionen im Mittel

$$T_{koll} = \frac{1}{\lambda_n} \cdot (E[X]+1) = \frac{2^B}{l \cdot \lambda_n} \ .$$

Beispiel: Ein Broadcast-Netz soll $n = 80 \cdot 10^6$ Teilnehmer versorgen. Laut [EU_94] ist im Jahr 2010 mit dieser Teilnehmerzahl in der Mobilkommunikation zu rechnen. Als mittlere Ankunftsrate wird $\lambda = (300 \text{ s})^{-1} = 12 \text{ h}^{-1}$ angenommen.

Der Wert für λ orientiert sich an der Darstellung in [Pfit_93, S.460]: „Dieser Wert für λ ist sicher ausreichend, eher sogar zu hoch: Laut Fernsprechstatistik [SIEM_90] wurden 1988 in der Bundesrepublik *im Mittel* weniger als 3 Gespräche je Hauptanschluß und *Tag* geführt. Vertraut man den Erwartungen von Siemens, so dürfte der Wert von λ=1/300 1/s auch für Spitzenzeiten eher zu hoch sein: Laut [SIEM_88] verarbeitet der leistungsfähigste Vermittlungsrechner von Siemens im Endausbau 4,8

---

3   Für E[0] = $q^0 \cdot (1{-}q)$, d.h. null Fehlversuche, wird trotzdem 1 Versuch benötigt.

Vermittlungsversuche je Teilnehmer und Stunde. Außerdem interessieren ... für λ sogar nur die ankommenden Gespräche."

Anmerkung: In Analogie zu [FuBr_94], die Performance-Untersuchungen zum GSM vorgenommen haben, wird in späteren Kapiteln von Ankunftsraten für Mobile Terminated Calls (MTC) von $\lambda_{MTC}=0{,}4\,h^{-1}$ pro Teilnehmer ausgegangen, um vergleichende Betrachtungen zum GSM anstellen zu können. Dieser Wert für λ_{MTC} deckt auch in etwa die Größenordnung ab, die aus den Zahlen in [Bial_94, S.138] abgeleitet werden kann: Die Kapazität eines MSCs wird angegeben mit 100.000 vermittelbaren Verbindungsversuchen pro Stunde in Stoßzeiten (Busy Hour Call Attempts). Die versorgbare Teilnehmerzahl eines MSCs wird mit 300.000 – 600.000 angegeben. Das bedeutet 1/3 – 1/6 Vermittlungsversuche (eingehende und ausgehende zusammen) pro Teilnehmer pro Stunde in Stoßzeiten.

1. Die Länge einer offenen impliziten Adresse sei $B = 50$ Bit. Wie groß ist der mittlere Kollisionsabstand?

$$
\begin{aligned}
T_{koll} &= \frac{2^B}{l \cdot n \cdot \lambda} \\[2mm]
&= \frac{2^{50} \cdot 300\ \text{s}}{l \cdot 80 \cdot 10^6} \\[2mm]
&= \frac{1}{l} \cdot 4{,}22 \cdot 10^9\ \text{s} \\[2mm]
&= \frac{1}{l} \cdot 133{,}9\ \text{Jahre}
\end{aligned}
$$

2. Der mittlere Kollisionsabstand T_{koll} soll mindestens 1 Jahr betragen. Wie lang muß die offene implizite Adresse mindestens sein?

$$
\begin{aligned}
T_{koll} &= \frac{2^B}{l \cdot n \cdot \lambda} \\[2mm]
2^B &= l \cdot n \cdot \lambda \cdot T_{koll} \\[2mm]
\text{ld}(2^B) &= \text{ld}(l \cdot n \cdot \lambda \cdot T_{koll})
\end{aligned}
$$

$$B = \left\lceil \mathrm{ld}(l \cdot n \cdot \lambda \cdot T_{koll}) \right\rceil$$

$$B = \left\lceil \mathrm{ld}(l \cdot 80 \cdot 10^6 \cdot (300 \text{ s})^{-1} \cdot 31536000 \text{ s}) \right\rceil$$

$$B = \left\lceil \mathrm{ld}(l \cdot 8,41 \cdot 10^{12}) \right\rceil$$

Die folgende Tabelle gibt die notwendige Länge der impliziten Adresse für einige Werte von l an:

Anzahl versch. Adressen je Teilnehmer:	l	1	2	5	10	100
Länge einer impliziten Adresse:	B	43 Bit	44 Bit	46 Bit	47 Bit	50 Bit

Die Wahrscheinlichkeit eines Fehlalarms kann weiter reduziert werden, wenn die eigentliche Nachricht ein Redundanzprädikat — das könnte z.B. die Prüfung auf ein korrektes Nachrichtenformat sein — besitzt, das der Empfänger testen kann. Das funktioniert besonders dann, wenn die Nachricht verschlüsselt gesendet wird, da die Entschlüsselung einer nicht für diesen Empfänger bestimmten Nachricht mit sehr hoher Wahrscheinlichkeit eine sinnlose, d.h. das Redundanzprädikat nicht erfüllende Nachricht ergibt.

Um die Generierung der Adressen (Zufallszahlen) effizient zu gestalten, können parametrisierte Pseudozufallszahlengeneratoren (PZZG) verwendet werden. Die Unverkettbarkeit der Zufallszahlen hängt dann wesentlich von der Güte des PZZG-Algorithmus ab.

Unter Zuhilfenahme von Kryptosystemen ist sogenannte **verdeckte implizite Adressierung** implementierbar: Bei Verwendung asymmetrischer Kryptosysteme wird die Nachricht (hier: Verbindungswunschnachricht) mit dem öffentlichen Schlüssel (public key) des Teilnehmers verschlüsselt und verteilt.

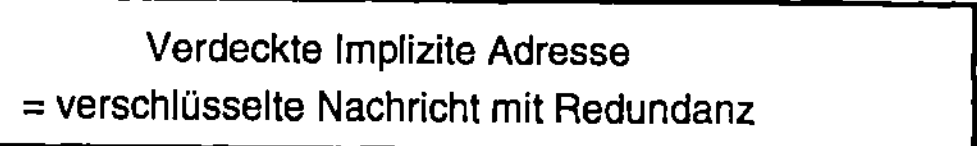

Abb.5-2: Verdeckte implizite Adressierung

Über in der Nachricht enthaltene Redundanz kann der Empfänger nach Entschlüsselung *aller* verteilten Nachrichten erkennen, welche Nachrichten für ihn bestimmt sind. Verdeckte implizite Adressierung erfordert einen deutlich höheren Rechenaufwand als die Vergleichsoperationen bei offener impliziter Adressierung, da *alle* verteilten Nachrichten entschlüsselt und auf die enthaltene Redundanz geprüft werden müssen.

Bei Verwendung von symmetrischen Kryptosystemen, die meist effizienter implementiert werden können und schneller sind als asymmetrische, kann der Rechenaufwand reduziert werden. Allerdings erhöht sich der Aufwand zur Schlüsselverteilung.

Die Länge der „Adressen" bei verdeckter impliziter Adressierung wird durch die Parameter des verwendeten Kryptosystems bestimmt. Bei asymmetrischen Systemen hat ein verdeckt implizit adressierter Nachrichtenblock die Länge eines Vielfachen der Blockgröße des Kryptosystems. Typischerweise sind Blockgrößen bei asymmetrischen Kryptosystemen ab 500 Bit (bei hohen Sicherheitsanforderungen über 1000 Bit und noch größer) gebräuchlich.

Gewöhnlich genügt das Senden *einer* verdeckt implizit adressierten Nachricht, um eine erste Kontaktaufnahme zwischen sendender Instanz[4] und Empfänger zu erreichen. Mit dieser Nachricht können Informationen (z.B. Schlüssel zur Parametrisierung von Pseudozufallszahlengeneratoren) mitgeteilt werden, die dann eine offene implizite Adressierung (mit ständigem Adreßwechsel) erlauben.

Etwas ähnliches wie implizite Adressierung wird bereits heute im GSM mit der Pseudonymisierung von Teilnehmern über die Temporary Mobile Subscriber Identity (TMSI) angewendet. Allerdings wird die TMSI u.U. mehr als einmal verwendet, bevor sie gewechselt wird, und jeder Teilnehmer besitzt stets nur eine TMSI zu einem Zeitpunkt. Diese Maßnahmen sollen jedoch hauptsächlich die Anonymität und Unverkettbarkeit gegenüber Outsidern auf der Funkschnittstelle gewährleisten. Außerdem dienen sie nicht dazu, die Speicherung von Lokalisierungsinformation überflüssig zu machen, da sie nur innerhalb des aktuellen LAs Gültigkeit besitzen.

---

[4] Der Begriff Sender soll hier noch nicht verwendet werden, da bisher noch unspezifiziert ist, wer der Initiator einer implizit zu adressierenden Nachricht ist. Als Vorgriff soll jedoch schon hier erwähnt werden, daß dies nicht nur eine Sendestation des Netzes sein

5.1.2 Technische Rahmenbedingungen

In einer praktischen Realisierung ist die Broadcast-Methode als eigenständiger Verteildienst denkbar. Dieser könnte unabhängig von den zellularen Funknetzen implementiert sein, ähnlich den heute existierenden terrestrischen Pager-Diensten.

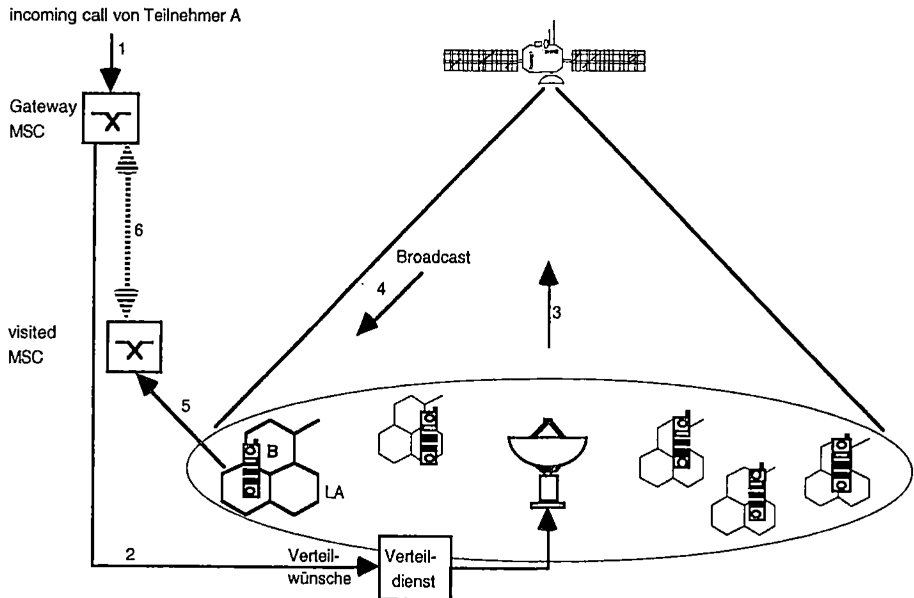

Ablauf des Verbindungsaufbaus zu einem mobilen Teilnehmer (MTC):

1 Eingehender Ruf
2 Verteilauftrag an den Verteildienst
3 Uplink des Verteildienstes
4 Downlink des Verteildienstes (Paging, Broadcast der impliziten Adresse)
5 Antwort (Paging Response) über zellulares Funknetz
6 Herstellen der Verbindung

Abb.5-3: Verteilung über einen geostationären Satelliten

kann, sondern auch die vertrauenswürdige ortsfeste Teilnehmerstation des zu adressierenden Teilnehmers.

Über einen (terrestrischen) Zugangspunkt könnte ein Nutzer Verteilwünsche absetzen. Die Kosten könnten dabei auch ohne Verlust der Vertraulichkeit des Aufenthaltsorts durch den zu erreichenden Teilnehmer übernommen werden.

Um die Broadcast-Signalisierung von Verbindungswünschen bei gleichzeitigem Verzicht auf die Speicherung von Lokalisierungsinformation realisieren zu können, müssen einige technische Rahmenbedingungen beachtet werden:

- Die Bandbreite für den Broadcast-Signalisierungskanal kann nicht mehrfach verwendet werden, wie es bei den zellularen Netzen in nicht aneinander grenzenden Zellen erfolgt.

- Die Signale, die über große Überlagerungszellen, z.B. Satelliten, ausgestrahlt werden, müssen von den Mobilstationen empfangbar sein. Deshalb müssen sie Multibandempfänger besitzen. Die Signale von geostationären Satelliten sind bisher mit einem Handy überhaupt nicht empfangbar. Sie scheiden also für Netze mit sehr kleinen und handlichen Endgeräten aus.

5.1.3 Konsistenz der Verteilung

Für die Sicherheit der Verteilung von Nachrichten zum Zwecke der *Empfängeranonymität* (Schutzziel Vertraulichkeit) ist eine konsistente Verteilung aller Nachrichten an alle Endgeräte (Mobilstationen) Voraussetzung. Konsistenz der Verteilung soll bedeuten, daß der Broadcast-Kanal so beschaffen ist, daß ein Angreifer nicht in der Lage ist,

- die Verteilung in Teilgebieten zu stören, d.h. zu verzögern oder zu verhindern, oder

- selbst generierte Nachrichten in Teilgebiete auszustrahlen.

Die Konsistenz der Verteilung ist also eine Integritätseigenschaft, die dem Erreichen von Vertraulichkeitseigenschaften (Empfängeranonymität und Schutz des Aufenthaltsortes) zugute kommt.

Besonders dann, wenn das physische Netz keine Verteilstruktur besitzt, sind Angriffe auf die Konsistenz der Verteilung interessant. Eine physische Verteilstruktur besitzt z.B. ein Signalisiernetz mit *einem* geostationären Satelliten und *einem* Beam. Netze mit Verteilung über alle Basisstationen (BTS) oder LEO-Satelliten besitzen keine physische Verteilstruktur. Durch Angriffe auf die Konsistenz der Verteilung kann ein Angreifer in diesem Fall noch genauer, als dies durch die evtl. gespeicherten Lokalisierungsinformationen bereits möglich ist, den Aufenthaltsort von Mobilfunkteilnehmern ermitteln.

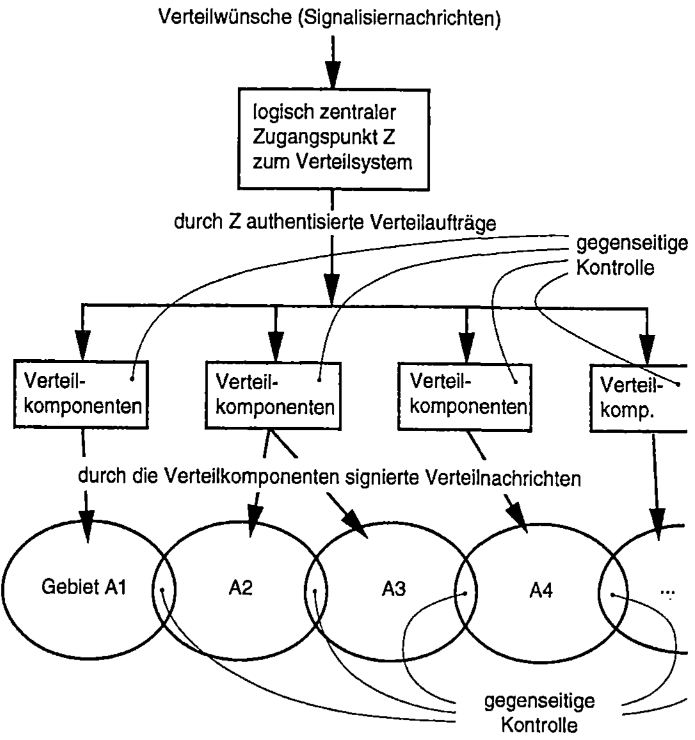

Abb.5-4: Konsistenz der Verteilung von Signalisiernachrichten

Falls die Konsistenz der Verteilung gestört ist, könnte ein Angreifer z.B. über Schnittflächenbildung einen Teilnehmer lokalisieren: Hierzu teilt er ein Gebiet in zwei Teilgebiete X und Y, stört die Verteilung der Nachrichten in Y und beobachtet, ob der Teilnehmer antwortet. Falls er antwortet, weiß der Angreifer, daß der Teilnehmer sich im Gebiet X aufhält, falls nicht muß er sich im Gebiet Y aufhalten. Durch einen iterierten Angriff im jeweiligen Teilgebiet ist die sukzessive Bestimmung des Aufenthaltsorts des mobilen Teilnehmers möglich.

Angriffe auf die Konsistenz der Verteilung müssen entweder verhindert werden oder zumindest erkannt werden können. Die Verhinderung von Störungen auf der Funkschnittstelle wird praktisch sehr schwer möglich sein.

Ein Integritätsverlust (Verlust der Konsistenz der Verteilung) kann z.B. dadurch erkannt werden, daß benachbarte Gebiete gegenseitig kontrollieren, wann welche Nachrichten gesendet wurden. Eine teilweise Gebietsüberlappung ist in Funknetzen sowieso der Fall.

Angriffe über gefälschte Signalisiernachrichten könnten dadurch verhindert werden, daß die physischen Verteilkomponenten nur authentisierte Signalisiernachrichten entgegennehmen und weitergeben.

Angriffe innerhalb des Verteilsystems sind dadurch erkennbar, daß alle Verteilkomponenten ihre gesendeten Nachrichten digital signieren. Unsignierte Nachrichten werden von den Teilnehmern einfach ignoriert. Durch die gegenseitige Kontrolle der Komponenten *und* die mögliche Kontrolle durch die Teilnehmer selbst wird die Zurechenbarkeit unberechtigt gesendeter oder gefälschter Signalisiernachrichten möglich.

Die Verzögerung von Nachrichten muß ebenso verhindert oder erkannt werden. Falls das Verteilnetz selbst eine unterschiedliche Verzögerung der Nachrichten hervorruft, muß der antwortende Teilnehmer solange warten, bis alle Stationen die Nachricht erhalten haben können.

5.1.4 Aufwand

Im folgenden Abschnitt werden einige Betrachtungen zum Aufwand, den Broadcast über den gesamten Versorgungsbereich verursacht, angestellt. Um einen Eindruck von den Größenordnungen zu erhalten, in denen sich Broadcast über den gesamten Versorgungsbereich bewegt, werden einige Zahlenbeispiele gegeben. Als einfaches Beispiel soll ein geostationärer Satellit mit einem Downlink-Verteilkanal dienen. Über ihn soll ein Verteildienst realisiert sein, der einen terrestrischen Zugangspunkt besitzt, über den Verteilwünsche abgesetzt werden können. Der Verteildienst nutzt das Verteilmedium exklusiv, d.h. es sind keine Mehrfachzugriffsstrategien auf dem hier betrachteten Downlink-Kanal erforderlich.

Die mittlere Systemzeit T_v ist die Zeit, welche die implizite Adresse im Broadcast-System benötigt, um bei den mobilen Stationen einzutreffen. Dabei wird analog zu [Pfit_93, S.460] von einer M/D/1-Annahme ausgegangen, da die Ankünfte der Verteilwünsche näherungsweise „gedächtnislos" sind, d.h. jeder Verteilwunsch wird nur *einmal* gesendet.

Somit ergibt sich

$$T_v = \frac{2 \cdot \mu - n \cdot \lambda}{2 \cdot \mu \cdot (\mu - n \cdot \lambda)},$$

wobei λ [s^{-1}] die mittlere Ankunftsrate von Verteilwünschen ist und μ [s^{-1}] die Abfertigungsrate. Die Anzahl der Teilnehmer im System ist n. Für das Verteilsystem steht eine Bitrate b [kbit/s] zur Verteilung der Verbindungswünsche zur Verfügung. Dann ist

$$\mu = \frac{b}{B}$$

mit B als Länge der impliziten Adresse. Hinzu kommen noch Synchronisationsinformationen zur Kennzeichnung der Anfangs- und Endpunkte der impliziten Adressen. Diese werden jedoch hier zur Vereinfachung weggelassen bzw. müssen in B mit eingerechnet werden.

Abb. 5-5 stellt die mittlere Systemzeit T_v in Abhängigkeit von der zu versorgenden Teilnehmerzahl n dar.

Es werden folgende Fälle dargestellt:

1. Verdeckte implizite Adresse mit einer Länge von $B_{verd} = 500$ Bit.

2. Offene implizite Adresse mit einer Länge von $B_{offen} = 50$ Bit.

3. Als Vergleichswert wird in einer Kurve die Systemzeit bei minimalkodierter Adreßlänge, d.h. $B_{min} = \lceil \mathrm{ld}(n) \rceil$ Bit dargestellt.

Dabei wurde von einer mittleren Ankunftsrate von $\lambda = (300 \text{ s})^{-1}$ und einem vorhandenen Broadcast-Kanal mit $b = 10$ Mbit/s ausgegangen.

Abb. 5-6 zeigt die lineare Abhängigkeit der Bitrate b auf dem Signalisierkanal von der zu versorgenden Teilnehmerzahl bei einer mittleren Systemzeit von $T_v = 0,5$ s für die bereits beschriebenen Fälle.

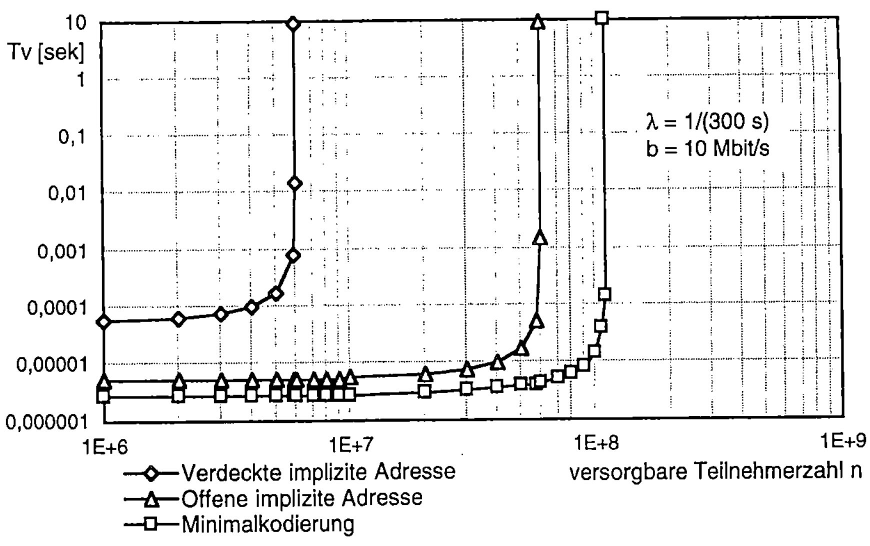

Abb.5-5: Mittlere Systemzeit bei Broadcast

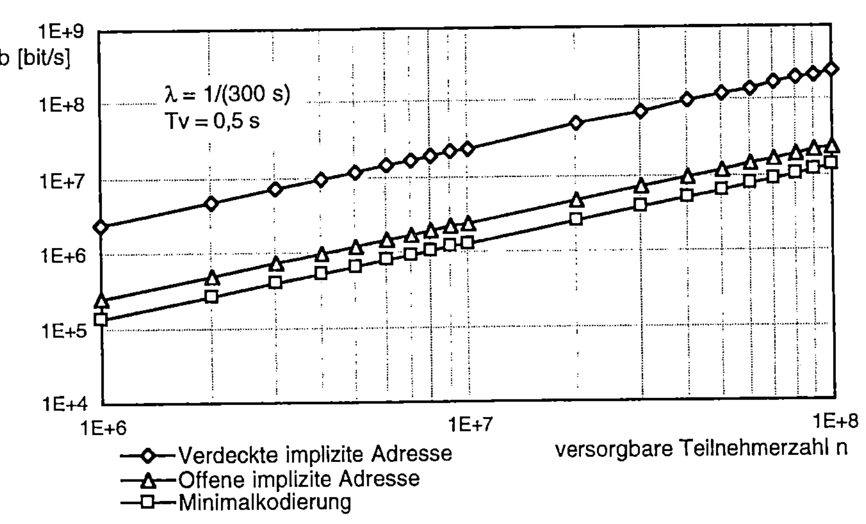

Abb.5-6: Notwendige Bitrate bei Broadcast

103

5.1.5 Auswertung

Unter den genannten Zahlenwerten erhöht sich der Aufwand für die Signalisierung mit offenen impliziten Adressen um den Faktor 1,85 (B_{offen} / B_{min}). Verdeckte gegenüber offenen impliziten Adressen führen zu einem Faktor von 10 (B_{verd} / B_{offen}). Die Zahlen zeigen, daß für den Verzicht auf das Location Management ein erheblicher Broadcast-Aufwand nötig ist. Gerade beim Engpaß Funkschnittstelle würde für Broadcast bei der erwarteten Teilnehmerzahl von 80 Millionen im Jahr 2010 ein Signalisierkanal (Downlink) mit über 10 Mbit/s Nettobitrate bei offenen impliziten Adressen benötigt. Gerade bei der Signalisierung über Satelliten sind allein die Laufzeiten der Nachrichten zwischen Erde und Satellit nicht unerheblich. Außerdem müssen die zu verteilenden impliziten Adressen zunächst zum Satelliten gesendet werden (Uplink), was weitere 10 Mbit/s benötigt. Hinzu kommen noch Synchronisationsinformationen.

Verdeckte implizite Adressen auf der Basis asymmetrischer Kryptosysteme dürften für eine allgemeine Verwendung als Broadcast-Adresse in öffentlichen Mobilkommunikationssystemen aufgrund ihrer großen Länge ausscheiden, da sie die versorgbare Teilnehmerzahl mindestens um eine Größenordnung gegenüber offenen impliziten Adressen verringern. Der Einsatz von verdeckten impliziten Adresse, die über symmetrische Kryptosysteme gebildet werden, ist jedoch durchaus denkbar. Die Blockbreite der verwendeten Kryptosysteme, gewöhnlich 64 bis 128 Bit, bestimmt hier die Länge der impliziten Adresse.

Broadcast könnte für eine begrenzte Anzahl mobiler Nutzer mit extrem hohem Sicherheitsbedarf (z.B. Persönlichkeiten des öffentlichen Lebens, die besonderen Gefahren ausgesetzt sind) jegliche Gefahr des Mißbrauchs gespeicherter Lokalisierungsdaten verhindern, da solche Daten vom Netz nicht gebraucht und erhoben werden. Als Massendienst, der bei der zunehmenden Globalisierung weltweit arbeiten muß, scheidet Broadcast jedoch aus.

5.1.6 Variable implizite Adressierung

In [FJKP_97] wird eine Broadcastvariante beschrieben, die den Bandbreiteaufwand weiter reduzieren soll. Bisher wurde eine implizite Adresse als Ganzes betrachtet und in ihrer vollen Länge ausgestrahlt. Variable implizite Adressen werden nicht in ihrer vollen Länge gesendet. In mehreren Broadcastschritten werden jeweils Teilsegmente der Adresse gesendet, zunächst in das gesamte Versorgungsgebiet des Netzes, und in Abhängigkeit von den Antworten in den weiteren Schritten nur in Teilgebiete des Versorgungsbereichs.

Es sei P eine implizite Adresse der Länge $n = |P|$. Nun soll P in k Segmente der Länge $l_i = |P_i|$ $(i = 1...k)$ zerlegt werden, so daß

$$\sum_{i=1}^{k} l_i = n.$$

Die Segmente P_i werden nun Schritt für Schritt gebroadcastet. Die Paging-Prozedur ist in Abb. 5-7 im Pseudocode angegeben.

```
10 LET C = alle Funkzellen des Versorgungsgebietes
20 LET k = Anzahl der Adreßsegmente
30 FOR i = 1 TO k DO
        Broadcaste Pi in alle Funkzellen in C
        IF (Mobilstation besitzt ausgestrahltes Pi AND Mobilstation hat in allen
        vorangegangenen Schritten geantwortet)
            THEN sende "YES"
            ELSE sende nichts
        LET C = alle Funkzellen mit mindestens einer "YES"-Antwort
        IF number_of_elements(C) = 1 THEN GOTO 50
40 END FOR
50 // Zellseparation beendet
```

Abb.5-7: Paging-Prozedur mit Zellseparation

C ist eine Menge von Funkzellen. Ein gesendetes YES bedeutet: „Ich besitze das Adreßsegment."

In Abb. 5-8 ist ein Beispiel für ein Versorgungsgebiet mit 13 Zellen und $k = 4$ Broadcastschritten angegeben. Im ersten Schritt wird P_1 über das gesamte Versorgungsgebiet ausgestrahlt. Im Beispiel antworten 10 Zellen mit YES. Im folgenden Schritt muß nur noch an diese 10 Zellen gesendet werden. Der Broadcastbereich wird also verkleinert. Im Ergebnis der Zellseparation wird schließlich der gewünschte Teilnehmer lokalisiert und es kann ein Verkehrskanal etabliert werden.

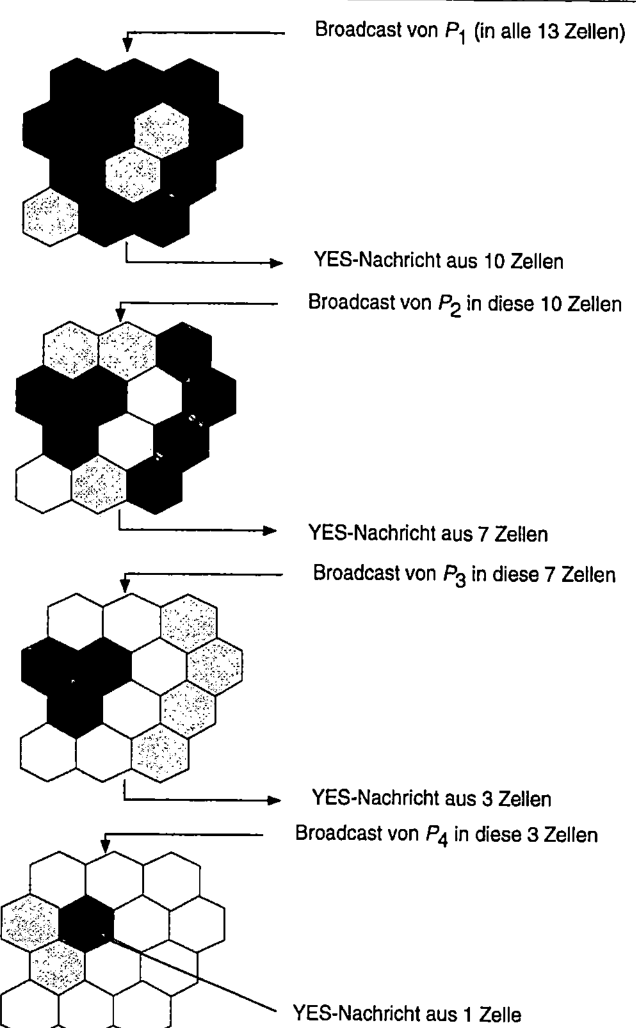

Abb.5-8: Beispiel einer Zellseparation

Je kleiner die Adreßsegmente gewählt werden, umso mehr Schritte werden benötigt, aber umso weniger Bandbreite. Dafür steigt die Verzögerungszeit, bis der Verkehrskanal aufgebaut werden kann.

Es ist möglich, daß aus derselben Zelle mehr als eine YES-Nachricht kommt. Da letztlich nur interessiert, ob überhaupt eine YES-Nachricht aus der Zelle kam und nicht von wem und von wievielen Teilnehmern, kann bereits auf der Funkschnittstelle eine logische ODER-Verknüpfung „implementiert" werden.

Der in Abb. 5-7 vorgestellte Algorithmus verteilt stets gleich große Adreßsegmente. Mit dem Algorithmus in Abb. 5-9 wird die Segmentgröße von Schritt zu Schritt halbiert. Ziel ist es, die Gesamtzahl an Schritten und damit die Verzögerungszeit zu reduzieren. Die maximale Anzahl der nötigen Broadcastschritte ist $\log_2(n)$. In jedem Schritt sollte sich im Mittel die Anzahl der mit YES antwortenden Zellen halbieren.

---

10 LET C = alle Funkzellen des Versorgungsgebietes

20 LET r = n

30 WHILE (r>1 AND number_of_elements(C)>1) DO

Broadcaste die nächsten $\left\lceil \dfrac{r}{2} \right\rceil$ Bits von P in alle Funkzellen in C

IF (Mobilstation besitzt ausgestrahlte Bits AND Mobilstation hat in allen vorangegangenen Schritten geantwortet) THEN sende "YES"

LET C = alle Funkzellen mit mindestens einer "YES"-Antwort

$r := r - \left\lceil \dfrac{r}{2} \right\rceil$

40 END WHILE

50 Broadcaste die letzten r Bits von P

60 // Zellseparation beendet

Abb.5-9: Zellseparation mit Verkleinerung der Segmente

5.2   Methode der Gruppenpseudonyme (A.2)

Der in diesem Abschnitt vorgestellte Ansatz geht von folgender Annahme aus: Wenn es möglich ist, Teilmengen von Nutzern in Gruppen zusammenzufassen, deren Mitglieder vom Location Management nicht unterschieden werden können, sind die Aufenthaltsorte einzelner Teilnehmer innerhalb einer Gruppe unbekannt, also anonym. Den Teilnehmern einer Gruppe wird ein sog. Gruppenpseudonym zugeordnet.

Die folgende Darstellung orientiert sich an [KFJP_96]. Einige Bezeichner wurden jedoch zur Vereinheitlichung der Darstellung verändert.

5.2.1 Vorbemerkungen

Für jeden Teilnehmer wird aus der fest vorgegebenen Rufnummer MSISDN mittels einer allgemein bekannten Hash-Funktion h ein Kennzeichen, das sog. Gruppenpseudonym, genannt Group Mobile Subscriber Identity (GMSI), gebildet.

Der Funktionswert

$$\text{GMSI} = h(\text{MSISDN})$$

ist ein Gruppenpseudonym für eine Menge von Teilnehmern, da h mehrere MSISDNs auf eine GMSI abbildet. Die GMSI ist also deutlich kürzer als die MSISDN. Da h allgemein bekannt ist, kann jeder die Zuordnung eines Teilnehmers zu seiner Anonymitätsgruppe feststellen.

Die Teilnehmer, deren MSISDN auf die selbe GMSI abgebildet wird, gehören zu einer Anonymitätsgruppe.

Die Netzstruktur des GSM wird weitgehend beibehalten. Natürlich werden andere Datensätze in den Registern (HLR, VLR) gespeichert. Der wesentliche Unterschied zu GSM besteht darin, daß die Einträge der Daten letztlich nicht mehr auf *ein* bestimmtes LA verweisen, sondern auf eine Menge von LAs, in denen sich Teilnehmer einer Anonymitätsgruppe aufhalten.

Das VLR speichert also Datensätze der Form

$$\text{«GMSI, LAI, } n\text{»},$$

wobei „GMSI" das Gruppenpseudonym ist, LAI die Kennung des LAs, in dem sich Teilnehmer der Anonymitätsgruppe aufhalten, und n die Anzahl registrierter Teilnehmer einer Anonymitätsgruppe im LA.

Im HLR werden Datensätze der Form

$$\text{«GMSI, (VLR/MSC-Set)»}$$

gespeichert, wobei „GMSI" wieder das Gruppenpseudonym ist und „(VLR/MSC-Set)" eine Menge von VLR/MSCs, in denen sich Teilnehmer der Anonymitätsgruppe aufhalten.

Im Grundzustand seien (VLR/MSC-Set) := $\varnothing$ (leere Menge) und $n := 0$.

5.2.2 Einbuchen, Ausbuchen und Aufenthaltsaktualisierung

Mit dem **Einbuchen** von Teilnehmer B in ein Netz ist ein Registrieren des Aufenthaltsorts verbunden. Hierzu meldet er dem für sein LA zuständigen VLR seine GMSI sowie die LAI.

Meldet sich ein Teilnehmer einer bestimmten GMSI aus einem bestimmten LA, wird im VLR ein Datensatz in folgender Weise aktualisiert:

$$\text{«GMSI, LAI, } n := n+1\text{».}$$

Wenn dies die erste Registrierung eines Teilnehmers der Anonymitätsgruppe im VLR war, wird auch an das HLR eine Meldung gegeben. Dazu muß eine Datenbankoperation

$$\text{summe}(n) \text{ von allen Datensätzen «GMSI, } \_ \text{ , } n\text{»}$$

ausgeführt werden. Das bedeutet, über den Datensätzen einer Anonymitätsgruppe wird bei beliebiger LAI die Summe aller n gebildet, was gleichbedeutend ist mit der Gesamtzahl registrierter Teilnehmer einer Anonymitätsgruppe. Wenn summe(n) = 1 ist, war dies die erste Registrierung eines Teilnehmers mit dieser GMSI und das HLR muß aktualisiert werden. Im HLR wird dann der Datensatz zu

$$\text{«GMSI, (VLR/MSC-Set) := (VLR/MSC-Set) } \cup \text{ VLR/MSC»}$$

aktualisiert. Jede weitere Registrierung eines Teilnehmers der Anonymitätsgruppe wird nicht an das HLR gemeldet.

Beim **Abmelden** eines Teilnehmers wird der Datensatz im VLR wie folgt aktualisiert:

$$\text{«GMSI, LAI, } n := n\text{-1».}$$

Meldet sich der letzte registrierte Teilnehmer einer Anonymitätsgruppe im VLR ab, wird der Datensatz für die jeweilige GMSI gelöscht und dies dem HLR entsprechend mitgeteilt.

Dort wird der Datensatz zu

$$\text{«GMSI, (VLR/MSC-Set) := (VLR/MSC-Set) } \setminus \text{ VLR/MSC»}$$

aktualisiert.

Beim **Wechsel** in ein anderes LA erfolgt ein LUP.

Neues LA, aber altes VLR: Dies bedeutet ein Anmelden beim selben VLR mit einem neuen LA (Erhöhen des Zählers n im Datensatz, d.h. «GMSI, LAI_{neu}, $n := n+1$») und Abmelden im alten LA (Verringern des Zählers n im Datensatz «GMSI, LAI_{alt}, $n := n-1$»).

Neues LA, neues VLR: Stellt B fest, daß ein neues VLR zuständig ist (bzw. besseren Empfang bietet), so meldet B seine GMSI an das jetzt zuständige VLR_{neu}. Ebenso veranlaßt er, daß der Zähler in VLR_{alt} um 1 verringert und in VLR_{neu} erhöht wird.

Bei Bedarf melden VLR_{alt} und VLR_{neu} die Veränderungen an das HLR.

Fehlfunktionen beim Abmelden sind bei dieser Art der Aktualisierung problematisch, da Datenbankeinträge erst bei $n=0$ gelöscht werden. Wenn ein Teilnehmer aufgrund von Funkschatten oder leerem Akku sich nicht abmelden kann, würde dies zu einem dauerhaften Falscheintrag im VLR führen, der bei jedem Broadcast für dieses Gruppenpseudonym unnötig Bandbreite „verbraucht". Um dieses Problem zu umgehen, könnten Protokolle implementiert werden, die im Fehlerfall ein explizites nachträgliches Abmelden vornehmen. Ein weiterer Lösungsansatz könnte sein, in großen Zeitabständen eine Art „Garbage Collection" durchzuführen und alle Mobilstationen (eines Gruppenpseudonyms) zum Neueinbuchen aufzufordern.

5.2.3 Vermittlung eines ankommenden Rufs

Will ein Teilnehmer A eine Verbindung zu B aufbauen (MTC), so bildet A aus der ihm bekannten MSISDN von B die GMSI und meldet mit Senden von GMSI dem Netz seinen Verbindungswunsch.

Im HLR werden die VLR/MSCs gefunden, in denen sich Teilnehmer der Anonymitätsgruppe aufhalten. Die Verbindungswunschnachricht wird deshalb zu allen VLR/MSC weitergeleitet. In jedem VLR werden die LAs gefunden, in denen sich Teilnehmer der Anonymitätsgruppe aufhalten. In diesen LAs muß der Verbindungswunsch ausgestrahlt werden.

Zur Adressierung auf der Funkschnittstelle wird eine implizite Adresse verwendet. Wie diese Adresse generiert wird und von wem, ist unabhängig vom Location Management.

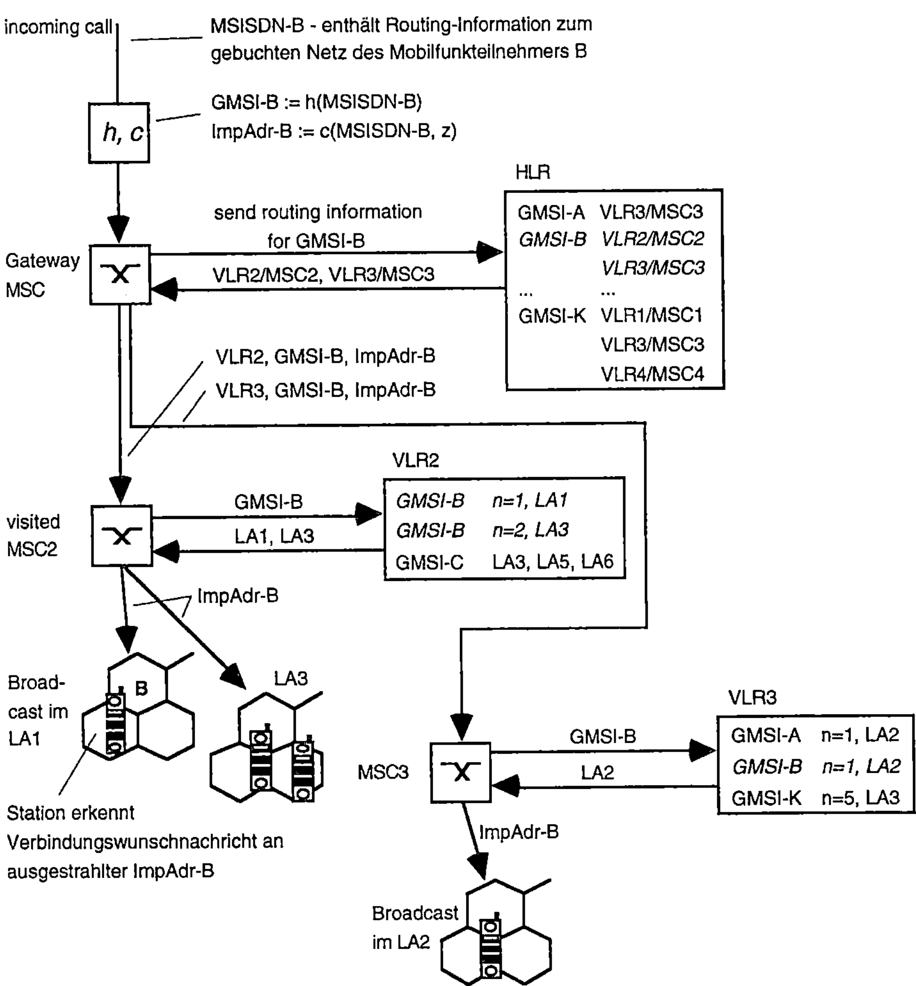

Abb.5-10: MTC bei den Gruppenpseudonymen

In [KFJP_96] wird zur Bildung der impliziten Adresse die MSISDN von B zusammen mit einer Zufallszahl z verschlüsselt. Als Schlüssel wird der öffentliche Schlüssel c von B eines asymmetrischen Kryptosystems verwendet.

$$ImpAdr := c(MSISDN, z).$$

Durch die Zufallszahl wird sichergestellt, daß der Teilnehmer nicht durch das Netz identifiziert werden kann. Um Angriffe gegen Replay von *ImpAdr* zu verhindern, könnte der verdeckten impliziten Adresse ein Zeitstempel T mitgegeben werden, d.h. *ImpAdr* $:=c(\text{MSISDN}, z, T)$ – wird im folgenden nicht weiter betrachtet. *ImpAdr* wird entweder vom mobilen Teilnehmer B generiert und in einem öffentlichen Verzeichnis hinterlegt, oder A generiert *ImpAdr* mit Hilfe des öffentlichen Schlüssels von B.

Alle Teilnehmer hören den Broadcast-Kanal ab, aber nur B kann die Nachricht positiv auswerten, d.h. entschlüsseln. Indem er mit seinem geheimen Schlüssel d

$$d(ImpAdr) = d(c(\text{MSISDN}, z)) = \text{MSISDN}, z$$

berechnet und feststellen kann, daß er adressiert wurde.

5.2.4 Bewertung der Methode der Gruppenpseudonyme

Das hier vorgestellte Verfahren verwendet die logische Struktur des GSM-Netzes. Ein wesentlicher Unterschied zu GSM besteht jedoch darin, daß zum Erreichen eines bestimmten mobilen Teilnehmers jetzt in mehreren LAs signalisiert werden muß. Dies kann den Signalisieraufwand beim Call Setup unter Umständen erheblich erhöhen!

5.2.4.1 Bildung der Anonymitätsgruppe

Der kritische Parameter dieses Verfahrens ist offenbar die Anzahl der Teilnehmer, die man unter einem Gruppenpseudonym zusammenfaßt. Wählt man die Anonymitätsgruppe zu groß, ist zwar die Gefahr der Verfolgung einzelner Teilnehmer gering, aber dafür der Signalisieraufwand durch Broadcast stark erhöht und umgekehrt.

Im Extremfall würde der Aufenthalt je eines Teilnehmers einer bestimmten Anonymitätsgruppe in jedem LA einen Broadcast über das gesamte Versorgungsgebiet bedeuten, womit das Verfahren in der Belastung der Funkschnittstelle dem extremen Broadcastansatz entspräche. Nimmt man noch den Aufwand für die LUPs hinzu, dürfte in diesem Fall der Aufwand sogar noch höher sein.

Angenommen, das gesamte Versorgungsgebiet eines mobilen Netzes besitzt l Location Areas und einer Anonymitätsgruppe gehören deutlich mehr als l Teilnehmer an und deren Mobilität (bzw. initiale Verteilung, d.h. ihr „Heimbereich") ist gleichverteilt über dieses gesamte Versorgungsgebiet. Dann entspricht der Signalisieraufwand im Mittel dem extremen Broadcastansatz. Folglich darf die Methode der Gruppenpseudonyme, um effizienter als der extreme Ansatz zu sein, nicht wesentlich mehr als l Teilnehmer unter einer Gruppe vereinigen.

Eventuell muß hierbei die Mobilität der Teilnehmer gar nicht unbedingt gleichverteilt sein. Es genügt bereits die initiale Gleichverteilung der Teilnehmer einer Gruppe, was durch die kryptographische Güte der Hash-Funktion erreicht werden kann. Ist dies der Fall, so sind auch alle folgenden Zustände im Mittel gleichverteilt, da die Teilnehmer eines Gruppenpseudonyms völlig unabhängig voneinander sind. In einem konkreten Ausschnitt des gesamten Versorgungsgebietes muß dies allerdings nicht stimmen: Man stelle sich das Umland um eine Großstadt vor. Während der „Bürozeiten" kommt es mit hoher Wahrscheinlichkeit zu einer Konzentration von Gruppenmitgliedern in der Großstadt. Das Besondere der Methode der Gruppenpseudonyme ist, daß dieses Verkehrsverhalten der Teilnehmer zu einer Verringerung der Signalisierlast bei einem eintreffenden Ruf beiträgt, also positive Folgen hat. Somit kann man annehmen, daß die Gleichverteilungsannahme unter Leistungsaspekten ein defensiver Ansatz ist, aber vermutlich nicht allzu grob von der Realität abweicht, da man ebenfalls davon ausgehen kann, daß der Netzbetreiber die Größe und Lage der LAs so gewählt hat, daß möglichst in allen LAs gleich viele Teilnehmer versorgt werden.

Problematisch an der Methode der Gruppenpseudonyme ist die Tatsache, daß die Zuordnung zwischen MSISDN und GMSI statisch ist. Ein Angreifer könnte, da er die Zuordnung mittels der öffentlichen Hash-Funktion h feststellen kann, gezielt die Teilnehmerbewegungen nachvollziehen. Zu diesem Zweck könnte er die Aufenthaltsorte der Anonymitätsgruppe über einen längeren Zeitraum beobachten und über Schnittmengenbildung der Aufenthaltsorte die Bewegungen der (noch anonymen) mobilen Teilnehmer erkennen. Anschließend setzt er einen Verbindungswunsch zu diesem Teilnehmer ab und stellt z.B. mittels Peilung und Ortung der elektromagnetischen Wellen der antwortenden MS fest, wo sich der Teilnehmer aktuell aufhält. Die Endpunkte der (anonymen) Teilnehmerspuren, die mit dem ermittelten Aufenthaltsort übereinstimmen, sind mögliche Bewegungsprofile des mobilen Teilnehmers. Hat nur eine Teilnehmerspur ihren Endpunkt beim ermittelten Aufenthaltsort, ist diese das Bewegungsprofil des gewünschten Teilnehmers. Auf diese Weise läßt sich mit hoher Wahrscheinlichkeit ein Teilnehmer überwachen.

Zwar ist die Überwachbarkeit der Teilnehmer im großen Maßstab, wie sie im GSM leicht möglich ist, bei der Methode der Gruppenpseudonyme weitgehend ausgeschlossen, doch könnte die gezielte Überwachbarkeit eines einzelnen Teilnehmers bereits eine starke Einschränkung der Sicherheit des Verfahrens sein.

Die Festlegung der Größe der Anonymitätsgruppe, die Mobilität der in einer Gruppe zusammengefaßten Teilnehmer, ihre Verkehrsgewohnheiten etc. beeinflussen dabei die Sicherheit des Verfahrens erheblich. So müßten alle beeinflussenden Faktoren die Anonymität der Teilnehmer erhalten. Es ist fraglich, ob das Optimalitätskriterium „Erhaltung der Anonymität aller Teilnehmer der Anonymitätsgruppe" quantitativ faßbar ist, um eine praktische Bewertung der Methode der Gruppenpseudonyme möglich zu machen. Auf eine weitere Bewertung wird deshalb auch hier verzichtet.

5.2.4.2 Implizite Adresse auf der Funkschnittstelle

Bei der Verwendung von asymmetrischer Kryptographie zur Bildung der impliziten Adresse *ImpAdr* müssen sicherheitsabhängig derzeit mindestens 500 Bit zur Adressierung übertragen werden. Gleichzeitig ist dann jedoch der mögliche erweiterte „Klartextraum" der impliziten Adresse zur Signalisierung von Zusatzinformationen (z.B. Angaben über die Abrechnungsart, Übertragung der Challenge-Information für die Authentikation) nutzbar. So lassen sich u.U. weitere Protokollschritte einsparen bzw. effizienter als bei GSM gestalten.

Bei Verwendung eines symmetrischen Verschlüsselungssystems wird das Bandbreiteproblem pro Signalisierung innerhalb eines LAs entschärft, da hier keine Expansion der Adreßlänge auftritt, sofern ein längentreues Kryptosystem verwendet wird. Gleichzeitig dürfte jedoch das Schlüsselmanagement erheblich problematischer zu realisieren sein als bei asymmetrischer Kryptographie. Schließlich muß mit *jedem* potentiellen

Kommunikationspartner vorher ein symmetrischer Schlüssel ausgetauscht sein.

Eine weitere Möglichkeit zur Bildung der impliziten Adresse wäre, den mobilen Teilnehmer eine größere Anzahl solcher Adressen selbst generieren zu lassen, die er dann in einem öffentlichen Verzeichnis bereitstellt. So könnten wieder offene implizite Adressen eingesetzt werden, die deutlich kürzer sind als die mit dem asymmetrischen Kryptosystem gebildeten verdeckten impliziten Adressen. Bei einem Verbindungswunsch müßte der Teilnehmer A dann nur eine implizite Adresse aus dem Verzeichnis entnehmen und zusammen mit der GMSI an das Netz geben.

6 Methoden mit zusätzlichem Vertrauen in einen eigenen ortsfesten Bereich

In diesem Kapitel werden die Überlegungen zum extremen Broadcastansatz erweitert (Adreßumsetzungsmethode B.1 und Methode der Verkleinerung der Broadcast-Gebiete B.2). Weiterhin wird auf die Methode der expliziten vertrauenswürdigen Speicherung B.3 und die Methode der Temporären Pseudonyme (TP-Methode) B.4 eingegangen. Vergleichende Leistungsbewertungen zu den Verfahren B.3 und B.4 werden in Abschnitt 7.3 zusammen mit dem dort vorgestellten Verfahren der kooperierenden Chips C.2 vorgenommen.

6.1 Adreßumsetzungsmethode mit Verkleinerung der Broadcast-Gebiete (B.1 und B.2)

Wie erläutert, bedeutet ein Broadcast aller Verbindungswünsche eine erhebliche Belastung der Funkschnittstelle. Dies ist besonders bei der Verteilung verdeckter impliziter Adressen der Fall. In [Pfit_93] wurde daher der Vorschlag gemacht, eine Adreßumsetzung von verdeckten impliziten Adressen auf kurze offene implizite Adressen vorzunehmen.

Unter der Annahme, daß ein dem Teilnehmer vertrauenswürdiger Bereich im Netz (vertrauenswürdiger Dritter) oder an seinen Grenzen (z.B. im privaten Teilnehmeranschlußbereich des Festnetzes) existiert, kann dort die Adreßumsetzung erfolgen. Der Teilnehmer muß hierzu ein für ihn sicheres Gerät in die Funktionalität des mobilen Netzes einbinden. In den Arbeiten [Pfit_93, Hets_93, Walk1_94, MüSt_96] finden sich hierzu Ansätze. [Pfit_93] spricht von einer ortsfesten Teilnehmerstation, [Hets_93] nennt den vertrauenswürdigen Bereich Home Personal Computer (HPC) und [MüSt_96] prägen den Begriff „Freiburger Kommunikationsassistent" (FKA).

Im weiteren wird für den vertrauenswürdigen Bereich des mobilen Teilnehmers im Festnetz der Begriff Trusted Fixed Station (Trusted FS) verwendet.

Die Adreßumsetzungsmethode mit Verkleinerung der Broadcast-Gebiete ist eingebettet in das Verfahren der Funk-Mixe [Pfit_93, S.455], das einen umfassenden Schutz des Teilnehmers gewährleisten soll: „Das Grundkonzept zum Schutz von Sender, Empfänger und momentanem Ort des Teilnehmers in Funknetzen, Funk-Mixe genannt, ist eine Kombination mehrerer Maßnahmen:

Funk-Mixe = Ende-zu-Ende-Verschlüsselung +

Verbindungsverschlüsselung zwischen mobiler und ortsfester Teilnehmerstation +

ortsfeste umcodierende Mixe +

Verteilung (Broadcast) gefilterter Verbindungswünsche."

Funk-Mixe verzichten zunächst analog zum Broadcast-Ansatz auf jegliches Location Management. Es wird also ein Verbindungswunsch im gesamten Versorgungsgebiet (auf dem Übertragungsabschnitt 1, siehe Abb. 6-1) verteilt. Um dabei möglichst effizient signalisieren zu können, werden ausschließlich offene implizite Adressen verwendet. [Pfit_93] nimmt allgemein an, daß sowohl mobile als auch ortsfeste Teilnehmer eines Kommunikationsnetzes verdeckt implizit adressiert werden können. Es wird eine Adreßumsetzung in eine offene implizite Adresse nötig, falls der Teilnehmer verdeckt implizit adressiert erreicht werden soll. Diese Adreßumsetzung geschieht in der Trusted FS des mobilen Teilnehmers. Allgemein soll die Trusted FS den „Zugangspunkt" zum mobilen Teilnehmer darstellen: Die Art ihrer Adressierung (explizit über eine öffentliche Rufnummer oder implizit) ist dabei für den Schutz des Aufenthaltsorts des mobilen Teilnehmers bedeutungslos. Zur Wahrung der Vertraulichkeit des Aufenthaltsorts des mobilen Teilnehmers ist es weiterhin bedeutungslos, ob ein Angreifer in Kenntnis offener impliziter Adressen des Teilnehmers kommt. Per Definition sind sie ja mit nichts verkettbar! Der Angreifer könnte lediglich eine Adresse *zu einem Zeitpunkt* benutzen, um den *aktuellen* Aufenthaltsort aufzudecken. Nur durch wiederholtes Signalisieren könnte er Bewegungsprofile erstellen, was vom Teilnehmer aber bald bemerkt würde.

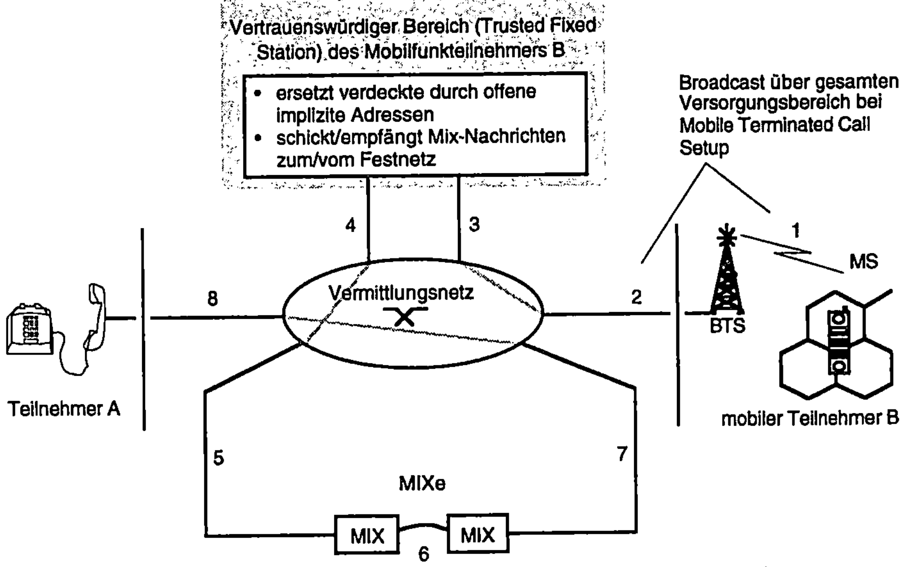

Abb.6-1: Funk-Mixe (in Anlehnung an [Pfit_93])[5]

Die Maßnahme Ende-zu-Ende-Verschlüsselung (durchgehend auf den Abschnitten 1 bis 8) dient dem Schutz der Inhaltsdaten (c1), ist also für den Schutz des Aufenthaltsortes bedeutungslos.

Die Verbindungsverschlüsselung zwischen mobiler und ortsfester Teilnehmerstation (durchgehend auf den Abschnitten 1 bis 3) dient allgemein dem Schutz von Signalisierinformation, unterstützt also theoretisch auch den Schutz des Aufenthaltsorts. Einem Angreifer, der alle Kommunikation im Netz abhören kann, gelingt es jedoch trotz der Verbindungsverschlüsselung, die Kommunikationsbeziehung zwischen der *von der MS* ausgehenden Verbindung über die lokale BTS zur Trusted FS aufzudecken (Abschnitte 2 bis 3) und damit den aktuellen Aufenthaltsort der MS zu ermitteln. Ein solches Angreifermodell ist für die Abschnitte 1 bis 3 (oder spezieller 2 bis 3) durchaus plausibel. Es gibt keinen Grund anzunehmen, daß ein Angreifer auf den Abschnitten 4 bis 8 Kommunikationsbeziehungen aufdecken kann (weshalb hier Mixe an-

---

[5] Die Richtung der Numerierung (1-8) wurde zur besseren Vergleichbarkeit mit [Pfit_93] von dort übernommen.

gewendet werden), ihm dies aber auf dem Abschnitt 1 bis 3 nicht möglich sein soll. Dieser Fall tritt jedoch bei den Funk-Mixen nur nach dem Eintreffen eines Verbindungswunsches *zur MS* ein, wenn sich die Mobilstation meldet. Für diesen Fall gilt jedoch lt. Angreifermodell [Pfit_93, S.455], daß „eine mobile Teilnehmerstation immer identifizierbar und peilbar ist, wenn sie sendet."

Die Funk-Mixe enthalten zwei Erweiterungen, die durch den Einsatz einer vertrauenswürdigen Umgebung (Trusted FS) möglich werden:

1. Es soll eine Filterung unerwünschter Verbindungswünsche erfolgen. In [BDFK_95, BeDF_96] wurde dieses persönliche Erreichbarkeitsmanagement konzeptionell erweitert zu einem eigenständigen Dienst eines Telekommunikationsnetzes. Die Vertrauenswürdigkeit der ortsfesten Station ist hier deshalb erforderlich, da dem Erreichbarkeitsmanager eine Vielzahl persönlicher Daten anvertraut wird. Ohne einen vertrauenswürdigen Bereich wären detaillierte Situationsprofile eines Teilnehmers erstellbar.

2. Um den Broadcast-Aufwand, der durch die allumfassende Verteilung von Verbindungswünschen entstehen würde, weiter zu reduzieren, schlägt [Pfit_93] eine Verkleinerung der Broadcast-Gebiete vor. Die Umsetzung dieses Vorschlags bedeutet ein sehr grobes Location Management, da die Trusted FS den ungefähren Aufenthaltsort des Teilnehmers weiß. Wie das Aktualisieren dieses Wissens erfolgen soll, wird in [Pfit_93, S.458] nur angedeutet:

   • Zum einen kann die Trusted FS Informationen darüber verwenden, von wo der Teilnehmer das letzte Mal mit seiner Trusted FS in Verbindung gestanden hat.

   • Der Teilnehmer „kann und sollte ihr auch mitteilen, von wann bis wann er wo erreichbar sein wird." Er könnte diese Information z.B. am Anfang oder Ende eines zu führenden Gesprächs seiner Trusted FS mitteilen. Problematisch ist diese Mitteilung immer dann, wenn sie explizit erfolgen muß, d.h. die Mobilstation ausschließlich zum Zweck der Aufenthaltsmitteilung eine Nachricht an die Trusted FS absenden muß. Funktional entspricht das einem Location Update. Da zwischen Mobilstation und Trusted FS nur Verbindungsverschlüsselung angewendet wird, wäre es einem starken Angreifer, der alle Kommunikation im Netz abhören kann, dann aber wie beschrieben möglich, die Kommunikationsbeziehung und damit den aktuellen Aufenthaltsort aufzudecken. Das ist zwar kein Verstoß gegen das zugrunde liegende Angreifermodell, bedeutet jedoch in der Realität, daß eine solche explizite Aufenthaltsmitteilung unterbleiben muß. Bei falscher bzw. nicht aktueller Aufenthaltsinformation muß also wieder auf Gesamt-Broadcast ausgewichen werden.

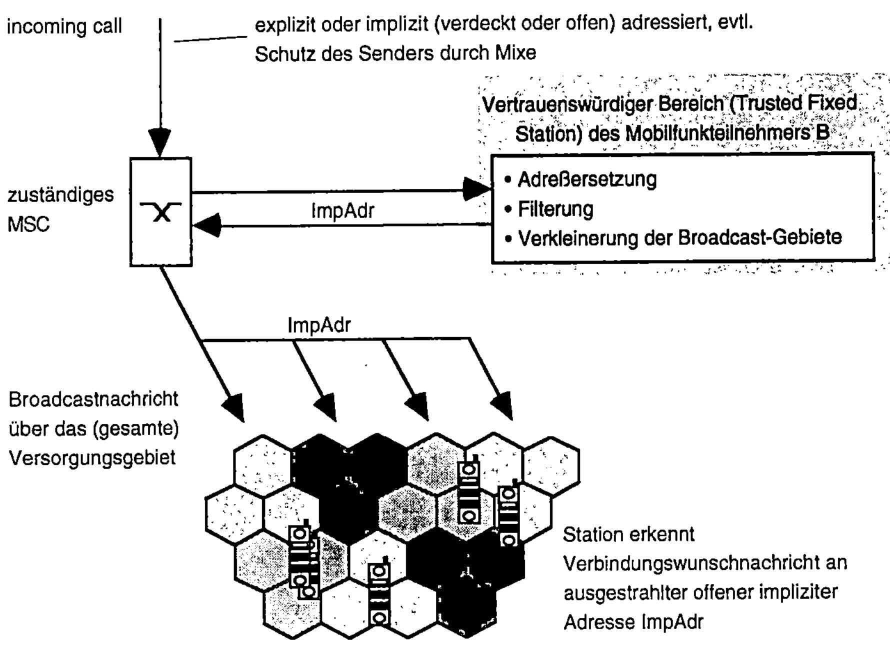

Abb.6-2: MTC beim Verfahren der Funk-Mixe

Bei einem Mobile Terminated Call wird in der Trusted FS die Adreßersetzung vorgenommen und geprüft, ob der Verbindungswunsch überhaupt zugestellt werden soll (Filterung). Schließlich wird in das gesamte Versorgungsgebiet (oder die in der Trusted FS gespeicherten Gebiete) eine Verbindungswunschnachricht offen implizit adressiert gesendet.

6.2 Explizite Speicherung der Lokalisierungsinformation in einer Trusted Fixed Station (B.3)

Den Ansätzen [Pfit_93, Hets_93, Walkl_94, MüSt_96] ist gemeinsam, daß durch die Trusted FS die Speicherfunktionen des Location Managements übernommen werden, also die Register (HLR, VLR und ggf. AuC) durch sie ersetzt werden bzw. Teile ihrer Funktionalität durch sie übernommen werden.

Beim Einbuchen und Location Update (LUP) kommuniziert die MS mit der Trusted FS. In der Trusted FS ist der Aufenthaltsort, d.h. die aktuelle Location Area Identification (LAI) zusammen mit der temporären Identität, die Temporary Mobile Subscriber Identity (TMSI) zur Signalisierung auf der Funkschnittstelle (gemäß GSM) gespeichert. An der TMSI erkennt die MS, daß ein ausgestrahlter Verbindungswunsch sie betrifft.

Die Rufnummer von B enthält nicht die Routing-Information zum gebuchten Netz des Teilnehmers wie z.B. im GSM, sondern zur Trusted FS.

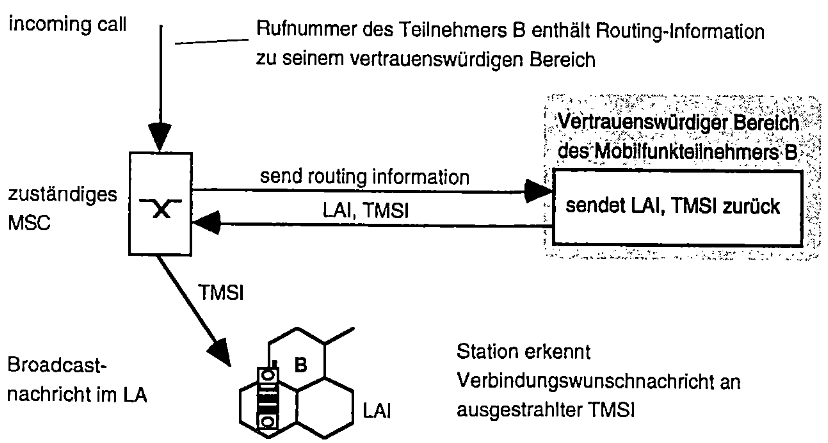

Abb.6-3: MTC bei expliziter Speicherung

Bei einem ankommenden Ruf wird der vertrauenswürdige Bereich zum Liefern der Routing-Information in das Aufenthaltsgebiet aufgefordert und die Trusted FS liefert die Daten (LAI, TMSI) zurück. Danach wird der

Ruf direkt in das Aufenthaltsgebiet weitervermittelt und im LA der Verbindungswunsch ausgestrahlt.

Ein Angreifer, der in der Lage ist, die Kommunikationsbeziehungen im Netz zu beobachten, kann bei jeder Kommunikation zwischen der Trusted FS und der MS erkennen, wo sich der Teilnehmer aufhält. Zum unbeobachtbaren Empfang von Nachrichten durch die Trusted FS müssen insbesondere für die Location Registration und für Location Update Maßnahmen ergriffen werden, sonst ist auch die geschützte Speicherung der Aufenthaltsinformation sinnlos. Dafür kommen z.B. Broadcast im Festnetz oder auch Mixe, wie in [Pfit_93] vorgeschlagen, in Frage. Auf Lösungsmöglichkeiten zum Schutz der Kommunikationsbeziehungen wird später eingegangen.

Weiterhin könnte eine Trusted FS die Verfügbarkeit beeinträchtigen, da der mobile Teilnehmer nicht erreicht werden kann, wenn sein vertrauenswürdiger Bereich gestört ist bzw. durch einen Angreifer gestört wird.

Die explizite Speicherung von Lokalisierungsinformation in einer Trusted FS besitzt den Nachteil, daß jede Aufenthaltsaktualisierung eine Kommunikation zwischen der MS und der Trusted FS erfordert. Befindet sich der Teilnehmer weit entfernt von seiner Trusted FS, führt jede Aktualisierung zu einem hohen Signalisieraufwand im Festnetz. Zwar könnte das Festnetz zunächst alle (verschlüsselten) Location Update Nachrichten von der Mobilstation puffern und alte wegwerfen. Wenn die Trusted FS den aktuellen Aufenthaltsort benötigt, z.B. bei einem eintreffenden Verbindungswunsch, könnte sie die jüngste Location Update Nachricht anfordern, entschlüsseln und erhielte so den Aufenthaltsort. Allerdings würde das nur das Verkehrsaufkommen zwischen dem Festnetz und dem Teilnehmeranschlußbereich verringern, da unabhängig vom aktuellen Aufenthaltsort ein zentrales Puffern der Location Update Nachrichten erforderlich wäre. Soll ein dezentrales Puffern effizienter sein als ein zentrales, muß der Puffer in der Nähe des aktuellen Aufenthaltsorts des mobilen Teilnehmers liegen. Für ein dezentrales Puffern wäre damit in der Trusted FS Information über den aktuellen Speicherort nötig und am Speicherort käme nur ein pseudonymes Speichern in Frage, da sonst wieder Bewegungsprofile erstellbar wären. Außerdem wäre ein ständiger Wechsel des Pseudonyms erforderlich. Diese Überlegungen führen direkt zur Methode der temporären Pseudonyme.

6.3 Pseudonymumsetzung in einer vertrauenswürdigen Umgebung mit der Methode der temporären Pseudonyme (B.4)

Die bisherigen Vorschläge hatten das Ziel, die Erhebung von Aufenthaltsinformationen durch den Netzbetreiber völlig zu unterbinden.

Das folgende Verfahren stellt dagegen das Verbergen der Identität des mobilen Teilnehmers gegenüber dem Netzbetreiber in den Vordergrund. Es werden im Netz die Aufenthaltsorte von pseudonymisierten Teilnehmern gespeichert. Von einem pseudonymisierten Teilnehmer darf der Netzbetreiber die Aufenthaltsinformation dann registrieren und effizient verwalten, wenn durch die Art der Pseudonymisierung und Mobilitätsverwaltung nichts über seine Identität zu erfahren ist.

Der Netzbetreiber soll in seinen Datenbanken genaue Aufenthaltsinformationen verwalten dürfen, wenn diese *nicht* teilnehmerbezogen sind, sondern sich auf wechselnde Pseudonyme beziehen, sog. temporäre Pseudonyme (TP-Methode). Das Pseudonym soll Pseudo Mobile Subscriber Identity (PMSI) [KeFo_95] in Anlehnung an die TMSI des GSM genannt werden.

Weiterhin soll das Verfahren möglichst effizienter sein als die Methoden mit Broadcast (A.1, B.1, B.2) bzw. die Methode der expliziten vertrauenswürdigen Speicherung (B.3).

Die Grundprinzipien der sog. TP-Methode wurden erstmals in [KeFo_95] formuliert. In [KFJP_96] wurden einige Funktionen genauer dargestellt sowie Anmerkungen zu Sicherheitseigenschaften gemacht. Hier werden die Aussagen zur Sicherheit der TP-Methode präzisiert und einige Annahmen in einer allgemeineren Form dargestellt.

6.3.1 Vorbemerkungen

Es wird angenommen, daß der mobile Teilnehmer mit seiner mobilen Station (MS) und seiner vertrauenswürdigen ortsfesten Station (Trusted FS, HPC) über eine gemeinsame und hinreichend genaue Zeitsynchronisation verfügt. Diese dient der zeitgleichen Erzeugung des Pseudonyms. Die folgenden Bemerkungen gehen von der Verwendung einer Zeitbasis T aus. Diese Zeitbasis kann im Netz implementiert sein. Für das Funktionieren und die Sicherheit des Verfahrens ist das jedoch keine

Voraussetzung. Die Integrität der gelieferten Zeit muß in jedem Falle sichergestellt sein.

Das Pseudonym (PMSI) wird mittels parametrisiertem Pseudozufallszahlengenerator (PZZG) zeitgleich im mobilen Endgerät und in der dem Teilnehmer vertrauenswürdigen ortsfesten Station (Trusted FS, HPC) mittels eines vorher ausgetauschten, geheimen (symmetrischen) Schlüssels k erzeugt.

Die PMSI ist gleichzeitig eine implizite Adresse, die der Signalisierung eines vorliegenden Verbindungswunsches dient.

6.3.2   Einbuchen, Ausbuchen und Aktualisieren

Der Teilnehmer B hat mit Hilfe des Zufallszahlengenerators eine PMSI erzeugt:

$$PMSI := PZZG(k, T).$$

Alle LUP Prozeduren des GSM arbeiten jetzt unter dem Pseudonym PMSI. Die PMSI wird beim Einbuchen in der Trusted FS von B und im Netz (HLR) mit dem zugehörigen VLR registriert. An die Synchronisation zwischen Trusted FS und MS werden hohe Anforderungen gestellt, da sonst die Erreichbarkeit des mobilen Teilnehmers verloren geht.

Wenn sich der mobile Teilnehmer aus dem aktuellen LA heraus bewegt, muß ein LUP ausgeführt, d.h. die Datenbankeinträge aktualisiert werden. Da die Erstellung von Bewegungsprofilen verhindert werden soll, dürfen die LUP-Daten (neues LA, neue PMSI) natürlich keine Verkettbarkeit zum alten Datenbankeintrag aufweisen. Deshalb kann das alte Pseudonym auch nicht auf Initiative der MS gelöscht werden.

Es existieren folgende Aktualisierungs- und Pseudonymwechselstrategien:

1. Wechsel bei einer erfolgten Transaktion (*transaktionsorientierte Aktualisierung*)

   - PMSI bleibt bis zur nächsten Transaktion (z.B. LUP) unverändert.

   - Eine Transaktion (LUP) führt zum Eintrag einer neuen PMSI.

- Die alte PMSI kann nicht gelöscht werden, da nicht darauf referenziert werden kann. Sie muß nach längeren Zeiträumen automatisch verfallen.

2. Wechsel zu diskreten Synchronisationszeitpunkten (*periodische Aktualisierung*)

- Zeitpunkte werden explizit vorgegeben, unabhängig von einer erforderlichen Transaktion.
- Die alte PMSI verfällt automatisch.

Bei 2. müssen die Abstände zwischen zwei Pseudonymwechseln so gewählt werden, daß ein notwendiges Update – z.B. bei schneller Bewegung des Teilnehmers – auch ausgeführt werden kann. Ansonsten ist der Teilnehmer zeitweise nicht erreichbar. Da die MS periodisch senden muß, verbraucht sie dabei natürlich die Energie des Akkus und belegt Bandbreite. Deshalb kann die Zeitkonstante nicht beliebig klein gewählt werden. Es wäre auch denkbar, daß die Trusted FS die Pseudonymaktualisierung vornimmt. Allerdings müßte sie dann auch den Aufenthaltsort des Teilnehmers kennen, da durch die periodische Aktualisierung ein neuer Datenbankeintrag in den Registern angelegt wird, ohne einen alten zu referenzieren. Dies wiederum würde bedeuten, daß jeder Wechsel eines LA vorher der Trusted FS bekannt sein muß. Damit hätte aber die TP-Methode bzgl. der effizienteren Aufenthaltsaktualisierung keinerlei Vorteile mehr gegenüber der expliziten Speicherung.

Bei 1. ist eine Verfallsstrategie alter Pseudonyme erforderlich, die nie dazu führt, daß der Teilnehmer nicht mehr erreicht werden kann, weil irrtümlich sein Datenbankeintrag gelöscht wurde. Dies scheint nicht möglich. Erst wenn man 1. und 2. miteinander kombiniert, bleibt der Teilnehmer erreichbar. Dies ist bereits im GSM so realisiert, jedoch zu anderen Zwecken. Das Location Management arbeitet zunächst transaktionsorientiert. Zur Aktualisierung der TMSI wurde jedoch eine Kombination von beiden Strategien angewendet. Bei einer Transaktion (z.B. LUP) wird die TMSI geändert. Entsprechend einer Zeitkonstante wird zusätzlich eine periodische Aktualisierung der TMSI vorgenommen. Die im GSM dafür vorgesehende Prozedur ist das Periodic Location Update (siehe auch Abschnitt 3.4.3). Im GSM legt der Netzbetreiber die Zeitpunkte für die Aktualisierung fest. Die Zeitkonstante kann dabei zwischen einigen Minuten und einigen Stunden liegen. Die hier genannten Aktualisierungsstrategien sind also nichts Spezifisches der TP-Methode. Für die TP-Methode wurde in [KFJP_96] angenommen, daß eine periodische Aktualisierung nach 2. erfolgt. Die Synchronisationsanforderungen können entschärft werden, indem die Netzdatenbanken die alte PMSI erst nach Ablauf einer Verfallszeit, die länger als die Zeitkonstante ist, löschen.

6.3.3 Vermittlung eines ankommenden Rufs

Es versucht ein Teilnehmer A den mobilen Teilnehmer B zu erreichen. Die Rufnummer von B enthalte dabei die Routing-Information zur Trusted FS.

Das momentane Pseudonym PMSI wird durch das Gateway-MSC (GMSC) in der Trusted FS abgefragt. Ein Mißbrauch dieser Abfrage zur wiederholten Verfolgung des Verbindungsaufbaus und damit der Lokalisierung des Teilnehmers kann verhindert werden mit dem in Abschnitt 7.2.2 beschriebenen Sperrmechanismus.

Mit Hilfe des Eintrags «PMSI, VLR/MSC» im HLR erfolgt der Verbindungsaufbau (gemäß GSM), d.h. das Weiterleiten des Rufes zum entsprechenden VLR/MSC. Im VLR wird dann der Eintrag «PMSI, LAI» gelesen und im entsprechenden LA der Verbindungswunsch ausgestrahlt. Zur Adressierung der MS wird das Pseudonym als implizite Adresse verwendet.

Ein Vorteil dieser Lösung besteht in der weitgehenden Beibehaltung der bestehenden Netzstruktur des GSM. Nachteilig ist die im Vergleich zu GSM längere Bitkette zum Adressieren des Nutzers. Der Signalisieraufwand bleibt ähnlich hoch wie im bereits vorgestellten Ansatz mit expliziter Speicherung der Lokalisierungsinformation in der Trusted FS.

Ein Unterschied besteht jedoch darin, daß jeder Pseudonymwechsel eine Aktualisierung im VLR *und* HLR zur Folge hat. So muß z.B. bei einem LUP ohne Wechsel des VLR-Area, das ja mit einem Pseudonymwechsel einhergeht, auch eine Aktualisierung des HLRs erfolgen. Im GSM ist dies nicht erforderlich.

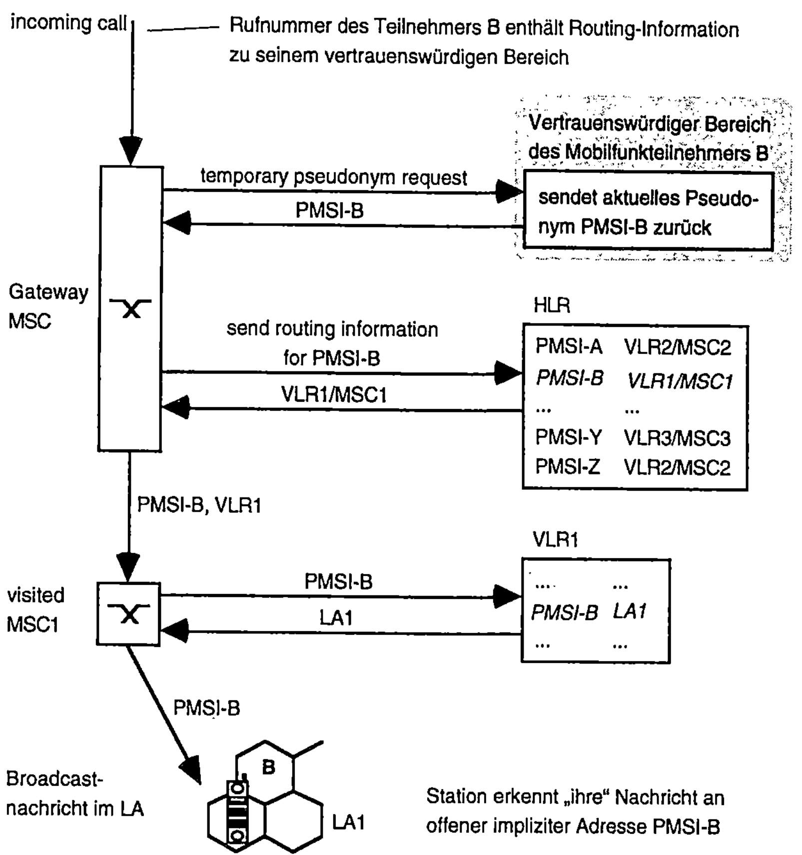

Abb.6-4: MTC bei der TP-Methode

Wenn man nicht an die GSM-Konformität, d.h. hier die netzseitige Unterteilung nach HLR und VLR gebunden ist, bietet es sich an, die Speicherung des zuständigen VLR/MSC durch die Trusted FS gleich mit übernehmen zu lassen. Im Netz befindet sich dann nur noch das VLR, in dem das aktuelle LA abgelegt ist. Das Zusammenlegen von Trusted FS und HLR führt zu keinem Verlust der Vertraulichkeit des Aufenthaltsortes bei Erhaltung der Effizienz in Location Update Situationen.

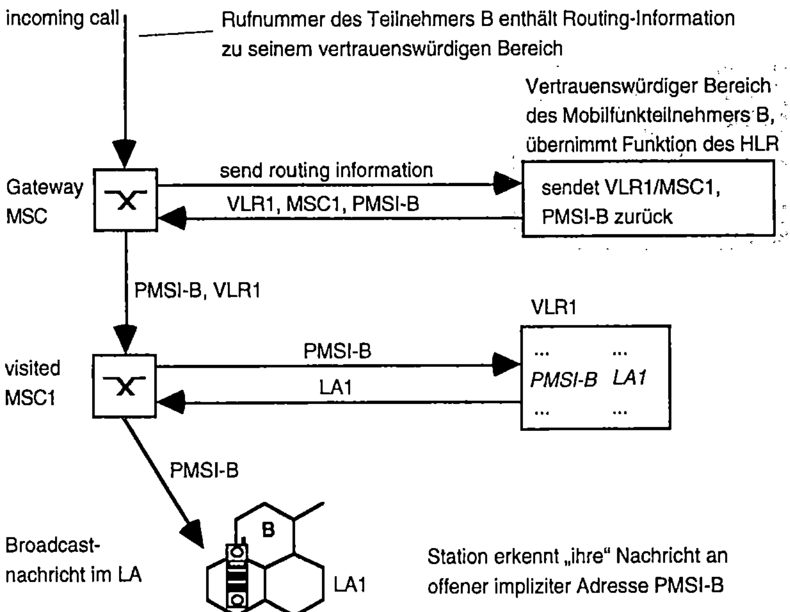

Abb.6-5: MTC bei der vereinfachten TP-Methode

In [KeFo_95] werden Simulationsergebnisse zur Effizienz der vereinfachten TP-Methode angegeben. So soll bei einer 13 Byte langen PMSI der Aufwand gegenüber GSM um den Faktor 1,2 höher sein.

6.4 Sicherheitsbetrachtungen

6.4.1 Unberechtigte Abfrage der Trusted Fixed Station

Was geschieht, wenn ein Angreifer (z.B. innerhalb des Netzes) unberechtigt die Trusted FS abfragt? Der Angreifer erfährt in diesem Moment den Ort (LA) des mobilen Teilnehmers. Bei expliziter Speicherung erfährt er ihn sofort, bei der TP-Methode, nachdem er die Netzdatenbanken abgefragt hat. Nach einem Pseudonymwechsel (bei der TP-Methode) verliert er ihn jedoch wieder. Je häufiger ein Pseudonymwechsel erfolgt, um so öfter muß der Angreifer die Trusted FS abfragen, um den mobilen Teilnehmer verfolgen zu können. Ein solcher Angriff kann nicht verhindert werden. Er ist jedoch durch Protokollierung der Zugriffswünsche erkennbar. Ein möglicher Ansatz hierfür wird mit dem Sperr- und Freigabemechanismus bei der Methode der kooperierenden Chips in Abschnitt 7.2.2 erläutert. Weiterhin könnten alle Abfragenachrichten an die Trusted FS digital signiert und damit ein Angreifer überführt werden.

6.4.2 Verwendung von Pseudonymen

Bei der TP-Methode wurde angenommen, daß die PMSI gleichzeitig die implizite Adresse der Paging-Nachricht darstellt. An die PMSI werden aber besondere Anforderungen aus der Sicht des Location Managements gestellt, z.B. eine ausreichende Länge, um die Wahrscheinlichkeit einer Kollision (Gleichheit) mit Pseudonymen anderer Teilnehmer zu verhindern. Für die Effizienz könnte es daher ungünstig sein, die PMSI gleichzeitig als implizite Adresse zu verwenden.

Die Frage ist, ob es ohne Einschränkung der Sicherheit möglich ist, die vom GSM her bekannte TMSI auch bei der TP-Methode zu verwenden, wobei sie dann dort nur als Paging-Adresse verwendet wird. Wenn man davon ausgeht, daß GSM unter Performanceaspekten optimiert wurde, könnte das auch die Effizienz der TP-Methode weiter erhöhen. Die Verwendung der TMSI beim Registrieren und Aktualisieren des Aufenthaltsorts scheidet selbstverständlich wegen der Erhaltung der Unverkettbarkeit aus! Die Location Registration bzw. das Update müßten dann erweitert werden um die Zuweisung der TMSI durch das Netz. Wegen der GSM-Konformität wurde angenommen, daß das Netz die TMSI zuweist und nicht die MS. Würde die MS die TMSI wählen, könnten wieder Kollisionen zu anderen Teilnehmern auftreten, was unerwünscht ist. Als Ausweg käme eine Vergrößerung der Länge der TMSI (bzw. des in ihr enthaltenen TMSI-Code, kurz TIC) in Frage, um die Kollisionswahrscheinlichkeit zu reduzieren.

Ein Sicherheitsproblem tritt allerdings bei der Verwendung der TMSI als Adressierungskennzeichen doch auf: Es muß dem Netz vertraut werden, daß sich hinter der TMSI für Outsider nichts Verkettbares verbirgt. Dieses Vertrauen ist auch im GSM nötig, da die Algorithmen zur Vergabe der TMSI geheimgehalten werden. Wollte man also die TP-Methode in der beschriebenen Weise modifizieren, sollte man gleichzeitig die TMSI-Generieralgorithmen überprüfen und offenlegen.

6.4.3 Beobachtbarkeit der Kommunikationsbeziehungen

Es liegt auf der Hand, daß jede Kommunikation zwischen MS und Trusted FS zu einem Aufdecken des Aufenthaltsortes führen kann. Daher müssen geeignete Maßnahmen zum Schutz der Kommunikationsbeziehungen getroffen werden (siehe auch das unterstellte Angreifermodell, Abschnitt 1.3). In [Pfit_93] werden daher Mixe im Festnetz und implizite Adressierung auf der Funkschnittstelle vorgeschlagen. Die TMSI wäre dann eine implizite Adresse.

Da für die Aufenthaltsaktualisierung bei der TP-Methode keine Kommunikation zwischen MS und Trusted FS erforderlich ist, bedarf es keiner Maßnahmen zum Schutz der Kommunikationsbeziehung — im Gegensatz zur Methode mit expliziter Speicherung von Lokalisierungsinformation in der vertrauenswürdigen Umgebung (B.3).

Eine Einschränkung bei der TP-Methode ist noch zu machen: Wenn die Synchronisation zwischen MS und Trusted FS verloren geht, müssen beide miteinander kommunizieren, um die Synchronisation wieder herzustellen. Folgende Lösungen bieten sich hier an:

1. Das Netz wird so gestaltet, daß die Synchronisation nie verloren geht. Das ist z.B. durch eine globale netzweite Synchronisationsbasis möglich.

2. Es gibt evtl. von Zeit zu Zeit Situationen, wo die MS und Trusted FS „direkt" miteinander kommunizieren können, ohne daß ein unsicherer Kanal zwischen ihnen zu zusätzlichen Schutzmaßnahmen zwingt. Steht die Trusted FS z.B. in der Wohnung des mobilen Teilnehmers, sollte dort die direkte Kommunikation möglich sein. Eine entsprechende äußere Gestaltung der Geräte würde das unterstützen: Z.B. könnte die Trusted FS in der Aufladeeinrichtung der MS untergebracht sein. Überhaupt könnte man auf diese Art ein nutzerfreundliches Gesamtsystem schaffen. Das Handy für unterwegs ist gleichzeitig das schnurlose Telefon (Cordless Telephone, CT) für den Heimbereich. Die Basisstation im Heimbereich (Home BTS) übernimmt gleichzeitig die Funktionalität der Trusted FS. Die Zentralisierung dieser Funktionen muß nicht unbedingt einen Sicherheitsverlust bedeuten, da – eine Definition der Schnittstellen vorausgesetzt – durchaus die Hersteller und Betreiber der Geräte (Trusted-FS-Home–BTS-

Kombination, GSM-CT-Handy, Mobilfunkdatenbanken) unterschiedlich sein können.

In [Pfit_93] wird noch eine weitere Maßnahme vorgeschlagen, welche die Beobachtbarkeit eines Teilnehmers verringert: Die Trusted FS könnte zusätzlich noch eine Filterung von unerwünschten Verbindungswünschen vornehmen. Das bedeutet, sie liefert nur dann die aktuelle Routing-Information zur MS, wenn der mobile Teilnehmer tatsächlich erreicht werden soll.

Solche Erreichbarkeitsentscheidungen können in Abhängigkeit von der Identität des anrufenden Teilnehmers, d.h. der mobile Teilnehmer ist nur für bestimmte Anrufer erreichbar, der Tageszeit und anderen Kriterien erfolgen. Lösungen für ein solches Erreichbarkeitsmanagement wurden in [BDFK_95] und [GuGK_94] diskutiert.

7 Methoden mit zusätzlichem Vertrauen in einen <u>fremden</u> ortsfesten Bereich

Die bisher erläuterten Verfahren setzten die Existenz einer vertrauenswürdigen Umgebung (Trusted FS) im Bereich des Nutzers voraus oder verzichteten völlig auf die Speicherung von Aufenthaltsinformation. Der Einsatz einer Trusted FS erfüllt den Wunsch nach mehrseitiger Sicherheit deutlich besser als z.B. GSM, erfordert andererseits jedoch technischen Mehraufwand und gefährdet u.U. die Verfügbarkeit von Diensten (z.B. Stromausfall zu Hause beim mobilen Teilnehmer). Die in diesem Kapitel vorgestellten Verfahren beseitigen zumindest diesen Nachteil.

7.1 Organisatorisches Vertrauen: Vertrauen in eine Trusted Third Party (C.1)

7.1.1 Allgemeines

C.1 wandelt die Methoden mit einer vertrauenswürdigen Umgebung im Festnetz derart ab, daß ihre Funktion auch durch vertrauenswürdige Dritte erbracht wird. Dieses notwendige Vertrauen in Dritte ist jedoch eine zusätzliche Annahme, da die beim Dritten verwendeten Geräte ihrerseits wieder ausforschungssicher gegen Fremde gestaltet werden müssen. Die zu implementierenden Protokolle ändern sich gegenüber den Methoden mit der Trusted FS nicht.

Zum Betrieb und zur Organisation einer Trusted Third Party (TTP) gibt es eine Reihe von zu beachtenden Sicherheitsaspekten. In [FJPP_95] werden beispielsweise Aspekte beschrieben, die sich auf deren Funktion als Schlüsselgenerierer öffentlicher Schlüsselsysteme beziehen. Viele davon hätten auch bei der Erbringung von Location Management Funktionen Bedeutung:

- Die TTPs sollten möglichst unabhängig sein von Systembetreibern, Herstellern etc., da sie aufgrund ihrer Datenkonzentration (hier speziell die Aufenthaltsorte vieler Teilnehmer) bevorzugte Angriffsobjekte sein könnten.

- Ihre Funktion sollte möglichst so erbracht werden, daß eine Kompromittierung einzelner Komponenten nicht die Funktionsfähigkeit (hier speziell die Sicherung der Aufenthaltsorte) des Gesamtsystems verhindert.

- Diversität der Dritten, d.h. die Funktion der Dritten wird durch mehrere, vom Teilnehmer frei wählbare und unabhängige Instanzen geleistet.

7.1.2 Die Methode der verteilten temporären Pseudonyme (DTP-Methode)

Die Diversität und Unabhängigkeit von Netzkomponenten spielen im Bereich Sicherheit stets eine große Rolle. Auch bei der TP-Methode (siehe Abschnitt 6.3) läßt sich bzgl. der Trusted FS eine solche Diversität realisieren. Der Vorteil besteht darin, daß die Trusted FS, die im Heimbereich des Teilnehmers angebracht ist, jetzt durch mehrere, an beliebigen Orten angesiedelte TTPs realisiert werden kann. Werden die einzelnen TTPs von einem zuverlässigen Betreiber administriert, sollten sie ihren Dienst weitgehend ohne Verlust der Verfügbarkeit versehen können. Gerade die Fehleranfälligkeit der Trusted FS im Heimbereich ist ein Schwachpunkt der Methoden aus Kapitel 6.

Die im folgenden vorgestellte Aufteilung der PMSI in mehrere Teilpseudonyme wurde erstmals in [KeRJ_98] als DTP-Methode (Distributed Temporary Pseudonyms) vorgestellt.

Um die Verteilung der PMSI (Pseudo Mobile Subscriber Identity, siehe Abschnitt 6.3) zu erreichen, wird die PMSI nicht mehr über genau *eine* Trusted FS mit der Teilnehmeridentität verkettet, sondern über mehrere unabhängige und vom Teilnehmer frei wählbare TTPs.

Die PMSI ergibt sich als die XOR-Verknüpfung $\oplus$ der einzelnen von den TTPs gelieferten Teilpseudonyme p_i $(i = 1...n)$:

$$\text{PMSI} := p_1 \oplus p_2 \oplus ... \oplus p_n.$$

Jedes Teilpseudonym p_i wird seinerseits nach der Vorschrift

$$p_i := \text{PZZG}(k_i, T) \quad \text{mit} \quad i = 1...n$$

generiert, wobei die k_i bei der Auswahl der n TTPs jeweils zwischen der Mobilstation und der jeweiligen TTP vereinbart werden. Über die netzweit verfügbare Zeitbasis T werden die Pseudonyme periodisch gewechselt.

Um die Verfügbarkeit des Verfahrens zu stören, genügt der Ausfall einer TTP. Aus der Sicht der Vertraulichkeit ist es gerade umgekehrt: Alle TTPs müssen als Angreifer zusammenarbeiten, um die PMSI mit der Identität (MSISDN oder IMSI) zu verketten, ohne daß ein Anruf signalisiert wurde. Besitzt der Angreifer die PMSI, kann er die Mobilfunkdatenbanken abfragen und somit Bewegungsprofile erstellen.

7.2 Vertrauen in physische Sicherheit: Methode der kooperierenden Chips (C.2)

Das im folgenden beschriebene Verfahren ist eine Spielart der bisherigen Verfahren mit einer vertrauenswürdigen Umgebung. Es ist gleichzeitig ein Beispiel für die Maßnahme „Verlagerung der Lokalisierungsinformation in ausforschungssichere, nicht veränderbare und mehrseitig sichere Hardware".

Es geht von folgenden Annahmen aus: Ein Teilnehmer hat gemeinsam mit seinem Netzbetreiber zwei mehrseitig sichere, zusammengehörende und ausforschungssichere „kleine" Geräte, sog. kooperierende Chips, generiert. Dieses Paar gewährleistet die Vertrauenswürdigkeit des Location Managements aus der Sicht des Teilnehmers und die Personalisierung und Autorisierung der Dienstnutzung für den Netzbetreiber (ähnlich der heutigen Funktion des SIM). Damit unterstützt dieses Gerät die Sicherheitsbedürfnisse mehrerer Parteien und damit unmittelbar die Realisierung mehrseitiger Sicherheit.

Einen Chip erhält der Teilnehmer. Dieser Chip sei mit C-MS (Chip of the Mobile Station) bezeichnet. Den anderen, bezeichnet mit C-NW (Chip of the Network), erhält der Netzbetreiber. Durch die Art der Allokation der Sicherheitsfunktionen im Festnetz könnte man diese Methode auch als „Trusted FS beim Netzbetreiber" bezeichnen. Bei der Personalisierung werden Personalisierungsdaten (z.B. die Rufnummer), geheime Schlüssel zur Authentikation und Datenverschlüsselung generiert und aufgebracht.

Für die vertrauliche Kommunikation zwischen den kooperierenden Chips genügen in diesem Fall symmetrische Verfahren, wenn bei der Personalisierung davon ausgegangen werden kann, daß die Chips physisch derart in Verbindung gebracht werden können, daß ein sicherer Kanal zum Schlüsselaustausch und anderer geheimer Informationen vorhanden ist. Das Schaffen und Prüfen einer solchen Umgebung scheint in jedem Falle leichter möglich als das Prüfen der Chips auf vorhandene Trojanische Pferde, deren Nichtexistenz für die Sicherheit des Verfahrens jedoch vorausgesetzt werden muß.

Nach dem Generieren und Personalisieren müssen die Chips gegen Ausforschung gesichert werden, wie dies bei den SIMs des GSM ebenfalls erforderlich ist. Die physische Sicherheit solcher Geräte ist leider nur auf Zeit zu gewährleisten, da es nicht möglich ist, in jedem Fall Schutz gegen neu hinzukommende Angriffsmöglichkeiten zu bieten.

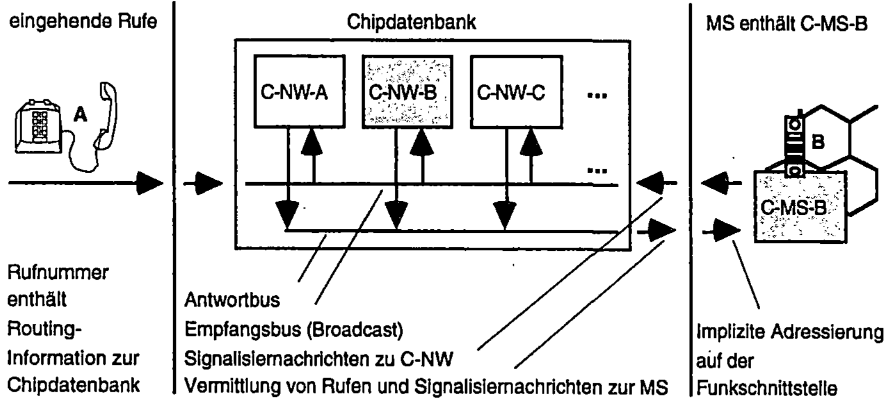

Abb.7-1: Kooperierende Chips (Architektur)

C-MS besitzt einige Funktionen des SIM aus dem GSM: Personalisierungsdaten und Authentikationsdaten (z.B. geheimer Schlüssel *Ki* analog GSM) sowie kryptographische Algorithmen sind in ihm enthalten. Weiterhin sind Prozeduren enthalten, die dem vertrauenswürdigen Location Management dienen. C-MS ist in der Mobilstation eingebaut.

C-NW bildet analog zu GSM die Funktionen des AuC nach. Weiterhin speichert es die für das Location Management nötigen Datensätze. Die C-

NW-Chips aller gebuchten Teilnehmer eines mobilen Netzes bilden beim Netzbetreiber eine sog. Chipdatenbank.

Die Chipdatenbank besitzt eine physikalische Broadcast-(Verteil)-Struktur, d.h. die C-NW *aller* Teilnehmer einer Chipdatenbank erhalten die an die netzseitigen Chips gesendeten Nachrichten. Die Nachrichten werden implizit adressiert. Alle C-NW (und damit alle zugehörigen Teilnehmer) bilden eine Anonymitätsgruppe. Die technische Realisierung der Broadcast-Struktur könnte so aussehen, daß die Chips auf einer Sockelleiste „in Reih' und Glied" angebracht sind, unter der eine Busstruktur verdrahtet ist. So können neu hinzukommende Teilnehmer „gesteckt" und abgemeldete Teilnehmer „gezogen" werden. Außerdem hat eine solche einfache Konstruktion den Vorteil, daß die Konsistenz der Verteilung nur schwer gestört werden kann, da andernfalls elektrische Verbindungen unterbrochen werden müßten.

Die Chipdatenbank wird *explizit* adressiert über die Adresse des gebuchten Netzes/Bereiches. In Analogie zum GSM entspricht das dem Country Code (CC), dem National Destination Code (NDC) und der Nummer des HLR. Die Chips innerhalb der Chipdatenbank werden über eine *implizite Adresse* (falls eine bekannt ist) oder die (öffentlich bekannte) Teilnehmerkennung[6] adressiert.

Falls bei steigender Teilnehmerzahl die Bandbreite auf dem Verteilbus knapp wird, muß eine neue Chipdatenbank mit einer neuen Adresse des Bereiches eröffnet werden. Im GSM wird etwas ähnliches gemacht: Wenn die Verarbeitungskapazität eines HLR nicht mehr ausreicht, werden neu hinzukommende Teilnehmer einem anderen „HLR-Area" zugeordnet. Dies ist möglich, da das HLR als verteilte Datenbank implementiert werden kann.

7.2.1 Einbuchen, Aktualisieren, Ausbuchen

Ein Teilnehmer B will sich im Netz anmelden bzw. seinen Aufenthaltsort aktualisieren. Deshalb meldet seine Mobilstation (bzw. sein Chip C-MS-B) den Aufenthaltsort an C-NW-B. Allerdings meldet er sich auf der Chipdatenbank nicht offen unter seiner Identität (Rufnummer) an, sondern geschützt über eine implizite Adresse.

---

6   Nimmt man zu CC, NDC und HLR-Nummer noch die Teilnehmerkennung (Rufnummer) hinzu, hat man die MSISDN.

Durch die Broadcast-Struktur ist der Empfänger der Nachricht anonym innerhalb seiner Anonymitätsgruppe, also seiner Chipdatenbank.

Als implizite Adresse verwendet er die verschlüsselte Teilnehmerkennung mit hinzugefügten Zufallszahlen z, um eine indeterministische Verschlüsselung zu erreichen. Als Schlüssel wird ein nur C-NW und C-MS bekannter symmetrischer Schlüssel k verwendet. Weiterhin ist ein Zeitstempel T in der impliziten Adresse und Nachricht enthalten, um Angriffe durch Replay zu verhindern. Diese verdeckte implizite Adresse wird im Normalfall durch eine offene implizite Adresse ersetzt, falls C-NW-B eine bekannt ist.

Die Nachricht Location Registration sei mit LR bezeichnet:

$$\text{LR} := \text{Adresse der Chipdatenbank, } k(\text{Rufnummer, } z, T, \text{LAI})$$

Nur C-NW-B erkennt „ihre" Nachricht und speichert die Aufenthaltsinformation. Hier wurde der Fall einer verdeckten impliziten Adresse dargestellt, die gleich die Nachricht (Aufenthaltsinformation) mit enthält. Falls der Nachrichtenraum der LAI zu groß ist, um in den Block der impliziten Adresse zu passen, muß ggf. eine Blockung und separate Verschlüsselung der Blöcke erfolgen.

Zur Bestätigung des Empfangs der Nachricht muß C-NW-B senden. Um aber auch hier anonym bleiben zu können, muß ein anonymes Senden möglich sein. Auch dies wird ebenfalls durch die existierende Broadcast-Struktur gewährleistet, entsprechende Kanalzugriffsstrategien unterstellt. Falls das physische Abhören der Broadcast-Struktur zu einer De-anonymisierung, z.B. über die Ermittlung von Signallaufzeiten und/oder Signalpegeln sendender Chips führen sollte, sind zusätzliche Schutzmaßnahmen, z.B. anonymes Senden mit DC-Netzen [Chau_88] nötig.

Ein Location Update (LUP) erfolgt analog der Location Registration. Will sich der Teilnehmer aus dem Netz ausbuchen, teilt er dies C-NW-B ebenfalls mit.

7.2.2 Vermittlung eines ankommenden Rufs

Soll der mobile Teilnehmer erreicht werden, wird eine Anfrage an die Chipdatenbank gestellt. C-NW liefert daraufhin die aktuelle LAI, mit der ein Verbindungswunsch zum mobilen Teilnehmer gesendet wird. Auf der Funkschnittstelle sollte wieder eine implizite Adresse *ImpAdr* verwendet werden.

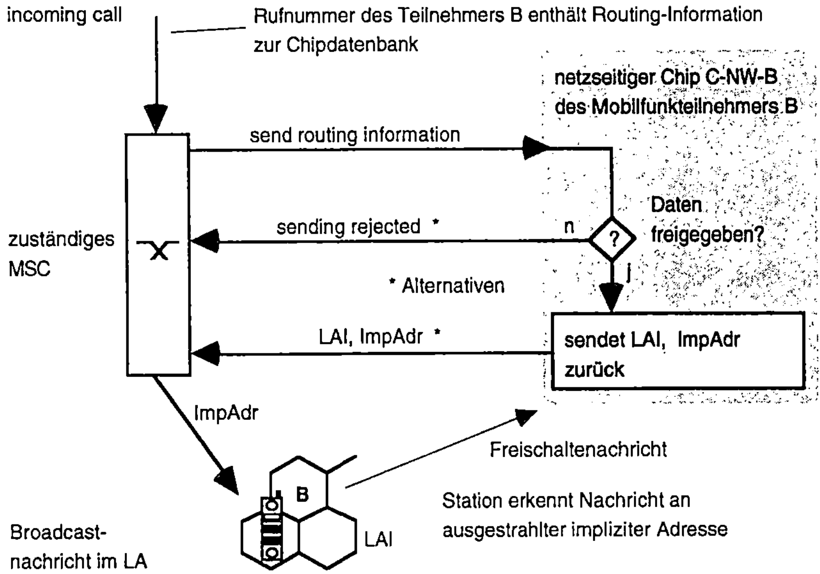

Abb.7-2: MTC bei den kooperierenden Chips

Um eine unberechtigte Abfrage der LAI zur Erstellung eines Bewegungsprofils zu verhindern, könnte der Chip C-NW jede weitere Ausgabe der (evtl. aktualisierten) LAI sperren. Trotz einer solchen Sperrung kann C-NW natürlich weiterhin Nachrichten (z.B. Aufenthaltsaktualisierungen) empfangen. In diesem Sinne wäre auch die Freigabe, d.h. Aufhebung der Sperrung, eine Nachricht. Diese Freigabenachricht wird von der MS (bzw. C-MS) nur dann gesendet, wenn sie die Verbindungswunschnachricht erhalten hat. Ein Angreifer könnte dann nur die Verfügbarkeit des Verfahrens stören, jedoch keine Bewegungsprofile erstellen!

Zur Reduzierung von Fehlfunktionen wäre es denkbar, daß die MS immer dann, wenn sie in eine Fehler- oder Störungssituation (z.B. Funkschatten, Funkstörung) kommt, anschließend eine Freigabenachricht an C-NW sendet. Im Normalfall (kein Angriff) würden diese Freigabenachrichten von C-NW ignoriert. Im (hoffentlich seltenen) Fall eines verlorengegangenen Verbindungswunsches würde C-NW wieder freigeschaltet. Falls ein mächtiger Angreifer diese Fehlertoleranzmaßnahme ausnutzen sollte, indem er gezielt den Funkverkehr stört und gleichzeitig C-NW abfragt, würde C-NW über eine Registrierung der Fehlerfälle feststellen, daß die „Fehlerhäufigkeit" (im gesperrten Zustand) angestiegen ist und dies dem Netzbetreiber und dem Teilnehmer mitteilen. Die folgende Tabelle beschreibt noch einmal die möglichen Zustände (gesperrt, freigeschaltet) von C-NW in Abhängigkeit eines möglichen Angriffs:

Zustand	Angriff?	Zustand von C-NW	Beschreibung der Situation
1	nein	frei	Normalzustand; Freigabenachrichten werden ignoriert
2	nein	gesperrt	z.B. nach verlorengegangener Verbindungswunschnachricht; Registrierung der Freigabenachricht
3	ja	frei	Angreifer erhält aktuelle LAI; Folgezustand: 4
4	ja	gesperrt	Angreifer muß freischalten, um Bewegungsprofil zu erstellen; deshalb gezieltes Stören des Funkverkehrs, um Senden von Freigabenachrichten zu erzwingen; C-NW stellt häufiges Freischalten fest; Verdacht auf Angriff wird signalisiert

Tab.7-1: Zustände eines kooperierenden Chips

7.2.3 Sicherheitsbetrachtungen

Das vorgestellte Verfahren der kooperierenden Chips kann als eine Modifizierung bzw. Spezialisierung der Methode der Trusted FS aufgefaßt werden. Der interessante neue Aspekt ist die Möglichkeit der Realisierung von Anonymität und Unverkettbarkeit über die zentrale Ansteuerung (über die Broadcast-Struktur) eigentlich dezentralisierter Komponenten (Chips). Zwar wächst der Aufwand für das Herstellen und Betreiben der Chips und der Verteilbusse, jedoch spart man sich die Implementierung netzweiter Sicherungsmechanismen, z.B. Mixe, zum Schutz der Kommunikationsbeziehungen. Dieser Vorteil wird jedoch dann wieder aufgewogen, wenn die Kommunikationsbeziehungen (z.B. während des Austauschs der Nutzdaten, aber auch bei der Signalisierung) zwischen kommunizierenden (End)-Teilnehmern ebenfalls geschützt werden sollen.

Durch die Verwendung der physischen Broadcast-Struktur in der Chipdatenbank ist die Anonymität des Teilnehmers innerhalb der Anonymitätsgruppe gewährleistet. Allerdings kann trotzdem der Einsatz eines DC-Netzes auf der Broadcast-Struktur erforderlich sein, falls eine Deanonymisierung über Signallaufzeiten und Signalpegel möglich sein sollte. Ein Angreifer (im Netz oder ein Outsider) kann nur erkennen, daß eine Nachricht von einer MS zur Chipdatenbank gesendet wurde und umgekehrt, daß die Chipdatenbank eine Nachricht an eine MS sendet. Damit ist für die Signalisierung ein zusätzlicher Schutz der Kommunikationsbeziehungen zwischen MS und Chipdatenbank überflüssig. Man bedenke, daß eine explizite Adressierung nur zwischen der Chipdatenbank und den Sendetürmen (Base Transceiver Stations, BTS) erfolgt, deren Standorte sowieso bekannt sind. Von der Chipdatenbank zu C-NW und von den BTS' zu den MS' (bzw. C-MS) wird implizit adressiert. Da alle Nachrichten verschlüsselt sind, kann keine teilnehmerbezogene Zuordnung von Nachrichten erfolgen. Dies gilt allerdings nur, wenn das Kommunikationsaufkommen im Netz homogen ist. Anders ausgedrückt: Wenn der aktuell kommunizierende Teilnehmer der einzige derzeit aktive Teilnehmer des Netzes ist, kann er natürlich nicht anonym sein. Dies gilt übrigens auch für Kommunikationsnetze, die mit Mixen arbeiten, sofern kein Dummy Traffic erfolgt. Dummy Traffic bedeutet, daß alle Stationen, die nichts Sinnvolles zu senden haben, ständig bedeutungslose Nachrichten senden. Leider verbietet sich Dummy Traffic auf der Funkschnittstelle. Erstens, weil die Anzahl der Kanäle dort begrenzt ist, zweitens, weil die Akkukapazität von Mobilstationen nicht unerschöpflich ist. Deshalb ist es durchaus sinnvoll und notwendig, auch bei der Methode der kooperierenden Chips Dummy Traffic im Festnetz anzuwenden.

Weiterhin wurde bei der vorgestellten Methode mit dem Sperrmechanismus ein Detail dargestellt, auf das zumindest bei den Methoden B.3 (explizite Speicherung) und B.4 (TP-Methode) nicht verzichtet werden darf. Dort wurde es zur Vereinfachung der Darstellung zunächst weggelassen.

Problematisch an der Chipdatenbank sind mögliche Fehlerquellen durch die Vielzahl von Kontakten zwischen den Chips und der Verteilstruktur. Die mechanische und elektrische Güte der Komponenten muß hohen Anforderungen genügen. Berücksichtigt man allerdings, daß dieses Problem bei tragbaren Endgeräten ebenfalls auftritt und dort die Umwelteinflüsse viel unberechenbarer sind als netzseitig, sollte das

Problem weniger schwer wiegen, zumal es im GSM mit dem SIM ähnlich gelagert ist. Als These kann man annehmen, daß das Verfahren der kooperierenden Chips bzgl. Verfügbarkeit weniger Probleme bereitet als die Lösungen mit einer Trusted FS im Heimbereich des Teilnehmers.

Ein Vorteil der Methode der kooperierenden Chips ist die Unabhängigkeit der Kommunikationsprotokolle und -formate zwischen C-MS und C-NW von den restlichen Komponenten des mobilen Netzes, vorausgesetzt, daß das dazwischen liegende Kommunikationsnetz alle Daten transparent weitergibt. Dadurch wird die Standardisierung vereinfacht. Erst wenn ein Chip direkt mit dem mobilen Netz kommuniziert, z.B. C-NW beim Call Setup, müssen die Protokolle standardisiert sein.

Ebenso ist das Verkehrsaufkommen vom Netz zur Chipdatenbank durch gleichzeitig eintreffende und zu verarbeitende Verbindungswunsch- und Aktualisierungsnachrichten unproblematisch, da es *nicht* notwendig ist, für *alle* Teilnehmer eines Netzes die Chipdatenbank physisch zentral anzuordnen. Vielmehr kann die Chipdatenbank ohne Verlust der Vertraulichkeit dezentral und verteilt implementiert werden. Es ist hier der gleiche Fall wie im GSM: Um die Datenströme vom und zum HLR besser verarbeiten zu können, ist das HLR meist in Form einer verteilten Datenbank realisiert. Nach außen hin tritt das HLR als logisch zentrale Datenbank des mobilen Netzes eines Betreibers (PLMN, Public Land Mobile Network) in Erscheinung.

Wie zur weiteren Leistungssteigerung die Teilung der Lokalisierungsinformation analog der Speicherung im HLR und VLR (hier also: in C-NW und dem VLR) ohne Verlust der Vertraulichkeit realisiert werden kann, wird in den folgenden Modifikationen beschrieben.

Angaben zur Skalierbarkeit der Methode der kooperierenden Chips sind in Abschnitt 7.3.1 zu finden.

7.2.4 Modifikationsmöglichkeiten

Das Verfahren wurde bisher für den zentralisierten Fall, d.h. das HLR wird durch C-NW ersetzt und das VLR entfällt, dargestellt. Eine Möglichkeit der weiteren Dezentralisierung bietet jedoch die Kombination des Verfahrens der kooperierenden Chips mit der TP-Methode. Im netzseitigen Chip C-NW würde dann anstelle der Aufenthaltsinformation das temporäre Pseudonym PMSI gespeichert werden. Bei einem Verbindungswunsch liefert C-NW anstelle der LAI das aktuelle Pseudonym. Diese Variante ist besonders dann effizienter als die oben beschriebene zentrale, falls sich der Teilnehmer weit entfernt von seinem Heimatnetz und damit seiner Chipdatenbank befindet. Diese Synthese hat folgende Vorteile:

- Die Trusted FS entfällt für das Location Management. Damit lösen sich deren Verfügbarkeits- und Managementprobleme. Aufgrund der ausschließlich auf die Aufgaben des Location Managements spezialisierten Funktion der C-NW-Chips lassen sich die Probleme dort leichter lösen (geringerer Funktionsumfang, geringere Komplexität, leichterer Zugriff und Austausch).

- Die logische Struktur des GSM-Netzes wird beibehalten. Das HLR wird durch Chipdatenbanken ersetzt. Das SIM wird durch C-MS ersetzt. Es kommt keine weitere Komponente hinzu.

- Die zu implementierenden Protokolle sind weitgehend konform zu GSM (siehe auch TP-Methode).

- Der Signalisieraufwand der Synthese wird zwischen der des GSM und der TP-Methode liegen, da ein Signalisierschritt eingespart wird und zusätzlich durch das Gateway-MSC eine direkte Wegewahl innerhalb des mobilen Netzes zur Chipdatenbank möglich ist. Bei der TP-Methode mußte davon ausgegangen werden, daß sich der ortsfeste vertrauenswürdige Bereich des Mobilteilnehmers in einem Fremdnetz befindet, was zusätzlichen Aufwand (Authentikation, Entgeltabrechnung etc.) verursacht.

Eine weitere Modifikationsmöglichkeit ergibt sich durch die *verschlüsselte* Speicherung der Lokalisierungsinformation (genauer: des VLR-Area) in C-NW und die *pseudonyme* Speicherung der LAI im VLR. Der Chip C-MS würde dann sein verschlüsseltes VLR-Area im HLR ablegen, verschlüsselt mit einem Schlüssel, den außer C-MS nur noch C-NW kennt. Bei einem Verbindungswunsch liefert dann C-NW diesen Schlüssel an das Netz, um den HLR-Eintrag zu entschlüsseln.

Eine dritte Modifikation ergibt sich, wenn die ortsfesten Teilnehmeranschlußbereiche eine physische Broadcast-Struktur besitzen. Dann ist es evtl. möglich, die netzseitigen Chips C-NW im Heimbereich des Teilnehmers anzubringen, z.B. an oder in der „Telefonsteckdose" des Teilnehmers. Im Verfahren der ISDN-Mixe [PfPW1_89, PfPW_91], siehe auch

Abschnitt 7.4.2, wird die ähnliche Annahme getroffen, daß zumindest ein Teil des ISDN-B-Kanals als Broadcast-Kanal implementiert ist, um ankommende Verbindungswünsche zu signalisieren. Damit wird dann auch der hohe Aufwand für das manuelle Management („Stecken und Ziehen" des netzseitigen Chips) verringert, da dies jeweils vom Teilnehmer selbst durchgeführt werden kann.

7.3 Aufwandsbetrachtungen zu den Methoden B.3, B.4, C.2

Die folgenden Abschnitte nehmen einige vergleichende Bewertungen der Methoden B.3 (explizite Speicherung), B.4 (TP-Methode) und C.2 (Methode der kooperierenden Chips) unter Leistungsaspekten vor. Für die praktische Realisierung der Methoden spielt die Skalierbarkeit bzgl. der versorgbaren Teilnehmerzahl eine entscheidende Rolle. Außerdem sollen die Nachrichtenlängen auf der Funkschnittstelle im Verhältnis zum GSM ermittelt werden.

7.3.1 Skalierbarkeit bzgl. der Teilnehmerzahl bei der Methode der kooperierenden Chips

Durch die zentrale Anordnung der nicht ausforschbaren netzseitigen Chips (C-NW) entsteht ein hohes Verkehrsaufkommen von und zu der Chipdatenbank. Der wesentliche Engpaß (und neben der Ausforschungssicherheit der Chips der sicherheitsrelevante Bestandteil des Verfahrens) ist dabei der Broadcast-Bus der Chipdatenbank. Die folgenden Bewertungen treffen deshalb Aussagen zur versorgbaren Teilnehmerzahl pro Chipdatenbank (vergleichbar mit der versorgbaren Teilnehmerzahl pro MSC im GSM) und der dazu nötigen Bandbreite auf dem Broadcast-Bus.

Der kooperierende Chip C-NW hat LUP-Nachrichten (Location Update, einschließlich Einbuchen und Ausbuchen) sowie eintreffende Rufe (Mobile Terminated Calls, MTC) zu verarbeiten. Es soll davon ausgegangen werden, daß LUP- und MTC-Nachrichten auf getrennten Kanälen verarbeitet werden. Als Ausgangsmaterial für die Bewertung sollen Zahlen des GSM aus [FuBr_94], [Bial_94] und [PoMG_95] dienen. Erläuterungen zu den Zahlen folgen nach der Tabelle.

Parameter	MTC	LUP
Ankunftsrate LUP/MTC pro Teilnehmer	$\lambda_{MTC} = 0{,}4\ h^{-1}$	$\lambda_{LUP} = 3\ h^{-1}$
Verzögerungszeit auf dem Medium	$T_{vMTC} \leq 0{,}5\ s$	$T_{vLUP} \leq 5\ s$
zu verarbeitende Nachrichtenlängen	$B_{MTC} = 732$ Byte	$B_{LUP} = 406$ Byte

Tab.7-2: Parameter zur Bewertung der kooperierenden Chips

Die Werte für die **Ankunftsraten** stammen aus [FuBr_94, S.1454f]. Für MTC werden dort direkt $\lambda_{MTC} = 0{,}4\ h^{-1}$ angegeben. Für LUP werden Werte zwischen 1...5 h^{-1} angegeben. Ein Wert von $\lambda_{LUP}=3\ h^{-1}$ ergibt sich bei einer typischen Konstellation von drei Zellen pro Location Area (LA) mit einem Zellradius von gut 1 km.

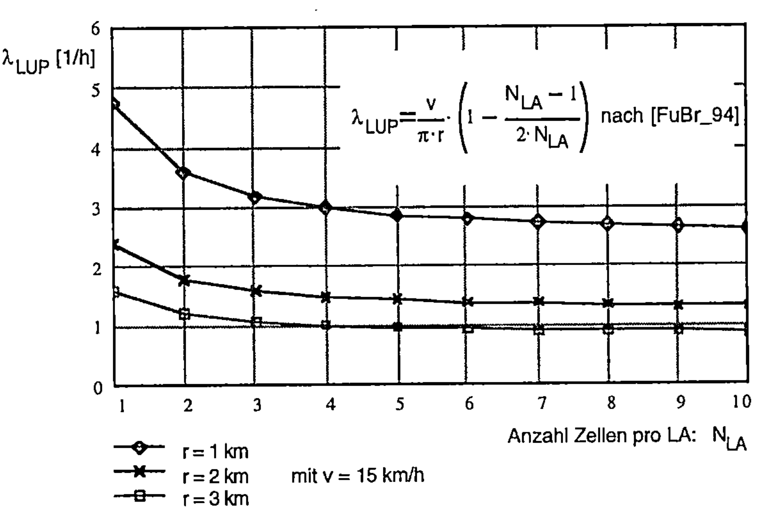

Abb.7-3: Mittlere LUP-Rate in Stoßzeiten (nach [FuBr_94])

Die **Verzögerungszeiten** wurden so gewählt, daß keine Einschränkung der Dienstqualität zu erwarten ist. Für MTC liegen 0,5 s deutlich unter den im GSM üblichen Verzögerungszeiten beim Verbindungsaufbau. Beim LUP zeigt folgendes Beispiel, daß 5 s Verzögerungszeit ein realistischer Wert ist: Bei einer Zellüberlappung von 15 % bei einem Zellradius von 1 km (150 m Überlappung) muß sich der Teilnehmer mit einer Geschwindigkeit von $v=108\ km/h$ bewegen, damit ein LUP nicht mehr rechtzeitig abgeschlossen werden kann. Der im Mobilitätsmodell von [FuBr_94] angegebene typische Wert für v ist jedoch 15 km/h, womit die obigen Annahmen als defensiv genug gelten können.

Die gewählten **Nachrichtenlängen** orientieren sich an den Angaben in [PoMG_95]. Dort werden die für ein GSM-Netz zu übermittelnden SS7-Bytes (SS7: Signalling System No.7) für verschiedene Integrationsstufen der Datenbanken (interne Datenbank: VLR in MSC, externe Datenbank: VLR out MSC) angegeben. Die folgende Abbildung zeigt beispielhaft, wie sich die Nachrichtenlänge von $B_{LUP}=406$ Byte zusammensetzt (nach PoMG_95]).

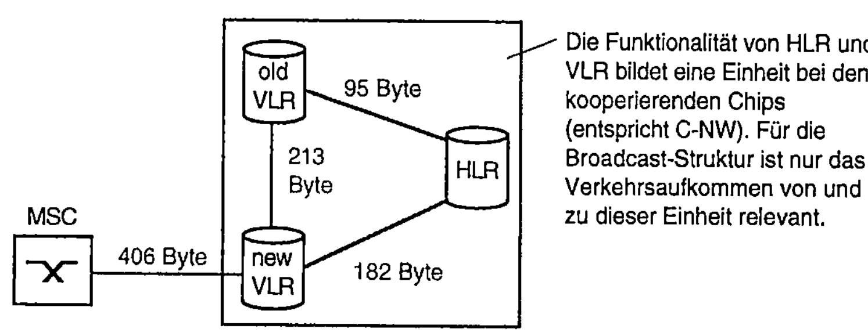

Abb.7-4: Ersetzen der Registerfunktionen durch C-NW

Aus der Sicht des zuständigen MSC handelt es sich bei den kooperierenden Chips um externe Datenbanken (MSC out VLR). Da der netzseitige kooperierende Chip C-NW eines Teilnehmers die Funktionen des HLR und VLR übernimmt, belasten nur die SS7-Bytes an der Schnittstelle zum MSC den Broadcast-Bus der Chipdatenbank.

Es soll angenommen werden, daß der kooperierende Chip vollständig die Funktionen von HLR und VLR übernimmt. Um eine bessere Vergleichbarkeit mit dem GSM zu erlangen, wird vereinfachend davon ausgegangen, daß alle Nachrichtenformate und -längen beibehalten werden und nur die Ausforschungssicherheit sowie der Broadcast-Bus die Sicherheit des Verfahrens gewährleisten. Das bedeutet, daß alle Kommunikation, die vorher zwischen dem HLR und VLR ablief, eine interne Kommunikation ist und damit den Broadcast-Bus nicht belastet. Andererseits muß aber jetzt alle externe Kommunikation (HLR und VLR zusammen) auf einem Medium verarbeitet werden.

Als **Zielwert für die zu bedienende Teilnehmerzahl** (entspricht der Anzahl der kooperierenden Chips auf der Chipdatenbank) wird $n =$ 300.000 ... 600.000 Chips angenommen. Dieser Wert orientiert sich an der Zahl der versorgbaren Teilnehmer eines MSC (siehe [Bial_94, S.138]). Da im GSM häufig eine Kombination aus MSC/VLR realisiert ist, wird angenommen, daß eine GSM-Datenbank ebenfalls diese Teilnehmerzahl bedient.

Für die **Berechnung der notwendigen Bitrate auf dem Broadcast-Bus in Abhängigkeit von der Teilnehmerzahl** gilt wieder die M/D/1-Annahme und damit

$$T_v = \frac{2 \cdot \mu - n \cdot \lambda}{2 \cdot \mu \cdot (\mu - n \cdot \lambda)}.$$

Anmerkung: Die deterministische Annahme für die Bedienzeit ist deshalb ausreichend, weil auf dem Bus keine Kollisionen auftreten können, die die Bedienzeit beeinflussen würden. Die Zugriffe auf den Bus werden von einem bzgl. der Chipdatenbank zentralen Zugangspunkt in den Bus eingespeist. Es wird angenommen, daß die Antworten der Chips auf einem anderen Bus erfolgen.

Durch Einsetzen von $\mu = \dfrac{b}{B}$, Umstellen nach b und Einsetzen der o.g. Werte ergibt sich folgende Wertetabelle:

Anzahl Chips je MSC: $n =$		300.000	400.000	500.000	600.000	Chips
Bitrate auf dem	MTC	201,2	266,3	331,3	396,3	kbit/s
Broadcast-	LUP	812,3	1083	1354	1624	kbit/s
Bus: b	Gesamt	1,014	1,349	1,685	2,021	Mbit/s

Tab.7-3: Nötige Bitrate auf dem Broadcast-Bus

Die Bitrate auf dem Broadcast-Bus bewegt sich mit Werten um 1...2 Mbit/s im Bereich des heute mit ISDN realisierbaren. Es ist sogar machbar, eine Chipdatenbank völlig aus dem Einflußbereich des Netzbetreibers herauszulösen und bei einer vertrauenswürdigen dritten Partei anzusiedeln. Hierfür würde dann lediglich eine Mietleitung zwischen dem Home-MSC und dem vertrauenswürdigen Dritten benötigt. Dies erhöht die Sicherheit des Verfahrens weiter, da jetzt (neben der sowieso vorhandenen Ausforschungssicherheit der Chips) auch die Broadcast-Struktur einem Angriff entzogen ist. Spezialchips sollten darüber hinaus in der Lage sein, mit 2 Mbit/s ankommende Daten problemlos zu verarbeiten. Die folgende Abbildung zeigt die angegebenen Werte noch einmal grafisch.

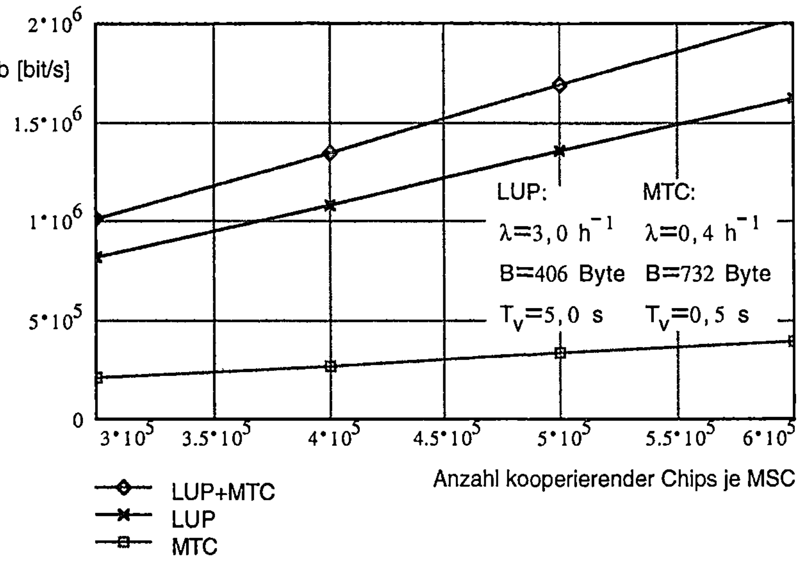

Abb.7-5: Nötige Bitrate auf dem Broadcast-Bus

7.3.2 Nachrichtenlängen für die Signalisierung auf der Funkschnittstelle

Um einen Eindruck vom Bandbreiteaufwand der Verfahren auf der Funkschnittstelle zu bekommen, sollen in diesem Abschnitt die zu übermittelnden Nachrichtenlängen bei GSM (Referenz), expliziter vertrauenswürdiger Speicherung (B.3), TP-Methode (B.4) und der Methode der kooperierenden Chips (C.2) gegenübergestellt werden. Auch hier sollen MTC und LUP betrachtet werden.

	Referenz GSM	B.3 expl. Speich.	B.4 TP-Methode	C.2 koop. Chips
Gesamtlänge MTC [Bit]	**1536...2776**	**1440...2120**	**1520...2144**	**1446...2090**
Paging-Request Nachricht	*64...176*	*48...104*	*128*	*54...74*
• RIL3-Nachrichtenkopf	16	*	*	*
• RIL3-Informationselemente	48...160	32...88	112	38...58
– Page Mode	4	*	*	*
– Channels Needed Indication	4	*	*	*
– Mobile Identity 1	16...72	0	0	0
– Mobile Identity 2	24...80	*	[7] 104	[8] 30...50
Setup-Nachricht	*328...1456*	*248...872*	*248...872*	*248...872*
• RIL3-Nachrichtenkopf	16	*	*	*
• RIL3-Informationselemente	312...1440	232...856	232...856	232...856
– Bearer Capability Repeat Indicator	8	*	*	*
– Bearer Capability 1	24...80	*	*	*
– Bearer Capability 2	24...80	*	*	*
– Signal	16	*	*	*
– Low Layer Compatibility Repeat Indicator	8	*	*	*
– Low Layer Compatibility I	16...120	*	*	*
– Low Layer Compatibility II	16...120	*	*	*
– High Layer Compatibility Repeat Indicator	8	*	*	*
– High Layer Compatibility I	16...40	*	*	*
– High Layer Compatibility II	16...40	*	*	*
– Facility	≥ 24	*	*	*
– Progress Indicator	32	*	*	*
– Calling Party BCD Number	24...112	0	0	0
– Calling Party Subaddress	16...184	0	0	0
– Called Party BCD Number	24...104	0	0	0
– Called Party Subaddress	16...184	0	0	0
– User to User Information	24...280	*	*	*
Alert-Nachricht	*280*	***	***	***
Connect-Nachricht	*448*	***	***	***
Disconnect-Nachricht	*416*	***	***	***

Tab.7-4: Mobile Terminated Call Setup: Nachrichtenlängen

---

[7] entspricht PMSI (13 Byte nach [KeFo_95])

[8] entspricht *ImpAdr* (offene implizite Adresse für Paging)

	Referenz GSM	B.3 expl. Speich.	B.4 TP-Methode	C.2 koop. Chips
Gesamtlänge LUP [Bit]	**216...328**	**216...328**	**280**	**322...398**
Location Updating Request	*120...176*	*120...176*	*152*	*220...276*
• RIL3-Nachrichtenkopf	16	*	*	*
• RIL3-Informationselemente	104...160	104...160	136	204...260
– Location Update Type	8	*	*	*
– Ciphering Key Sequence Number	8	*	*	*
– Location Area Identification (LAI)	48	*	0	0
– Mobile Station Classmark	16	*	*	*
– Mobile Identity	24...80	*	(9) 104	0
– LR-Nachricht[10] (nur C.2)	–	–	–	172...228
Location Updating Accept	*96...152*	*96...152*	*128*	*102...122*
• RIL3-Nachrichtenkopf	16	*	*	*
• RIL3-Informationselemente	80...136	80...136	112	86...106
– Location Area Identification (LAI)	48	*	0	*
– Mobile Identity	24...80	*	(11) 104	(12) 30...50
– Follow on Proceed	8	*	*	*

Tab.7-5: Location Update: Nachrichtenlängen

Erläuterungen zu den Tabellen:

- Die Paging Response Nachricht wird nicht betrachtet, da sie implizit mit der nachfolgenden Kanalanforderung (Immediate Assignment Prozedur) erfolgt.

- Sterne * bedeuten, daß der Zahlenwert dem GSM-Referenzwert entspricht, also nicht verändert wurde. Alle Werte sind in Bit angegeben.

- Der RIL3-Nachrichtenkopf (16 Bit) besteht aus Transaktionsidentifikator 4 Bit, Protokolldiskriminator 4 Bit und Nachrichtentyp 8 Bit.

---

[9] entspricht PMSI (13 Byte nach [KeFo_95])

[10] entspricht der Nachricht LR:=Adresse der Chipdatenbank, k(Rufnummer, z, T, LAI). Adresse der Chipdatenbank 14 Bit (entspricht der Adreßlänge einer ISDN-Vermittlungsstelle, siehe [Müll_97], dort aus [BGGH_95] entnommen), Rufnummer (Adresse des Chips, hier gleichgesetzt mit IMSI) 16...72 Bit, Zufallszahl z 50 Bit, Zeitstempel T ca. 44 Bit (geschätzt), LAI 48 Bit.

[11] entspricht PMSI (13 Byte nach [KeFo_95])

[12] entspricht *ImpAdr* (offene implizite Adresse für Paging)

- Es werden nur Paging Requests vom Typ 1 betrachtet, d.h. genau an einen Teilnehmer gerichtete Paging-Nachrichten.

- Für Alert, Connect und Disconnect werden Mittelwerte angegeben. Parameter variabler Länge innerhalb bestimmter Grenzen wurden gemittelt, Parameter variabler Länge ohne Längengebrenzung wurden mit dem Doppelten ihrer Mindestlänge angenommen. Optionale Parameter wurden als vorhanden angenommen. Vgl. auch [FJMP_97].

Die Nachrichten auf der Funkschnittstelle gehören zum sog. Radio Interface Layer 3 (RIL3) des GSM-Protokollstacks und wurden aus [Müll_97, S.56ff] bzw. [GSM_04.08] entnommen. Da für die Bewertung der Verfahren nur eine Gegenüberstellung der Zahlenwerte erforderlich ist, soll auf die Erläuterung der einzelnen Nachrichtenelemente verzichtet werden. Die Bedeutung der wichtigsten Nachrichtenelemente findet sich in [Müll_97].

GSM und die untersuchten Methoden unterscheiden sich bei den minimalen Nachrichtenlängen für MTC nur gering. Bei den maximalen Nachrichtenlängen entsteht der große Unterschied zu GSM durch die entfernten Nachrichtenelemente der Setup-Nachricht. Da das Ziel darin besteht, Teilnehmer-(Daten) zu schützen, wurden die Nachrichtenelemente modifiziert oder entfernt, die personenbezogene Daten enthalten, konsequenterweise sowohl für den rufenden als auch den gerufenen Teilnehmer. Dies engt keinesfalls den Spielraum der Teilnehmer ein, die diese Daten liefern wollen bzw. benötigen; sie können als User-to-User-Signalisiernachrichten oder im Nutzkanal (analog den Alerting, Connect und Disconnect-Nachrichten) jederzeit übermittelt werden. Eine solche Lösung wurde z.B. mit dem sog. Persönlichen Erreichbarkeitsmanagement realisiert. Ein auf einem mobilen Endgerät arbeitendes Programm, der Erreichbarkeitsmanager, nimmt einen ankommenden Verbindungswunsch zunächst entgegen und fordert ggf. weitere Informationen vom Anrufer (Identität, Dringlichkeit etc.) Die Regelbasis des Erreichbarkeitsmanagers entscheidet dann, wie der Anruf zu behandeln ist (Umleitung zu anderem Teilnehmer oder auf Sprachbox, Anruf annehmen oder ablehnen). In der in [BDFK_95, BeDF_96] vorgestellten Lösung zum Erreichbarkeitsmanagement werden die entsprechenden Informationen in einem speziell aufgebauten Signalisierkanal ausgetauscht, sind also nicht Bestandteil der GSM-Signalisierprozesse. Die Änderungen liegen somit voll im Interesse eines teilnehmerüberprüfbaren und -kontrollierbaren Datenschutzes.

Bei **LUP** unterscheiden sich GSM und B.3 nicht, da hier davon ausgegangen wurde, daß bei B.3 lediglich die Datenbanken in einen vertrauenswürdigen Bereich verlagert werden, ohne die zu übermittelnden Nachrichten zu verändern. Eine etwaige zusätzliche Verschlüsselung der Daten führt dabei zu keiner Expansion, wenn sog. längentreue Verschlüsselungssysteme eingesetzt werden. Da für die Länge der PMSI bei der TP-Methode (B.4) der Wert von 13 Byte aus [KeFo_95] entnommen wurde, erhält man für die Nachrichtenlänge nur einen Wert, der etwa zwischen den angegebenen Werten des GSM liegt. Der Aufwand für LUP bei den kooperierenden Chips (C.2) liegt aufgrund der relativ langen verdeckten impliziten Adresse deutlich über dem minimalen Aufwand von GSM, erreicht jedoch im günstigsten Fall nicht einmal den Aufwand des GSM.

Die folgenden Diagramme zeigen noch einmal grafisch, in welchen Bereichen (minimal bis maximal) sich die Nachrichtenlängen bewegen.

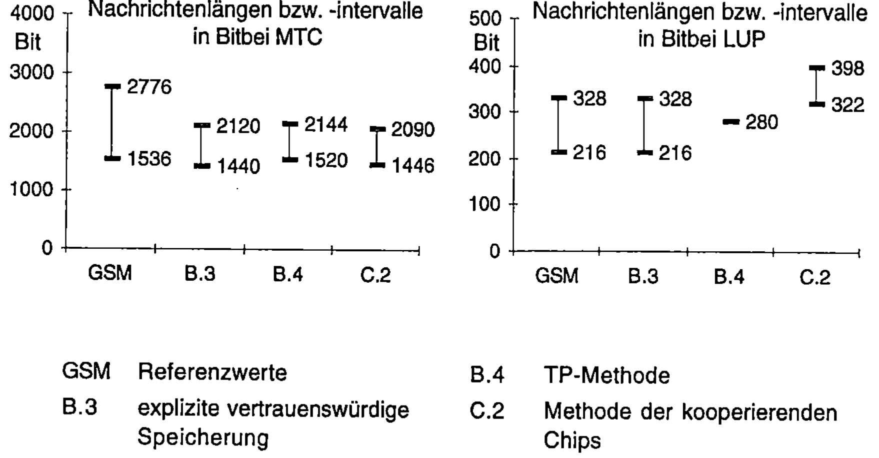

GSM	Referenzwerte	B.4	TP-Methode
B.3	explizite vertrauenswürdige Speicherung	C.2	Methode der kooperierenden Chips

Abb.7-6: Vergleich der Nachrichtenlängen für MTC und LUP

In diesem Abschnitt wurden die Nachrichtenlängen der für das Location Management relevanten Prozeduren Call Setup und Location Update betrachtet. Neben den Nachrichten*längen* spielt auch die Zahl der zu übermittelnden Nachrichten eine Rolle. Sie wird beeinflußt durch die Protokollgestaltung, d.h. die ausgetauschte Nachrichtenanzahl innerhalb einer Prozedur zwischen Netz und Mobilstation, sowie die Mobilität des Nutzers. Beide Faktoren sind jedoch im Zusammenhang mit den hier vorgestellten Methoden Konstanten: Es werden existierende GSM-Nachrichten lediglich ersetzt und das Mobilitätsmodell ist in allen betrachteten Fällen gleich.

Zusammenfassend kann man feststellen, daß die Verwendung einer vertrauenswürdigen Station zum datenschutzgerechten Location Management die Performance des Netzes bei geschickter Implementierung, d.h. günstiger Wahl der Sicherheitsfunktionen und -parameter (Verwendung von längentreuen Chiffren, Länge der Zufallszahlen und impliziten Adressen etc.) keinesfalls schlechter sein muß als bei Verzicht auf solche Sicherheitsfunktionen. Der zusätzliche Aufwand für (ausforschungssichere bzw. vor Zugriff gesicherte) Hardware macht sich durch den erreichten „Mehrwert" an Sicherheit bezahlt, zumindest im Wettbewerb mit anderen Anbietern.

7.4 Mobilkommunikationsmixe: Anonyme Rückadressen zur „Pfadgewinnung" (C.3)

Bei Verwendung einer speziellen Form der Speicherung des Aufenthaltsorts (Location Area Identification, LAI) in den Mobilfunkdatenbanken kann das Erstellen von Bewegungsprofilen trotz Verzicht auf eine vertrauenswürdige Speicherung verhindert werden, wie in diesem Kapitel gezeigt wird. Das Verfahren wird zunächst für den Fall der zentralen Speicherung beschrieben und später auf mehrstufige Speicherung erweitert. Der zu GSM konforme Spezialfall der Speicherung im HLR und VLR wird ausführlicher beschrieben und bewertet.

Das neue Verfahren zum geschützten Registrieren des Aufenthaltsorts geht davon aus, daß die LAI (und die damit verbundene Aufenthalts- und Routing-Information) nicht mehr offen in den Mobilfunkdatenbanken gespeichert wird, sondern in einer geschützten, verdeckten Form, hier kurz mit {LAI} bezeichnet. Als Vorgriff auf die folgenden Bemerkungen sei erwähnt, daß es sich hierbei in der Terminologie des Mix-Netzes um eine anonyme Rückadresse (untraceable return address) handelt. Der Schutz von Kommunikationsbeziehungen ist somit fester Bestandteil des Verfahrens.

Die Methode der Mobilkommunikationsmixe wurde in [FeJP_96] erstmals publiziert und wird hier konkretisiert und erweitert.

7.4.1 Voraussetzungen, vereinfachende Annahmen und Notationen

Die Grundlage der folgenden Verfahren ist ein Mix-Netz (siehe [Chau_81, PfWa_87, PfPW_91] bzw. **Exkurs im Anhang**). Folglich gelten alle Aussagen in der Literatur bezüglich der Organisation, des Betriebes und des Aufwands eines Mix-Netzes.

Ein Mix-Netz verbirgt die Kommunikationsbeziehung zwischen Sender und Empfänger einer Nachricht. Hierzu wird die Nachricht über sog. Mixe geschickt. Ein Mix verbirgt dabei die Verkettung zwischen eingehenden und ausgehenden Nachrichten. Hierzu muß ein Mix eingehende Nachrichten speichern (Pool), bis genügend viele Nachrichten von genügend vielen Absendern vorhanden sind, ihr Aussehen verändern, d.h. sie umkodieren, die Reihenfolge der ausgehenden Nachrichten verändern, d.h. sie umsortieren und evtl. in einem Schub (Batch) ausgeben. Um Angriffe durch Nachrichtenwiederholung zu verhindern, muß zu Beginn noch geprüft werden, ob eine eingehende Nachricht bereits gemixt wurde. Damit keine Verkettung zwischen eingehenden und ausgehenden Nachrichten über deren Länge möglich ist, sollten alle eingehenden Nachrichten die gleiche Länge haben, ebenso die ausgehenden.

Um die folgende Darstellung nicht unnötig kompliziert zu machen, wird ab sofort stets angenommen und in den übermittelten Nachrichten weggelassen, daß zwischen Netz und Mobilstation (MS) – genauer zwischen HLR und MS – ein Schlüssel ausgetauscht ist, der alle übermittelten Nachrichten verschlüsselt.

Bei asymmetrischen Verschlüsselungsverfahren wird ein *indeterministisches Kryptoverfahren* vorausgesetzt. Dies vereinfacht die Formeln, da eine Reihe von Zufallszahlen nicht notiert werden müssen.

Die für das Mix-Netz rekursiv vorbereiteten bzw. im Mix-Netz sukzessive „verpackten" Nachrichten werden zur Vereinfachung der Darstellung, insbesondere in den Abbildungen, in geschweiften Klammern geschrieben. Dabei gelte folgende allgemeine Notation:

$\{X, m_1, m_2, ...\}$	Vom Sender für das Mix-Netz vorbereitete Nachricht (Senderanonymitätsschema); X bezeichnet den Empfänger der Nachrichten m_j ($j = 1, 2, 3, ...$).
$\{X, kz\}$	Anonyme Rückadresse, die in das Aufenthaltsgebiet bzw. Ziel X führt. kz ist das Kennzeichen, an dem X die anonyme Rückadresse wiedererkennt. In den Mobilkommunikationsmixen wird dieses Kennzeichen gleichzeitig als implizite Adresse (*ImpAdr*) auf der Funkschnittstelle verwendet.
$\{m_1, m_2, ...\}$	Umkodierte Nachricht, die infolge der Benutzung einer anonymen Rückadresse durch Verschlüsselung mit den symmetrischen Schlüsseln entsteht (Empfängeranonymitätsschema). Die Nachrichten m_j wurden vom Sender gesendet ($j = 1, 2, 3, ...$).

In den Protokollen werden nur die nötigsten Nachrichten dargestellt. Die Bildungsvorschriften werden zunächst zum besseren Verständnis nicht in ihrer allgemeinen Form dargestellt, sondern an Beispielen. Später werden sie außerdem in ihrer verallgemeinerten Form notiert.

7.4.2 Schutz der Verkehrsdaten im ISDN: Das Verfahren der ISDN-Mixe

Bevor auf das Verfahren der Mobilkommunikationsmixe eingegangen wird, sollen anhand eines Verfahrens zum Schutz von Verkehrsdaten im ISDN (Integrated Services Digital Network) die besonderen Probleme beim Schutz von Verkehrsdaten angerissen werden.

Mixe, wie sie in [Chau_81] vorgestellt wurden, sind für asynchrone Kommunikation (speziell für Electronic Mail) konzipiert. Die üblichen Dienste in Telekommunikationsnetzen erfordern jedoch meistens synchrone und isochrone Kommunikationsformen, für die die Mixe aus [Chau_81] nicht ohne Veränderungen bzw. Ergänzungen geeignet sind. Deshalb wurde in [PfPW1_89] und [PfPW_91] das Verfahren der ISDN-Mixe vorgestellt. Es weist folgende Merkmale auf:

- Da das Senden von Nachrichten trotz Schutz durch Mixe nach wie vor beobachtbar bleibt, müssen stets alle Teilnehmer gleichviel senden, um unbeobachtbar zu sein. Ggf. senden sie bedeutungslose Nachrichten (**Dummy Traffic**). Das bedeutet, daß für einen Netzbetreiber nicht erkennbar ist, welcher Teilnehmer gerade eine bestehende ISDN-Verbindung besitzt und welcher nicht. Unabhängig davon muß die Dienstnutzung jedoch abrechenbar sein, was im Ortsnetz pauschal und im Fernnetz durch sog. digitale „Gebührenmarken" erreicht wird.

- Da Mixe die eingehenden Nachrichten schubweise bearbeiten, kann ohne weitere Maßnahmen keine maximale Antwortzeit garantiert werden. Das Problem wird dadurch gelöst, daß eine feste Teilnehmergruppe einer sog. **Mix-Kaskade** (feste Hintereinanderschaltung mehrerer Mixe) zugeordnet ist. Die Schubgröße entspricht der Gruppengröße; durch die Anwendung von Dummy Traffic ist jeder Schub „voll".

- Um Verbindungswunschnachrichten unbeobachtbar empfangen zu können, müssen sie an den intendierten Empfänger innerhalb einer Anonymitätsgruppe **implizit adressiert** und gebroadcasted werden.

- Zumindest „mittlere" Mixe arbeiten mit asymmetrischen Kryptosystemen. Um den Nachrichtendurchsatz zu erhöhen, werden jedem (mittleren) Mix zunächst mit einem asymmetrischen Block symmetrische Schlüssel mitgeteilt und alle nachfolgenden Daten-(ströme) symmetrisch umkodiert. Der asymmetrische Block kann als Kanalaufbaunachricht verstanden werden, während die symmetrisch umkodierten Daten-(ströme) dann diesen **Mix-Kanal** (vgl. [Pfit_90, S.157ff]) durchlaufen.

- Um bereits die Unbeobachtbarkeit von lokaler Kommunikation (zwischen Teilnehmern einer Vermittlungsstelle) zu erreichen, sendet ein Teilnehmer Dummy-Nachrichten an sich selbst zurück. Vorher werden **je ein Mix-Kanal zum Senden und Empfangen** aufgebaut, die über ein gemeinsames Kanalkennzeichen miteinander verknüpft werden.

- Um die Beobachtbarkeit von Kommunikationsbeziehungen über den Beginn (asymmetrische Kanalaufbaunachricht) und das Ende (Ende der symmetrischen Umkodierung) von Telefongesprächen zu verhindern, ist das System global getaktet. Ein Takt wird als **Zeitscheibe** bezeichnet. Der Begriff stammt aus [PfPW1_89] und hat nichts mit den

Zeitscheiben beim Scheduling zu tun. Eine Zeitscheibe besteht aus einer (asymmetrisch verschlüsselten) Kanalaufbaunachricht und einem nachfolgenden symmetrisch verschlüsselten Datenstrom. Nach einer vorgegebenen Zeit endet die Zeitscheibe und der Kanal wird abgebaut. Eine explizite Kanalabbaunachricht entfällt damit. Telefongespräche können nur zum Beginn/Ende einer Zeitscheibe beginnen/enden. Ein länger als eine Zeitscheibe dauerndes Gespräch setzt sich aus mehreren Zeitscheiben zusammen.

Das Verfahren der ISDN-Mixe mit den oben beschriebenen Merkmalen erlaubt also den Schutz von Verkehrsdaten im Festnetz, sofern der Angreifer nicht alle Mixe der Kaskade erfolgreich angegriffen oder alle eingehenden Nachrichten eines Schubes selbst generiert hat. Dies entspricht genau dem Angreifermodell der Mixe.

Der Bandbreiteaufwand für die Signalisierung zwischen Teilnehmeranschluß und Ortsvermittlungsstelle liegt aufgrund der asymmetrischen Kanalaufbaunachricht deutlich höher als im ISDN ohne Schutz von Verkehrsdaten. Das Besondere der Zeitscheibenkanäle ist jedoch, daß alle nachfolgenden symmetrisch verschlüsselten Daten bei Verwendung einer Stromchiffre keine Expansion gegenüber unverschlüsselten Daten aufweisen. Je länger eine Nachricht bzw. der Takt ist, um so weniger fällt der erste asymmetrische Block ins Gewicht.

Bei den ISDN-Mixen sind sowohl die Teilnehmer als auch die Vermittlungsstellen und Mix-Kaskaden ortsfest. Dadurch entfällt der Schutz des Aufenthalts eines Teilnehmers, zumal die Teilnehmer einer Gruppe nicht voneinander unterscheidbar sind. Will man die Ideen der ISDN-Mixe auf die Mobilkommunikation übertragen, müssen zwei Probleme berücksichtigt werden:

1. Die Teilnehmer bewegen sich. Folglich sind bzgl. einer (ortsfesten) Mobilvermittlungsstelle (MSC) mit Mix-Kaskade ständig andere Teilnehmer in der Gruppe. Außerdem ändert sich die Gruppengröße ständig.

2. Aus Kapazitätsgründen können nicht alle Teilnehmer ständig senden. Dies führt zur Beobachtbarkeit, daß ein Teilnehmer sendet. Die Peilbarkeit sendender Funkstationen führt zu einer weiteren Beobachtungsmöglichkeit von Teilnehmerbewegungen. Außerdem muß das Problem einer garantierten Antwortzeit gelöst werden. Da sich

die Gruppengröße ständig ändert, kann nie garantiert werden, daß ein Schub in einer bestimmten Zeit voll wird.

Beide Punkte sind vor allem dann problematisch, wenn sich wenige Teilnehmer im Netz (spezieller: in der jeweiligen Gruppe) befinden und ihr Mobilitätsprofil stark voneinander abweicht. Sie markieren die Grenzen des Schutzes von Verkehrsdaten in Mobilkommunikationsnetzen: Wenn nicht vorausgesetzt werden kann, daß viele Teilnehmer sich gleich verhalten, können noch so gute Verfahren keinen Schutz bieten. Man muß daher annehmen, daß beim Verfahren der Mobilkommunikationsmixe Einschränkungen bzgl. der Unbeobachtbarkeit von Mobilstationen gegenüber dem Schutz von Festnetzstationen bei den ISDN-Mixen zu machen sind. Dies ist stets zu berücksichtigen, wenn im folgenden das Verfahren der Mobilkommunikationsmixe vorgestellt wird. Gleichwohl ist zu berücksichtigen, daß alle bisherigen Verfahren, die Aufenthaltsinformationen speicherten (Methode der Gruppenpseudonyme, TP-Methode, Methode der kooperierenden Chips, teilweise auch die Funk-Mixe, falls grobe Aufenthaltsorte in der Trusted FS gespeichert werden), nicht das gleiche Schutzniveau unter demselben Angreifermodell („Ein Angreifer kann alle Kommunikation im Netz beobachten.") erreichen wie die Mobilkommunikationsmixe. Hierzu siehe auch die vergleichenden Übersichten der vorgestellten Verfahren im Anhang.

7.4.3 Grundverfahren mit HLR, aber ohne VLR

Für das zunächst beschriebene Verfahren wird angenommen, daß HLR und VLR eine gemeinsame zentrale Datenbank bilden. Ein VLR existiert also vereinfachend nicht. Die folgende Abbildung illustriert den daraus resultierenden vereinfachten Verbindungsaufbau, hier jedoch noch dargestellt ohne die verdeckte Speicherung von Lokalisierungsinformation.

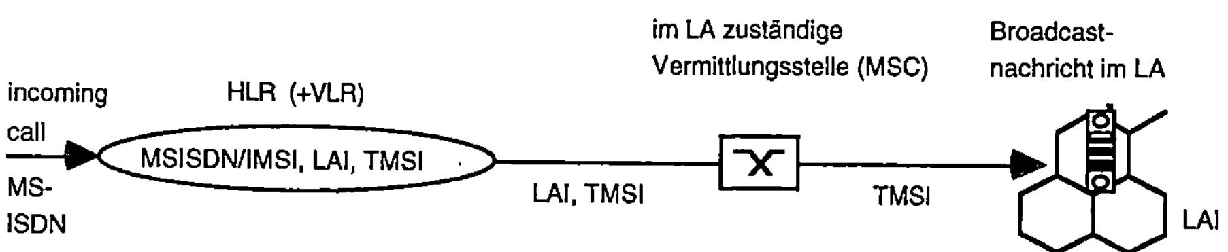

Abb.7-7: MTC bei zentraler Speicherung ohne Schutz

Die Situation im GSM läßt sich wie folgt beschreiben: In den Mobilfunk-datenbanken (HLR und VLR) existieren Einträge, in denen unter der Identität des Mobilfunkteilnehmers, der Mobile Subscriber ISDN Number (MSISDN) bzw. International Mobile Subscriber Identity (IMSI), die Adresse des aktuellen Location Area gespeichert ist. Das ist die Location Area Identification (LAI). Ein ankommender Verbindungswunsch wird zu der für dieses LA zuständigen Mobilvermittlungsstelle (Mobile Switching Centre, MSC) weitergeleitet, die ihrerseits das Ausstrahlen einer Verbindungswunschnachricht im LA veranlaßt, adressiert mit der Temporary Mobile Subscriber Identity (TMSI).

7.4.3.1 Aufenthaltsregistrierung und -aktualisierung

Wo vorher im GSM das Netz die Routing-Information aus der LAI entnommen hat, muß bei dem jetzt zu entwickelnden Verfahren der Mobil-kommunikationsmixe die Mobilstation (MS) die Routing-Information selber bilden. Zur geschützten **Registrierung** des Aufenthaltsorts (Einbuchen) bildet die MS die Kennung {LAI, *ImpAdr*}, eine sog. anonyme Rückadresse nach folgender Vorschrift (Beispiel für eine Mix-Kaskade aus den Mixen M_1, M_2 und M_3):

$$\{LAI, ImpAdr\} := A_1, c_1(k_1, A_2, c_2(k_2, A_3, c_3(k_3, ImpAdr))).$$

A_1, A_2 und A_3 sind die Adressen der Mixe M_1, M_2 und M_3. Die öffentlichen Schlüssel der Mixe sind c_1, c_2 und c_3. Damit die beim Erreichen der Mobilstation zu sendende Nachricht, z.B. Setup, in jedem Mix gemäß dem Umcodierschema für Empfängeranonymität verschlüsselt werden kann, werden noch zufällige (symmetrische) Schlüssel k_1, k_2 und k_3 in die Rückadresse kodiert.

ImpAdr ist die implizite Adresse, die bei einem ankommenden Ruf auf der Funkschnittstelle gesendet wird. Die Mobilstation erkennt an ihr, daß der Ruf für sie bestimmt ist. Bei diesem Schema kann die implizite Adresse nur von der mobilen Station selbst gebildet werden. Welche weiteren Anforderungen an die implizite Adresse gestellt werden, wird später betrachtet.

Die Bezeichnung {LAI} wird im weiteren als Kurzform für {LAI, *ImpAdr*} verwendet.

Die MS muß die Nachricht Location Registration LR verschlüsselt an das HLR absetzen:

$$LR := c_{HLR}(IMSI, \{LAI\}).$$

Um nicht zuordnen zu können, woher die Nachrichten stammen, verwendet die MS ebenfalls das Mix-Netz und bildet

$$\{HLR, LR\} := A_3, c_3(A_2, c_2(A_1, c_1(A_{HLR}, LR))).$$

Dabei handelt es sich um ein sog. Senderanonymitätsschema. Der Einfachheit halber wurden hier wieder dieselben Mixe $M_1...M_3$ verwendet. Dies ist jedoch nicht unbedingt erforderlich.

Da ein indeterministisches asymmetrisches Kryptosystem vorausgesetzt wurde, müssen keine zusätzlichen Zufallszahlen in $\{HLR, LR\}$ hineinkodiert werden. Die indeterministische Verschlüsselung ist notwendig, da ohne sie ein Angreifer einfach alle ausgehenden Nachrichten eines Mixes erneut mit dem öffentlichen Schlüssel c_i des Mixes M_i verschlüsseln könnte und so ohne Probleme die Zuordnung eingehender und ausgehender Nachrichten erkennen könnte!

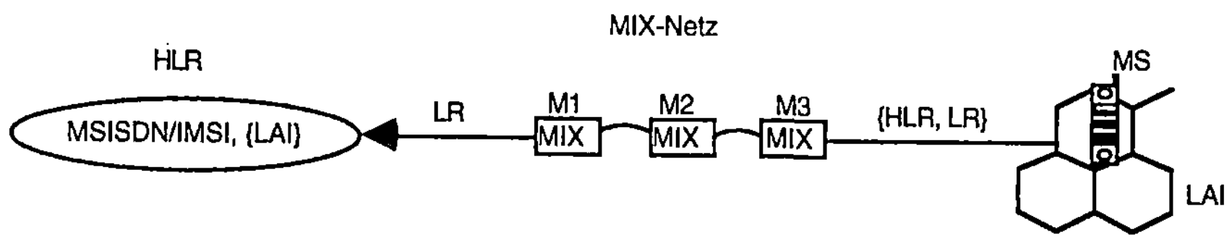

Abb.7-8: Aufenthaltsregistrierung

Im HLR wird anstelle der offenen LAI nun die Rückadresse {LAI} gespeichert. Da die *ImpAdr* in die {LAI} hineinkodiert ist, wird sie nicht mehr explizit gespeichert.

Bei einem **Location Update** (LUP) wird dem HLR eine neue {LAI} mitgeteilt. Damit „verfällt" die alte {LAI}.

Bereits an dieser Stelle muß darauf hingewiesen werden, daß gemäß der Mix-Funktion „Nachrichtenwiederholungen ignorieren" jede {LAI} nur einmal verwendet werden kann. Vom Mix werden wiederholt gesendete Nachrichten ignoriert, um Replay-Angriffe zu verhindern. Die deterministische Entschlüsselung/Umkodierung der wiederholt gesendeten

Nachricht würde die Zuordnung zwischen gesendeter und umkodierter Nachricht aufdecken. Das ist aber gleichbedeutend mit dem Aufdecken der Kommunikationsbeziehung.

Daraus folgt, daß nach jeder Transaktion, die vom HLR bzw. Netz ausgeht, entweder eine neue {LAI} von der MS generiert und weitergegeben werden muß, oder bereits bei der Aufenthaltsregistrierung, beim LUP oder zu anderen „passenden" Zeitpunkten ein Set von {LAI}s, in den folgenden Nachrichten mit „set_of {LAI}" bezeichnet, an das HLR gegeben wird. Somit modifiziert sich LR folgendermaßen:

$$\text{LR'} := c_{HLR}(\text{IMSI, set\_of } \{\text{LAI}\}).$$

Auf die Generierung von {LAI}-Sets wird später eingegangen.

7.4.3.2 Signalisierung eines ankommenden Rufs

Bei einem ankommenden Ruf wird im HLR der Eintrag für die MSISDN gelesen. Die {LAI} enthält die Adresse A_1 des ersten Mixes, die auch dem HLR bekannt ist. Ab hier besitzt das HLR keine Information mehr über den weiteren Weg, den die abzusetzende Setup-Nachricht gehen wird.

Der Mix M_1 findet die Adresse A_2, zu der er die umkodierte Nachricht weiterschickt. Weiterhin findet er k_1, mit dem er umkodieren soll. Die Umkodierung erfolgt durch symmetrische Verschlüsselung der Nachricht mit k_1, hier bezeichnet mit $k_1(\text{Setup})$.

Auf dem Weg durch die Mixe M_1, M_2 und M_3 entsteht so die umkodierte Nachricht

$$\{\text{Setup}\} := k_3(k_2(k_1(\text{Setup}))),$$

die mit der *ImpAdr* adressiert, im LA ausgestrahlt wird.

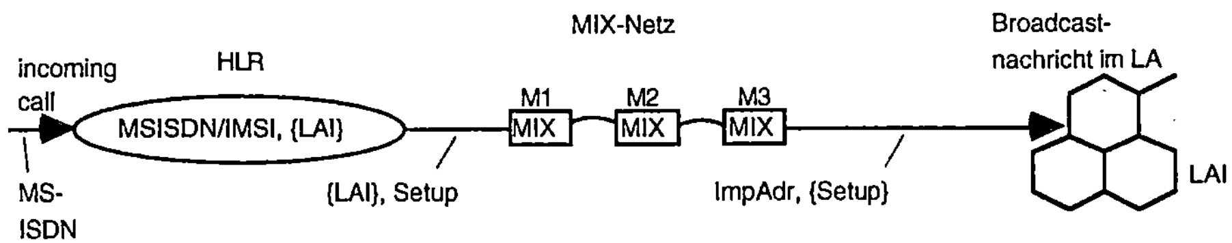

Abb.7-9: MTC bei zentraler und verdeckter Speicherung

Damit die MS ihrerseits die Nachricht {Setup} „auspacken" kann, muß sie sich die von ihr beim Generieren der Rückadresse verwendeten Schlüssel k_1, k_2 und k_3 gemerkt haben bzw. rekonstruieren können. Als Zuordnungs- bzw. Rekonstruktionsmerkmal hierfür dient ebenfalls die *ImpAdr*.

Das bedeutet nicht, daß sich die MS die {LAI} merken muß, sondern nur die k_i (i=1...3) und die *ImpAdr* bzw. nur die *ImpAdr*, wenn sie aus ihr über ein weiteres Geheimnis die k_i rekonstruieren kann.

7.4.3.3 Signalisierung eines abgehenden Rufs

Bei einem von der MS abgehenden Ruf verwendet der mobile Teilnehmer das Mix-Netz wieder, um einerseits seine Kommunikationsbeziehung mit dem gewünschten Partner (genauer: mit dem GMSC, über das der Partner erreicht wird) zu verbergen und um andererseits seinen Aufenthaltsort während der Signalisierung zu schützen.

Hierzu bildet er die Nachricht Mobile Originated Call Setup MOCSU:

$$\text{MOCSU} := \text{ISDN-SN-A, \{LAI\}}.$$

Die ISDN-SN-A (ISDN Subscriber Number von Teilnehmer A) bezeichnet die Rufnummer des Teilnehmers, der erreicht werden soll.

Um nicht zuordnen zu können, woher die Nachricht stammt, wird MOCSU für die Sendung durch das Mix-Netz vorbereitet (Senderanonymitätsschema):

$$\{\text{MOCSU}\} := A_3,\ c_3(A_2,\ c_2(A_1,\ c_1(\text{MOCSU}))).$$

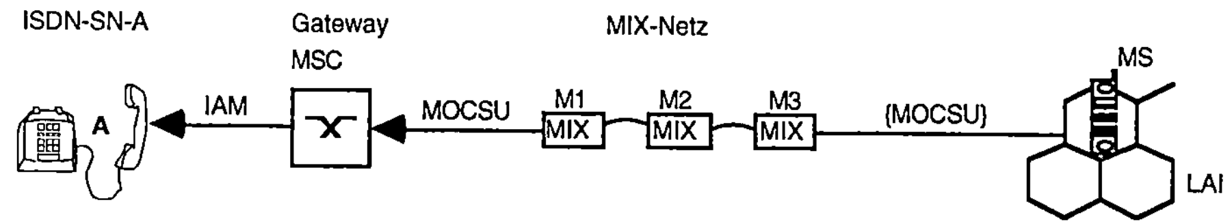

Abb.7-10: MOC mit Schutz des Senders (Mobilstation)

Das GMSC sendet die Verbindungswunschnachricht in das „Fremdnetz", hier ISDN, ab (Initial Address Message, IAM) und wartet auf Antwort. Befindet sich der gewünschte Teilnehmer im eigenen Netz, wird die

GMSC-Funktion vom nächstliegenden MSC erbracht. Das GMSC kennt nicht den Sender der Nachricht MOCSU, hat aber über die mitgelieferte {LAI} die Möglichkeit, den Sender zu erreichen, um ihm z.B. mitzuteilen, daß der Teilnehmer A den Ruf angenommen hat (Answer Message ANM des ISDN).

7.4.4 Modifikationsmöglichkeiten

Die Verwendung von asymmetrischer Kryptographie in Mix-Netzen bringt eine nicht unerhebliche Nachrichtenexpansion gegenüber existierenden Netzen mit sich (siehe auch spätere Aufwandsbetrachtungen). Außerdem benötigt das HLR stets mindestens *eine* {LAI}, damit es den mobilen Teilnehmer erreichen kann. Wie diese Probleme entschärft werden können, zeigen die folgenden Modifikationsmöglichkeiten.

7.4.4.1 Trusted Base Transceiver Station

Da auf der Funkschnittstelle eine Nachrichtenexpansion gegenüber existierenden Netzen auftritt, könnte die BTS als „verlängerter Arm" der MS die bandbreitenkritische Übertragung (und natürlich vorherige Generierung) der langen {LAI} übernehmen. Dazu ist jedoch Vertrauen in die BTS (Trusted BTS) nötig. Um dies zu erreichen, könnte sie „vertrauenswürdig gekapselt" sein. Da das für eine effiziente Einschränkung der Peilbarkeit und Ortbarkeit ebenfalls nötig sein kann (siehe [FeTh_95]), ist diese organisatorische Bedingung evtl. tragbar. Die Mix-Funktionen könnten dann nur im Festnetz laufen. Außerdem muß sich die BTS natürlich gegenüber der MS authentisieren bzw. identifizieren als „gekapselte BTS". Die weiteren Betrachtungen machen allerdings keinen Gebrauch von dieser Modifikation.

Möglicherweise ist die Nachrichtenexpansion bei den Mobilkommunikationsmixen im Vergleich zu den geplanten Netzen der dritten Generation (z.B. UMTS) unkritischer, als man zunächst annehmen wird, da dort ebenfalls asymmetrische Kryptographie angewendet werden soll (vgl. [AzDi_94, BeCY_93, Brow1_95, HwYa1_94, LiHa1_95, Prin_94, Pütz1_97]).

7.4.4.2 Generierung von {LAI}-Sets

Wie bereits erwähnt wurde, kann jede {LAI} nur einmal verwendet werden. Daher ist es wünschenswert, im HLR einen Vorrat an {LAI}s, ein sog. {LAI}-Set, eines LAs zu halten.

Weiterhin wäre auch denkbar, von unterschiedlichen LAs bereits {LAI}-Sets im HLR abgelegt zu haben, wobei eine einzelne {LAI} über einen Index beim LUP bzw. bei der Aufenthaltsregistrierung referenziert werden kann. Wenn der Index deutlich kürzer als die {LAI} ist, wird so Bandbreite auf der Funkschnittstelle gespart.

Allerdings wird „vorher" viel Bandbreite benötigt, um die {LAI}s ins HLR zu transferieren. Außerdem wird im HLR mehr Speicherplatz benötigt.

Das Bandbreiteproblem auf der Funkschnittstelle ist z.B. dann nicht vorhanden, wenn sich die MS in einem Gebiet aufhält, das wenig belastet ist oder direkt an das Festnetz „angeschlossen" ist, z.B. über ihre „private BTS". Gerade die Mobilfunknetze der 3. Generation sollen die unterschiedlichen Nutzungsumgebungen (Home-, Business- und Public-Environment) mit unterschiedlichen Mobilitätsstufen und Bandbreiten unterstützen, wodurch dieses Problem leicht lösbar scheint. In solchen Situationen könnte die MS dann die {LAI}-Sets zum HLR übertragen.

Eine ähnliche Situation, die zur Übertragung der {LAI}-Sets genutzt werden könnte, ist das Ende einer Gesprächsverbindung. Der Funkkanal könnte noch für die Übertragung von {LAI}s aufrecht erhalten werden. Das kommt der Lösung eines weiteren Datenschutzproblems zugute: Die Zeitpunkte für den Abbau mehrerer Verbindungen fallen zusammen, wenn eine Zeitrasterung, d.h. diskrete Zeitpunkte zum Verbindungsabbau gewählt werden. Das reduziert die Verkettbarkeit von Teilnehmeraktionen. Man könnte auch die noch verbleibende mögliche Gesprächszeit nach einem angefangenen Gebührentakt nutzen, obwohl der Teilnehmer bereits „aufgelegt" hat. Das verursacht für ihn keine zusätzlichen Kosten, dürfte damit also durchaus Akzeptanz bei ihm finden.

Praktisch kann man das Verfahren so gestalten, daß beim Übertragen der {LAI}-Sets nur die {LAI}s, nicht jedoch die Indizes übermittelt werden müssen, das spart ebenfalls wieder Bandbreite. Dazu muß vorher eine Hash-Funktion h global vereinbart werden, die jeder kennen darf. Im HLR wird zu jeder empfangenen {LAI} der Hash-Wert $h(\{LAI\})$ gebildet und gemeinsam mit der {LAI} abgespeichert. Der Index der {LAI} ist damit der Hash-Wert der {LAI}. Die Länge des Hash-Wertes muß hinreichend groß sein, um Kollisionen von Indizes zu vermeiden. Die Mobilstation muß zu jeder generierten {LAI} ebenfalls den Hash-Wert $h(\{LAI\})$ bilden. Die {LAI} selbst muß sie sich nicht merken, wohl aber, zu welchem LA der Hash-Wert gehört.

Von {LAI}-Sets wird im weiteren kein Gebrauch gemacht.

7.4.4.3 Verwendung von Mix-Kanälen

Die meisten Signalisierprotokolle in Mobilfunknetzen bestehen nicht nur aus einem Signalisierschritt, wie im vorangegangenen Grundverfahren dargestellt.

Betrachtet man z.B. die Location Update Protokolle des GSM (vgl. Abschnitt 3.4), so fällt auf, daß ein Location Update aus insgesamt 8 Schritten in jede Richtung besteht (vgl. z.B. Abb. 3-5). Da in jedem Schritt „Netz→MS" theoretisch eine neue {LAI} nötig ist, um die Unbeobachtbarkeit der MS zu erhalten, müßten sehr viele {LAI}s dem Netz zur Verfügung stehen. Diese wiederum müßten vorher von der MS generiert und an das Netz übertragen werden.

Als Ausweg bietet sich die Verwendung von Mix-Kanälen an, wie sie bereits bei den ISDN-Mixen verwendet wurden. Für den Aufbau des Mix-Kanals „Netz→MS" genügt dann eine {LAI}.

Das Prinzip der Mix-Kanäle ist folgendes (vgl. auch [Pfit_90, S.157ff]): Mit Hilfe einer asymmetrischen Kanalaufbaunachricht wird jedem Mix M_i ein symmetrischer Schlüssel k_i mitgegeben, mit dem er alle nachfolgenden Datenströme mittels einer symmetrischen Stromchiffre verschlüsseln soll. Ein so etablierter Kanal kann benutzt werden, um alle nachfolgenden Signalisierinformationen unbeobachtbar zu übermitteln. Somit können alle weiteren Signalisiernachrichten ohne weitere Expansion übermittelt werden, ohne die Unbeobachtbarkeit einzuschränken.

Die weiteren Bemerkungen gehen davon aus, daß Mix-Kanäle verwendet werden.

7.4.4.4 Trusted Fixed Station

Sollte eine geschützte effiziente Kommunikation zwischen einer für die MS vertrauenswürdigen Station (Trusted Fixed Station) im Festnetz und der MS möglich sein, könnte der Trusted FS die GSM-konforme LAI übermittelt werden, die dann ihrerseits die langen verdeckten {LAI}s bilden könnte. Natürlich müssen der MS dann auch die in die {LAI}s kodierten impliziten Adressen und k_i bekannt sein!

Die Eleganz des hier vorgestellten Grundverfahrens besteht jedoch gerade darin, daß auf die Trusted FS verzichtet werden kann. Das eröffnet auch neue Möglichkeiten für die „Dezentralisierung" des Verfahrens, wie die nachfolgenden Abschnitte zeigen werden.

7.4.5 Verfahren mit HLR und VLR

Bei zentraler Verwaltung der Lokalisierungsinformation belastet jede Transaktion (z.B. ein LUP) weite Teile des (festen) Netzes u.U. erheblich, wenn das HLR und das besuchte LA weit voneinander entfernt sind. Im GSM wurde deshalb die Teilung der Datenbanken in Heimatregister (HLR) und Besucherregister (VLR) vorgenommen, wobei sich das jeweils zuständige Besucherregister in der Nähe des aktuellen Aufenthaltsorts der MS befindet. Es sollen deshalb im weiteren Vorschläge gemacht werden, wie durch eine Dezentralisierung des beschriebenen Verfahrens eine Effizienzsteigerung möglich ist. Die Dezentralisierung soll dabei zu keinerlei Verlust oder Reduzierung der Vertraulichkeit des Aufenthaltsorts führen. Das Verfahren der Mobilkommunikationsmixe wird nun für den Fall der 2-stufigen Speicherung im HLR und VLR beschrieben. Mehrstufige Protokolle werden durch Mix-Kanäle realisiert.

7.4.5.1 Grundidee des pseudonymen Location Managements

Funktional unterteilt sich das dezentrale Verfahren der Mobilkommunikationsmixe folgendermaßen:

- In den Datenbanken (Registern) werden die Informationen pseudonym gespeichert.

- Mit Hilfe des Mix-Netzes und der Verwendung anonymer Rückadressen wird die Verkettbarkeit der pseudonym gespeicherten Informationen sowohl für Outsider als auch Insider verhindert.

- Durch die Zusammenfassung von bestimmten Mobilfunkgebieten (Location Area, MSC/VLR-Area) in sog. Aufenthaltsgebietsanonymitätsgruppen wird der Schutz des Aufenthaltsorts gewährleistet.

Zum besseren Verständnis wird zunächst die Signalisierung bei pseudonymer Speicherung ohne Mixe dargestellt und dann um die Mixe erweitert. Es wird davon ausgegangen, daß eine Registrierung des Teilnehmers bereits erfolgt ist. Wie das Registrieren/Aktualisieren und Call Setup konkret erfolgt, wird später erläutert.

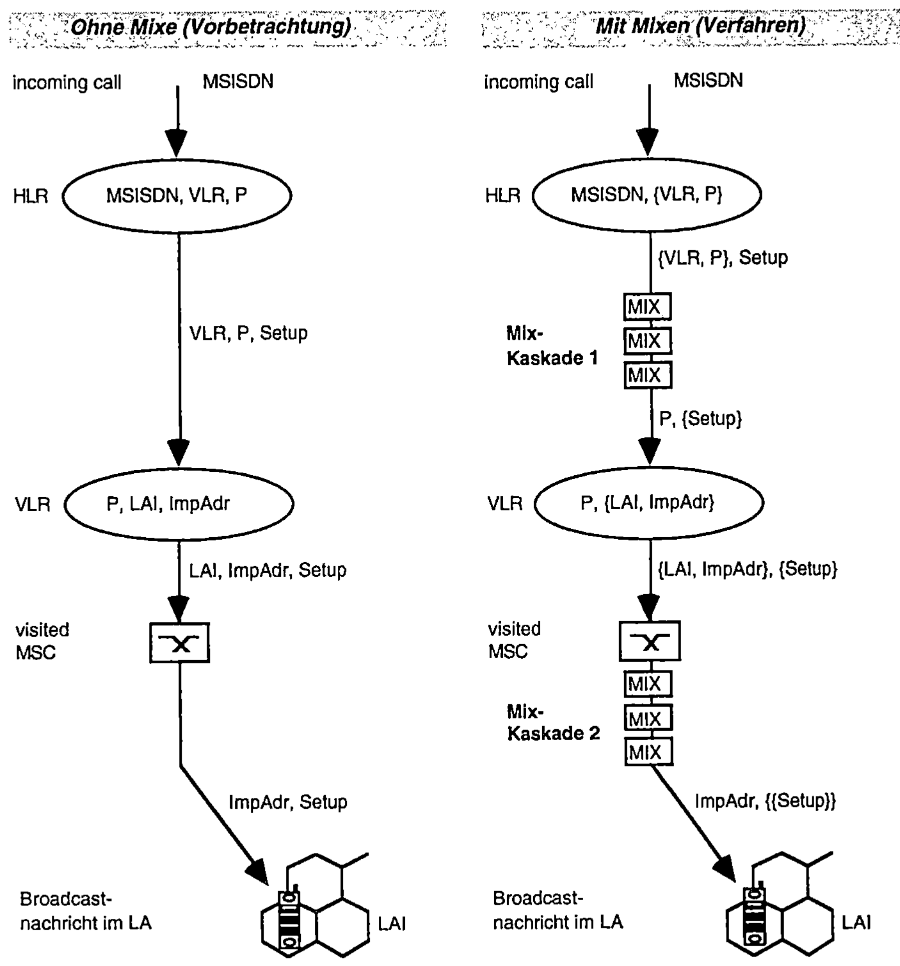

Abb.7-11: MTC bei gestufter und pseudonymer Speicherung

Das HLR speichert unter der MSISDN die Adresse des VLR. Außerdem speichert es ein Pseudonym *P*. Das VLR speichert unter dem Pseudonym *P* den aktuellen Aufenthaltsort sowie die implizite Adresse *ImpAdr* für die Paging-Nachricht auf der Funkschnittstelle. Es entsteht eine über Pseudonyme verkettete Liste. Bei einem ankommenden Ruf wird die Verkettung „abgearbeitet" und der Teilnehmer erreicht (Abb. 7-11).

Für die Sicherheit des Verfahrens ist Voraussetzung, daß nicht alle Register als Angreifer zusammenarbeiten. Eine Sonderstellung nimmt das HLR ein, weil es grobe Lokalisierungsinformation zur MSISDN zuordnen kann, da das VLR einen „groben" Ort im Netz (bzw. Versorgungsgebiet) repräsentiert. Dies ist bereits eine Verletzung der Datenschutzforderung c3. Beide Nachteile werden später durch die Einbindung von Mixen beseitigt.

Ein weiteres Problem sind Replay-Angriffe. Ein Angreifer, der nicht alle Register beherrscht, könnte eine Verbindungswunschnachricht abfangen und erneut an ein Register senden. Da das Register dann dieselbe Ausgabenachricht erzeugen würde, wäre der Pfad einer Nachricht erkennbar. Es darf also jedes Pseudonym nur für eine einzige Transaktion verwendet werden. Abhilfe kann hier die Verwendung eines „Zählers" (oder einer Zeitbasis) bieten, aus dem nach jeder Pseudonymverwendung (bzw. einer abgelaufenen Zeit) ein neues Pseudonym über einen Pseudozufallszahlengenerator generiert wird. Eine Möglichkeit wäre, über eine global einheitliche Zeitbasis *T* zu diskreten Zeitpunkten die Pseudonyme weiterzuschalten (siehe auch TP-Methode aus Abschnitt 6.3).

7.4.5.2 Pseudonymes Location Management mit Mixen

Eine Bedingung des pseudonymen Location Managements ohne Mixe war, daß die Register nicht zusammenarbeiten dürfen. Dies ist u.U. eine zu harte Forderung, wenn man davon ausgeht, daß viele Register eines Netzes einem Betreiber gehören.

Außerdem kann ein Angreifer, der alle Kommunikation im Netz abhören kann, u.U. die zeitliche Verkettung von Nachrichten erkennen. Würde man bei dem im vorangegangenen Kapitel beschriebenen Verfahren mit der Bearbeitung eines Signalisierwunsches warten, bis mehrere Signalisierwünsche in einem Register eingetroffen sind und die Ausgabenachrichten dann gemeinsam schubweise ausgeben, wäre die zeitliche Verkettbarkeit der Nachrichten reduziert. Bereits diese Aussage führt unmittelbar zur Verwendung des Mix-Konzeptes: Unter Hinzunehmen des Mix-Netzes ist mehrstufiges Location Management mit Pseudonymen möglich, ohne daß die genannten Probleme weiterhin bestehen. Jedes Register speichert hierzu eine anonyme Rückadresse, aus der weder das Ziel (das Nachfolgeregister oder die LAI) noch das darin enthaltene Kennzeichen (das Pseudonym P oder die implizite Adresse *ImpAdr*) erkennbar sind. Beide sind aber in die Rückadresse hineinkodiert.

{VLR, P} bezeichne die anonyme Rückadresse, die zum Besucherregister verweist und auf den Datenbankeintrag unter dem Pseudonym P. {LAI, *ImpAdr*} bezeichne die anonyme Rückadresse, die in das Aufenthaltsgebiet verweist und die implizite Adresse *ImpAdr* für das Paging enthält.

Bei einem eintreffenden Ruf sendet das HLR die mit {VLR, P} „adressierte" Verbindungswunschnachricht „Setup" an die Mix-Kaskade 1 ab. Die Mixe packen die anonyme Rückadresse aus und kodieren die Verbindungswunschnachricht mit den gefundenen symmetrischen Schlüsseln. Das VLR empfängt P und die umkodierte Nachricht {Setup}, reicht die Nachricht einfach an die Mix-Kaskade 2 weiter, adressiert mit der anonymen Rückadresse {LAI, *ImpAdr*}. Die Nachricht wird erneut umkodiert zu {{Setup}} und der „Pfad" in das Aufenthaltsgebiet gefunden. Schließlich werden die implizite Adresse *ImpAdr* und {{Setup}} über die Funkschnittstelle gesendet (siehe rechter Teil von Abb. 7-11).

Die MS muß nun in gewohnter Weise die Nachricht {{Setup}} entpacken. Dazu nutzt sie alle vorher generierten symmetrischen Schlüssel, mit denen die Nachricht auf ihrem Weg durch die Mixe verpackt wurde.

Es existiert auf das beschriebene Verfahren allerdings ein sog. $(n$-$1)$-Angriff, den es zu verhindern gilt: Da die Register (HLR und VLRs) als Angreifer zusammenarbeiten können, sind sie in der Lage, den Aufenthaltsort eines bestimmten Teilnehmers aufzudecken, indem sie seine im HLR gespeicherte Rückadresse {VLR, P} und n-1 selbst generierte falsche anonyme Rückadressen in den Eingabeschub von Kaskade 1 einspeisen (n sei die Schubgröße). Am Ausgang der Kaskade erkennt der Angreifer dann seine n-1 Ausgabenachrichten wieder (er hat das Adreßkennzeichen gewählt) und weiß damit, zu welchem VLR die eine echte Verbindungswunschnachricht gehen sollte. Damit ist dem Angreifer bekannt, in welchem VLR-Area sich der Teilnehmer aufhält. Durch Wiederholung dieses Angriffs auf die im VLR gespeicherten Daten des Teilnehmers (hier unter Pseudonym P, entspricht dem Adreßkennzeichen in {VLR, P}) erfährt der Angreifer das aktuelle Location Area.

Es handelt sich hierbei um einen recht starken aktiven Angriff. Zunächst kann während eines Angriffs keinem anderen Teilnehmer signalisiert werden. Das Netz erbringt also während dieser Zeit keinen Dienst. Außerdem kann, da jede Rückadresse nur einmal verwendet werden darf, dem angegriffenen Teilnehmer kein Ruf mehr zugestellt werden, bis er das VLR wechselt (Aktualisierung des HLR und damit verbundene Hinterlegung einer neuen {VLR, P}).

Der beschriebene Angriff kann verhindert werden, indem die anonymen Rückadressen {VLR, P} authentisiert werden. Hierzu signiert der mobile Teilnehmer {VLR, P} mit seinem privaten Signaturschlüssel und sendet {VLR, P} zusammen mit $s_{MS}(\{VLR, P\})$ an das HLR. Dies führt nicht zu einer Einschränkung der Beobachtbarkeit, da im HLR durch den Datenbankeintrag «MSISDN, {VLR, P}» sowieso die Zuordnung der anonymen Rückadresse zur Teilnehmeridentität besteht. Der neue Datenbankeintrag im HLR lautet also «MSISDN, {VLR, P}, $s_{MS}(\{VLR, P\})$».

Jetzt kann jeder überprüfen, ob die in die Kaskade 1 eingegebenen anonymen Rückadressen authentisch sind und ob mehrere Rückadressen der gleichen Identität in den Eingabeschub eingebracht wurden. Das Angreifermodell des Mix-Netzes geht schließlich davon aus, daß alle Kommunikation auf allen Leitungen abhörbar ist. Der Angreifer müßte also, damit der $(n\text{-}1)$-Angriff weiterhin möglich ist, selbst $n\text{-}1$ Identitäten annehmen, was organisatorisch weitgehend verhindert werden kann.

In der Praxis wird die Überprüfung der Signaturen sinnvollerweise vom ersten Mix vorgenommen werden. Sollte der Mix auch nicht authentische Nachrichten akzeptieren oder mehrere Rückadressen der gleichen Identität, wäre sein Fehlverhalten erkennbar und nachweisbar.

Das Einspielen von $n\text{-}1$ echten Rückadressen von Teilnehmern, die aktuell nicht erreicht werden sollen, bringt dem Angreifer nichts, da er die Ausgabenachrichten den Eingabenachrichten nicht zuordnen kann. Dies entspricht der normalen Funktionalität, die durch das Verfahren erbracht wird und ist in diesem Sinn sowieso kein erfolgreicher Angriff.

Im VLR läßt sich die Authentisierung der anonymen Rückadresse {LAI, *ImpAdr*} leider nicht so leicht realisieren, da hier eine Signatur unter einem Pseudonym P geprüft werden müßte. Hierzu muß der mobile Teilnehmer das Pseudonym P als einen Testschlüssel eines Signatursystems wählen und kann dann P unterschreiben.

Allerdings ist ein Angriff auf das VLR auch nur dann sinnvoll, wenn er auf das HLR erfolgreich ist, was durch die Authentisierung von {VLR, P} jedoch verhindert wurde. Damit ist der Angriff insgesamt verhinderbar oder zumindest erkennbar und das Fehlverhalten einer Instanz nachweisbar. Im folgenden wird deshalb stets davon ausgegangen, daß {VLR, P} authentisiert ist.

7.4.5.3 Aufenthaltsregistrierung und -aktualisierung

Die folgenden Ausführungen beziehen sich nur noch auf das Verfahren mit Mixen. Die Aufenthaltsregistrierung bzw. -aktualisierung besteht darin, den Registern mitzuteilen, welchen Eintrag sie vorzunehmen haben (siehe Abb. 7-12).

Beim LUP entscheidet ausschließlich die MS, wann die Einträge in den Registern zu erneuern sind. Dabei muß sie jetzt auch selbst entscheiden, wann sie von einem Register zu einem anderen wechselt. Um nicht zuordnen zu können, woher die Nachrichten stammen, muß der Sender, hier also die Mobilstation, geschützt werden. Dies geschieht ebenfalls wieder durch Mixe. Die anonymen Rückadressen {VLR, P} und {LAI, *ImpAdr*} werden von der MS erzeugt. Es muß zwar jeder Mix seinen Nachfolger kennen, aber nicht jedes Register das Nachfolgeregister, sondern nur den nächsten Mix.

Das Location Update wird über einen unbeobachtbaren Mix-Kanal abgewickelt. Die zeitliche Abfolge ist dabei folgendermaßen (siehe Abb. 7-13):

Beispiel mit 5 Mixen pro Kaskade, K1=$(M_{11}...M_{15})$, K2=$(M_{21}...M_{25})$:

1. Die Mobilstation bereitet eine **Location Updating Request** Nachricht LR vor:

$$LR = A_{25}, c_{25}(D_{25}, ... c_{21}(D_{21}, m_{\text{Kaskade1}}, m_{\text{VLR}})...) \quad \text{mit}$$

$$m_{\text{Kaskade1}} = A_{15}, c_{15}(D_{15}, ... c_{11}(D_{11}, m_{\text{HLR}})...)$$

$$m_{\text{VLR}} = c_{\text{VLR}}(T, Bv, «P, \{LAI, ImpAdr\}»)$$

$$m_{\text{HLR}} = k_{\text{HLR}}(T, Bv, «MSISDN, \{VLR, P\}, s_{\text{MS}}(\{VLR, P\})»)$$

$D_{i,j} = T, k_{i,j}$ mit $i=1...2, j=5...1$

{LAI, *ImpAdr*} $= A_{21}, c_{21}(D_{21}, ... c_{25}(D_{25}, $ LAI, *ImpAdr*$)...)$ und

{VLR, *P*} $= A_{11}, c_{11}(D_{11}, ... c_{15}(D_{15}, A_{VLR}, P)...)$ mit

$D_{i,j} = k_{i,j}$ mit $i=1...2, j=5...1$

2. Die Mobilstation sendet *LR* in das Netz.

3. Die Mixe entschlüsseln die erhaltene Nachricht, überprüfen den Zeitstempel *T*, speichern den jeweils erhaltenen symmetrischen Schlüssel *k*, leiten die Nachricht an die Adresse *A* weiter, merken sich die Zuordnung zwischen dem Ein- und Ausgabekanal der Nachricht und kehren die Bearbeitungsrichtung um, d.h. warten jetzt auf eine Bestätigung von VLR bzw. HLR.

4. Die Register entschlüsseln ihre Location Update Nachrichten «_» und prüfen ebenfalls den Zeitstempel *T*. Das HLR aktualisiert seine Datenbank und sendet eine Bestätigung Ack_{HLR} an den letzten Mix vor dem HLR zurück. Außerdem benutzt es die bisher gespeicherte anonyme Rückadresse {VLR, *P*}, um dem alten VLR mitzuteilen, daß es den Registereintrag für *P* löschen kann (**Cancel Location**).

5. Die Mixe der Kaskade K1 verschlüsseln Ack_{HLR} mit den symmetrischen Schlüsseln *k*, die sie sich gemerkt haben und senden die umkodierte Nachricht auf den ursprünglichen Eingabekanal.

6. Das VLR erhält $k_{15}(...(k_{11}(Ack_{HLR}))...)$ als **Update Location Result**.

7. Das VLR aktualisiert seine Datenbank und sendet die bereits umkodierte Bestätigung des HLR und eine eigene Bestätigung Ack_{VLR} an den letzten Mix vor dem VLR zurück.

8. Die Mixe der Kaskade K2 verschlüsseln $Ack_{VLR}, k_{15}(...(k_{11}(Ack_{HLR}))...)$ mit den gespeicherten Schlüsseln *k* und senden die umkodierte Nachricht auf den ursprünglichen Eingabekanal.

9. Die Mobilstation erhält die **Location Updating Accept** Nachricht $k_{25}(...(k_{21}(Ack_{VLR}, k_{15}(...(k_{11}(Ack_{HLR}))...)))...)$ und entschlüsselt die Nachricht sukzessive.

Da alle Nachrichten sowohl in Sende- als auch Empfangsrichtung umkodiert werden, ist keine Verkettung möglich. Den fehlenden Dummy Traffic zwischen der Mobilstation und den Registern gleicht die BTS durch Dummy Traffic aus. Hierzu muß anstatt des Kennzeichens *Bv* (für Bedeutungsvoll) durch die BTS das Kennzeichen *Bl* (Bedeutungslos) in

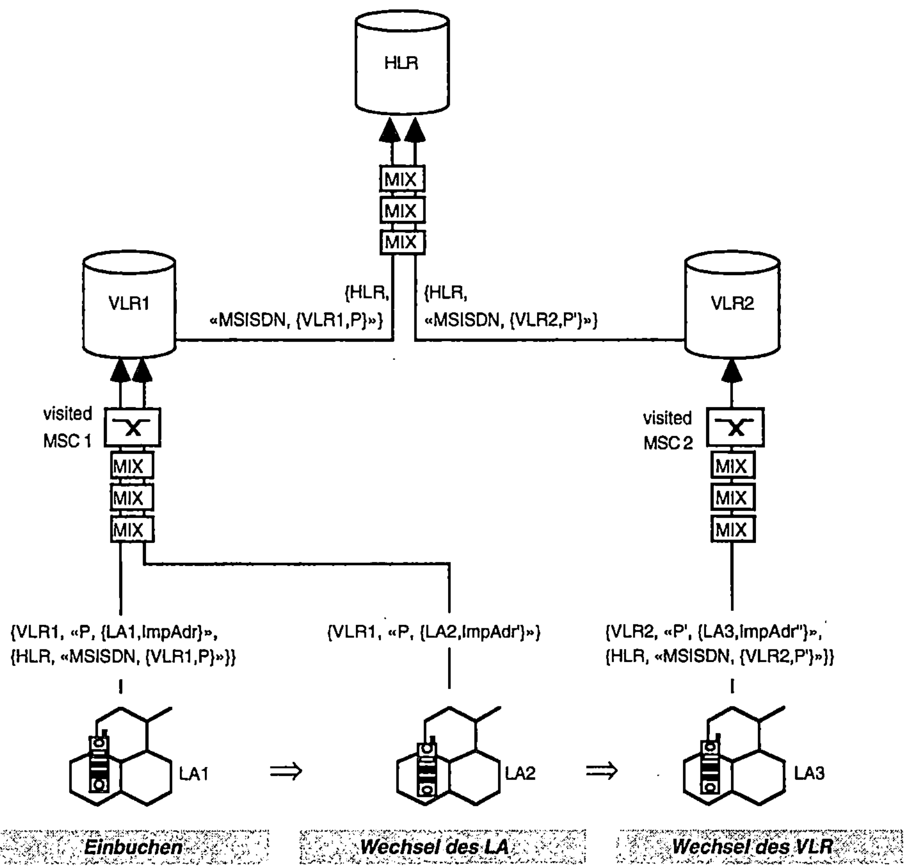

Abb.7-12: Location Registration und Update

die Nachricht an das jeweilige Register hineinkodiert werden. Die anderen Nachrichtenelemente bestehen aus Zufallszahlen.

Über eine globale Taktung sollen Location Update Requests nur zu bestimmten Zeiten (analog den Zeitscheiben der ISDN-Mixe) gesendet werden, um eine zeitliche Verkettung einzelner Teilnehmeraktionen zu verhindern. Die Länge eines LUP-Taktes wird in den Aufwandsbetrachtungen (Abschnitt 7.4.6.4) berechnet.

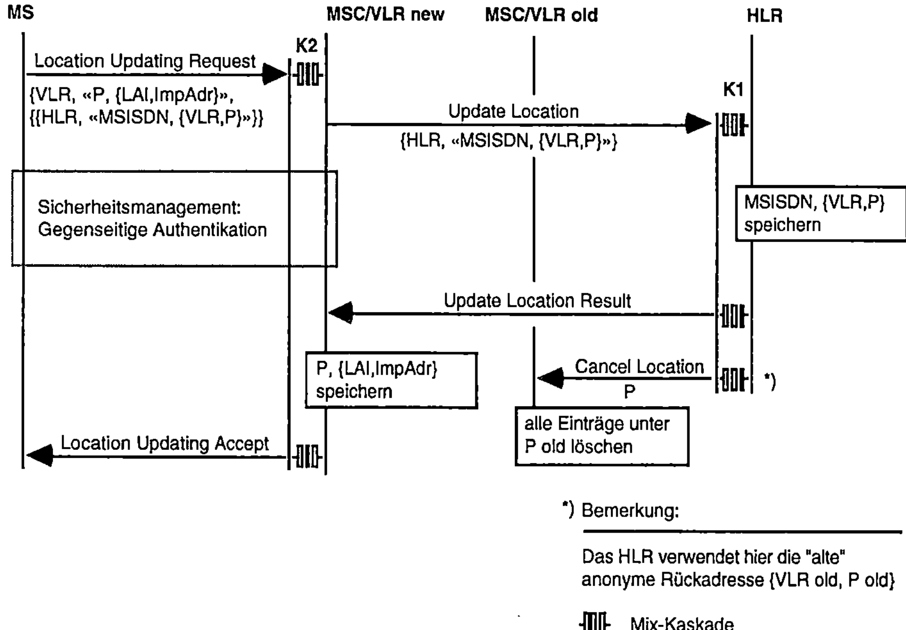

Abb.7-13: LUP bei den Mobilkommunikationsmixen: Neues VLR

Wie das Sicherheitsmanagement (konkret die gegenseitige Authentikation) im Verfahren der Mobilkommunikationsmixe erfolgen soll, wird später erläutert.

7.4.5.4 Geographische Allokation der Mixe und Bildung von Aufenthaltsgebietsgruppen

Wie erwähnt, muß die Mobilstation wissen, welche Mixe für den zu bildenden Pfad (Rückadressen) und die zu schützenden Nachrichten (Location Registration und Location Update) in Frage kommen. Dies ist aus folgenden Gründen problematisch:

- Die Datenbanken, welche die geeigneten Mixe vorschlagen, müssen korrekte und vollständige Informationen liefern.

- Die freie Wahl von Mixen hat den Nachteil, daß der Teilnehmer wissen muß, welche Mixe derzeit geographisch günstig liegen und „Online" sind.

Analog dem Verfahren der ISDN-Mixe aus [PfPW1_89] und [PfPW_91] sollen im weiteren anstatt frei wählbarer Mixe sog. Mix-Kaskaden verwendet werden. Mix-Kaskaden sind fest hintereinandergeschaltete Mixe unterschiedlicher und unabhängiger Betreiber und möglichst unterschiedlicher Hersteller. Über die in [Pfit_90, S.193] und im Anhang (Mixe-Exkurs) genannten Vorteile hinaus sorgt die feste Zuordnung zu einer Aufenthaltsgebietsanonymitätsgruppe, kombiniert mit Dummy Traffic von und zu den BTS', für ausreichend viele Nachrichten aus ausreichend vielen verschiedenen Gebieten. Dies wird im folgenden näher erläutert.

Im Verfahren der Mobilkommunikationsmixe sollen die Mix-Kaskaden Aufenthaltsorte schützen. Deshalb besteht die „Anonymitätsgruppe" aus Aufenthaltsorten und nicht direkt aus den Identitäten von Teilnehmern. Wenn Nachrichten aus vielen (verschiedenen) Aufenthaltsorten in eine Mix-Kaskade einlaufen, sind einzelne Aufenthaltsorte innerhalb einer Aufenthaltsgebietsanonymitätsgruppe geschützt. Aufenthaltsgebietsanonymitätsgruppen sind also Gruppen von Aufenthaltsgebieten, innerhalb derer eine Lokalisierung einzelner Teilnehmer nicht möglich ist.

Beim Verfahren der ISDN-Mixe werden die Anonymitätsgruppen durch die Teilnehmer, die an eine Ortsvermittlungsstelle angeschlossen sind, gebildet (Abb. 7-14). Die Kommunikationsbeziehungen im Fernnetz, d.h. zwischen den Ortsvermittlungsstellen, werden nicht gesondert geschützt.

Leider genügt bei den Mobilkommunikationsmixen die Implementation einer Kaskade in einer Ortsvermittlungsstelle, das Analogon im GSM ist das MSC, *nicht*. Die Kommunikationsbeziehungen im Fernnetz müssen ebenfalls geschützt werden. Der Grund hierfür liegt auf der Hand. Ein besuchtes MSC repräsentiert einen (groben) Aufenthaltsort im Netz. Meldet das MSC (resp. der mobile Teilnehmer) ein Location Update an das HLR, kann dieses erkennen, woher die Nachricht stammt. Da das HLR die Identität des Teilnehmers kennt, kennt sie dessen (groben) Aufenthaltsort.

Deshalb sind folgende Kaskaden vorzusehen (siehe Abb. 7-15):

- Eine Mix-Kaskade vor dem HLR faßt mehrere VLR-Areas in eine Aufenthaltsgebietsanonymitätsgruppe zusammen.

- Eine Mix-Kaskade vor dem MSC faßt mehrere BTS-Areas (bzw. BSC-Areas) in eine Aufenthaltsgebietsanonymitätsgruppe zusammen.

- Falls ein VLR mehreren MSC zugeordnet ist zusätzlich: Eine Mix-Kaskade vor dem VLR faßt mehrere MSC-Areas zusammen. Dieser Fall wird im folgenden jedoch nicht weiter betrachtet.

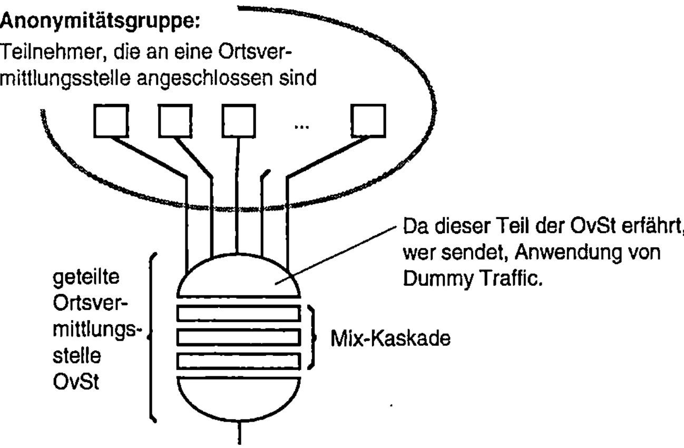

Abb.7-14: Bildung der Anonymitätsgruppen bei den ISDN-Mixen

Es entsteht eine Hierarchie von Aufenthaltsgebietsanonymitätsgruppen. Je größer die jeweilige Gruppe ist, um so schwieriger ist es für einen Angreifer, eine einzelne Nachricht zu isolieren. Hierzu muß er

- alle Mixe (unabhängig von der Größe der Anonymitätsgruppe) beherrschen, die eine Nachricht durchläuft oder

- alle anderen Nachrichten erzeugt haben, die in einem Schub von den Mixen bearbeitet werden, sog. $(n-1)$-Angriff.

Für eine praktische Realisierung der Mobilkommunikationsmixe bietet es sich an, die Kaskade beim MSC/VLR fest mit diesem zu verbinden, so daß sie eine Einheit mit dem Register bzw. MSC bildet, wie dies beim Verfahren der ISDN-Mixe mit den Ortsvermittlungsstellen der Fall ist.

Für die Kaskade beim HLR muß zwischen Location Update bzw. Location Registration einerseits und Mobile Terminated Call Setup andererseits unterschieden werden. Beim Location Update bzw. bei der Location Registration ist ebenfalls eine feste Verbindung der Kaskade mit dem

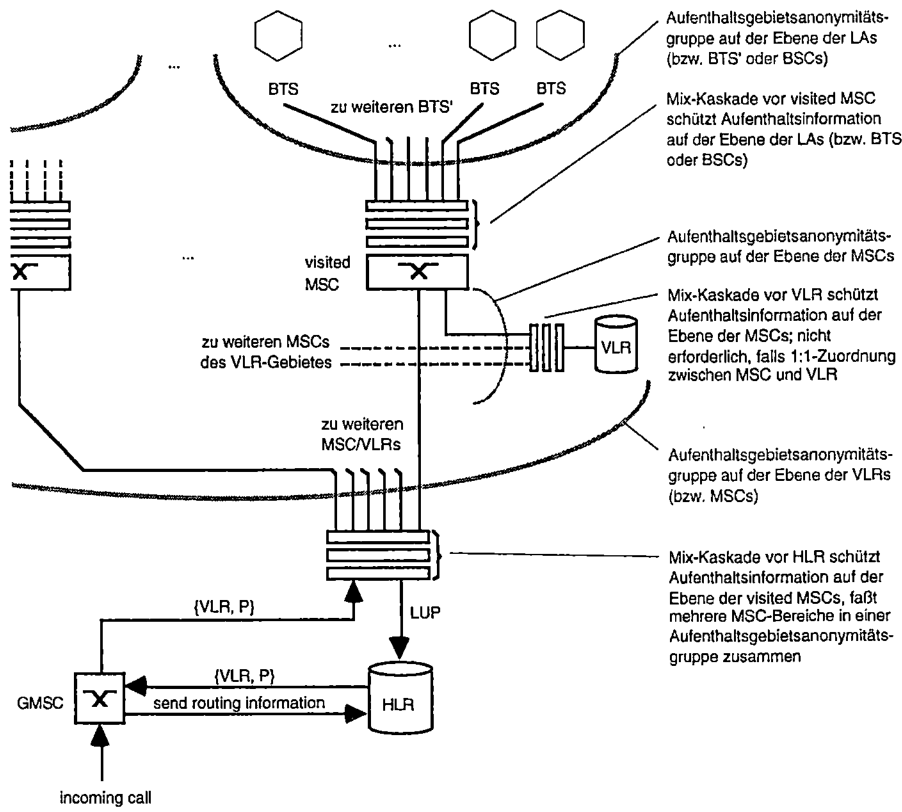

Abb.7-15: Geographische Allokation der Mixe

HLR sinnvoll, um möglichst viele MSC-Areas in der Aufenthaltsgebietsanonymitätsgruppe zu vereinigen.

Beim Mobile Terminated Call Setup ist diese feste Zuordnung eher hin-
derlich. Da das Gateway-MSC (GMSC) den Eintrittspunkt des Rufs vom
A-Teilnehmer in das mobile Netz darstellt, kann es u.U. weit entfernt
vom HLR sein. Im GSM hat das GMSC vom HLR die Routing-Information zum besuchten MSC/VLR in Form der Mobile Subscriber Roaming
Number (MSRN) erhalten und routet den Ruf direkt dorthin. Bei den
Mobilkommunikationsmixen wird der Ruf aber über die Mix-Kaskade
zum besuchten MSC/VLR geroutet, was eine Art Ping-Pong-Effekt be-

wirkt, wenn diese Kaskade zu nah beim HLR ist. Eine andersartige Anordnung der Kaskade wäre zwar hilfreich, gefährdet aber u.U. die Vertraulichkeit des Aufenthaltsorts. Je näher die Kaskade am Aufenthaltsort des mobilen Teilnehmers ist, um so genauere Information besitzt das HLR über seinen aktuellen Aufenthaltsort.

Ein möglicher Ausweg wird im folgenden Abschnitt beschrieben: Dabei übergibt das GMSC die Kontrolle für die Rufweiterleitung an das HLR und über dessen Mix-Kaskade wird der Verbindungswunsch zum Teilnehmer geleitet. Für die eigentliche Gesprächsverbindung zwischen dem Teilnehmer und dem GMSC wird dann vor dem GMSC eine eigene Kaskade benutzt.

7.4.5.5 Signalisierung eines ankommenden Rufs

Abb. 7-16 ergänzt die bereits gemachten Bemerkungen zum Erreichen eines mobilen Teilnehmers. Sie zeigt noch einmal den Signallauf bei der Signalisierung eines ankommenden Rufs konkret und hebt die feste Verbindung der Mix-Kaskaden mit den Registern hervor. Gleichzeitig wurde davon ausgegangen, daß die im GSM übliche feste Zuordnung eines VLRs zu *einem* MSC existiert.

Konkret sieht der zeitliche Ablauf unter Verwendung von unbeobachtbaren Mix-Kanälen folgendermaßen aus (siehe Abb. 7-17):

1. Das HLR erhält einen Verbindungswunsch IAM (enthält MSISDN und CR). Dem Verbindungswunsch ist die Adresse der rufenden Vermittlungsstelle A_{GMSC} und entweder die Kennung des rufenden Teilnehmers (ISDN-SN) oder ein initiales Kanalkennzeichen KZ_{init} (der ISDN-Mixe) beigelegt. Zusätzlich ist ein symmetrischer Schlüssel k_{AB} für die Ende-zu-Ende-Verschlüsselung zwischen den Teilnehmern und ggf. die Weiterschaltung der Kanalkennzeichen beigelegt.

   - mit Schutz des Rufenden: $CR = A_{GMSC}, c_{MS}(KZ_{init}, k_{AB})$.
   - ohne Schutz des Rufenden: $CR = A_{GMSC}, \text{ISDN-SN}, c_{MS}(k_{AB})$.

2. Das HLR liest den Eintrag «MSISDN, {VLR, P}, $s_{MS}(\{VLR, P\})$» aus seiner Datenbank.

3. Das HLR sendet CR, {VLR, P}, $s_{MS}(\{VLR, P\})$ an den ersten Mix von K1.

4. Der erste Mix prüft die Rückadressen auf mehrere Identitäten zur Verhinderung eines $(n\text{-}1)$-Angriffs. Die Mixe kodieren die Nachricht

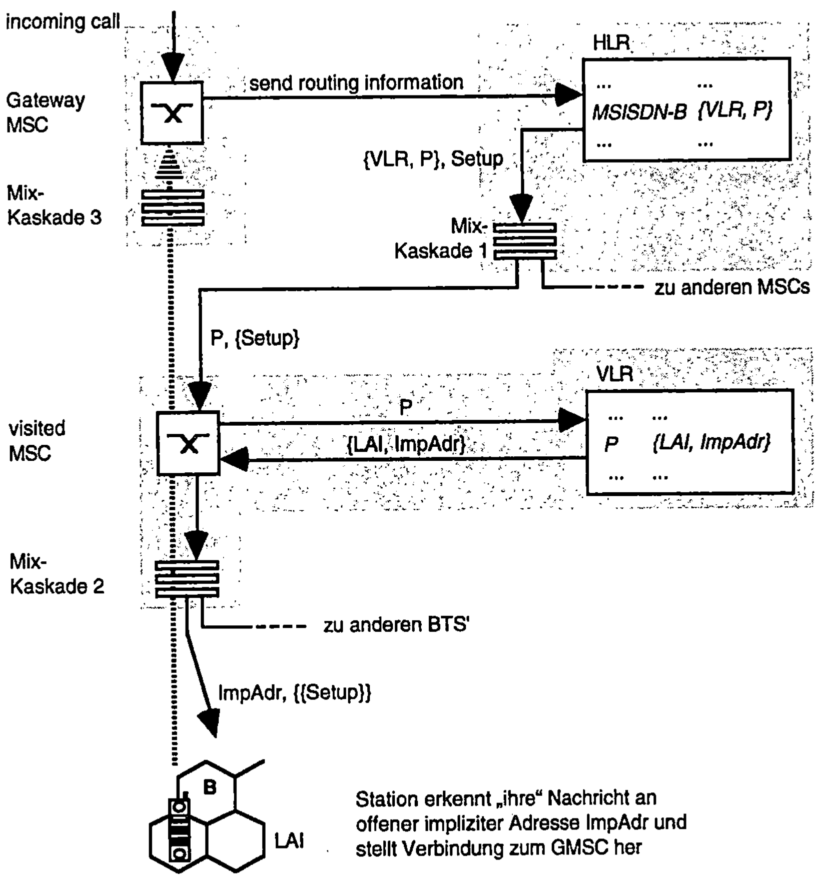

Abb.7-16: MTC Mobilkommunikationsmixe (konkretisiert)

CR um und leiten sie schließlich weiter an das VLR. Das VLR erhält P, $k_{15}(\ldots(k_{11}(CR))\ldots)$.

5. Das VLR liest den Datenbankeintrag «P, {LAI, *ImpAdr*}».

6. Das VLR sendet $k_{15}(...(k_{11}(CR))...)$ mit {LAI, *ImpAdr*} an den ersten Mix von K2.

7. Die Mixe kodieren um zu LAI, *ImpAdr*,
$$k_{25}(...(k_{21}(k_{15}(...(k_{11}(CR))...)))...).$$

8. Im Aufenthaltsgebiet wird der **Paging Request** ausgestrahlt:

   ImpAdr, $k_{25}(...(k_{21}(k_{15}(...(k_{11}(CR))...)))...).$

9. Die Mobilstationen testen alle ausgestrahlten impliziten Adressen und entschlüsseln ggf. die Nachricht *CR*.

10. Die Mobilstation antwortet mit einer **Anonymous Communication Request** Nachricht *ACR*. Mit dieser Nachricht wird ein Mix-Kanal über zwei Kaskaden hinweg (K2 beim VLR und K3 beim GMSC) etabliert. Mit einer Funktion $f(T, k_{AB})=KZ_T$ wird jeweils das nächste Kanalkennzeichen berechnet.

    $$ACR = A_{25}, c_{25}(D_{25}, ... c_{21}(D_{21}, m_{\text{Kaskade3}})...) \text{ mit}$$

    $$m_{\text{Kaskade3}} = A_{35}, c_{35}(D_{35}, ... c_{31}(D_{31}, m_{\text{Setup}})...) \text{ mit}$$

    $$m_{\text{Setup}} = A_{\text{GMSC}}, \text{ISDN-SN}/KZ_T, Bv \text{ und}$$

    $$D_{i,j} = T, k_{i,j} \text{ mit } i=2...3, j=5...1.$$

11. Alle weiteren Nachrichten werden über den Mix-Kanal übermittelt. Dabei gilt (aus der Sicht der Mobilstation):

    * Daten vom rufenden Teilnehmer zur Mobilstation werden durch das Mix-Netz sukzessive mit den symmetrischen Schlüsseln $k_{i,j}$ verschlüsselt. Die Mobilstation entschlüsselt nach Empfang rückwärts mit allen Schlüsseln.

    * Daten von der Mobilstation zum rufenden Teilnehmer verschlüsselt die Mobilstation mit allen symmetrischen Schlüsseln $k_{i,j}$. Die Mixe entschlüsseln die Nachricht sukzessive.

12. In jeder Zeitscheibe T werden die Kanäle mit gleichem Kanalkennzeichen KZ_T miteinander verbunden. Hierzu hat der rufende Teilnehmer ebenfalls einen unbeobachtbaren Kanal zum GMSC aufgebaut und sein Kanalkennzeichen dem GMSC mitgeteilt (Analog Schritt 10 des rufenden Teilnehmers). Falls sich der rufende Teilnehmer nicht schützt, wird der unbeobachtbare Mix-Kanal der Mobilstation mit dem beobachtbaren Kanal des rufenden Teilnehmers verknüpft.

Da alle Nachrichten sowohl in Sende- als auch Empfangsrichtung umkodiert werden, ist keine Verkettung möglich. Den fehlenden Dummy Traffic zwischen der Mobilstation und den Registern gleicht die BTS durch Dummy Traffic aus. Hierzu muß anstatt des Kennzeichens *Bv* (für Bedeutungsvoll) durch die BTS das Kennzeichen *Bl* (Bedeutungslos) in die zu sendende Nachricht hineinkodiert werden. Die anderen Nachrichtenelemente bestehen aus Zufallszahlen. Der Empfänger ignoriert einfach Nachrichten mit dem *Bl*-Flag.

Über eine globale Taktung sollen Kanalwunschnachrichten (inkl. Verbindungswünschen) nur zu bestimmten Zeiten (analog den Zeitscheiben der ISDN-Mixe) gesendet werden, um eine zeitliche Verkettung einzelner Teilnehmeraktionen zu verhindern. Die Länge eines Call Setup-Taktes wird in den Aufwandsbetrachtungen (Abschnitt 7.4.6.3) berechnet.

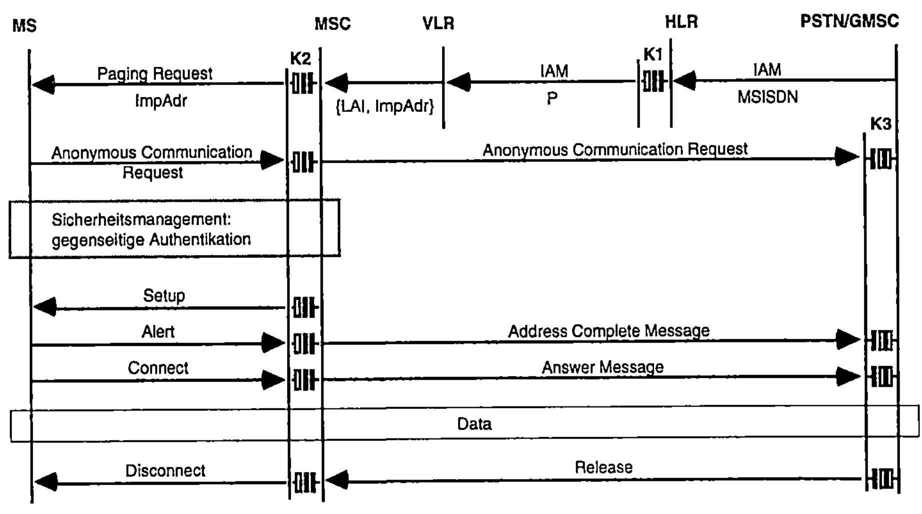

Abb.7-17: MTC Mobilkommunikationsmixe (Protokoll)

Die Protokolldarstellung eines Mobile Terminated Call Setup zeigt, daß nach dem Paging Request durch die Mobilstation ein Anonymous Communication Request abgesetzt wird. Mit dieser Nachricht werden die Mix-Kanäle zum Senden und Empfangen von Nachrichten aufgebaut.

Alle nachfolgenden Nachrichten können dann über diese unbeobachtbaren Kanäle übertragen werden.

7.4.5.6 Signalisierung eines abgehenden Rufs

Die Signalisierung eines abgehenden Rufs beim gestuften pseudonymen Location Management unterscheidet sich nur wenig von der zentralisierten Variante (ohne VLR).

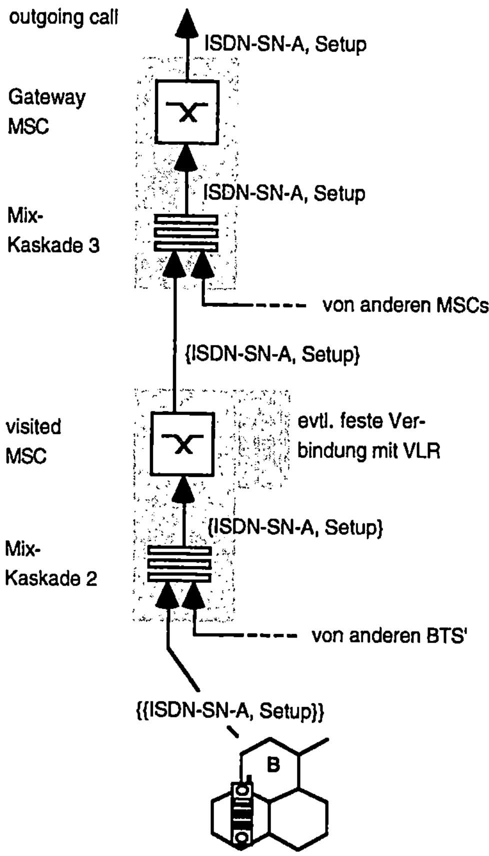

Abb.7-18: MOC Mobilkommunikationsmixe

Der wesentliche Unterschied ist, daß das Gateway-MSC (GMSC) normalerweise nicht direkt angesprochen wird, sondern über das zuständige MSC des Aufenthaltsgebietes.

Folglich ist über zwei Mix-Kaskaden zu schützen:

1. Die Kommunikationsbeziehung zwischen MS und dem besuchten MSC, um vor ihm zu verbergen, woher die Verbindungswunschnachricht stammt.

2. Die Kommunikationsbeziehung zwischen besuchtem MSC und dem GMSC, um vor dem GMSC zu verbergen, von welchem MSC (und damit besuchten MSC-Area) die Nachricht stammt.

Die MS bereitet also die Nachricht entsprechend vor und schickt sie an die Mix-Kaskade 2 (siehe Abb. 7-18). Die Mix-Kaskade 2 ist gemäß den obigen Bemerkungen fest mit dem MSC verbunden. Die Mix-Kaskade 3 kann ebenfalls fest mit dem GMSC verbunden sein, soll aber in jedem Falle viele MSC-Areas unter sich vereinigen, um die geographische Herkunft der Nachricht zu schützen.

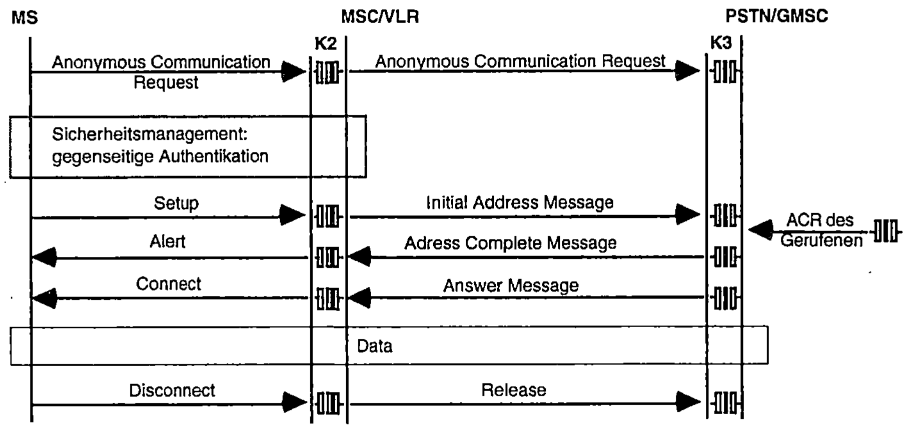

Abb. 7-19: MOC Mobilkommunikationsmixe (Protokoll)

Der zeitliche Ablauf sieht folgendermaßen aus:

1. Die Mobilstation generiert eine Verbindungswunschnachricht

$$CR := \text{ISDN-SN}, c_{\text{ISDN-SN}}(KZ_{init}, k_{AB}).$$

2. Die Mobilstation setzt eine **Anonymous Communication Request** Nachricht *ACR* ab, um ihren Verbindungswunsch *CR* zu signalisieren. Mit dieser Nachricht wird außerdem ein Mix-Kanal etabliert, und zwar über zwei Kaskaden hinweg (K2 beim besuchten MSC und K3 beim GMSC).

$$ACR = A_{25}, c_{25}(D_{25}, \ldots c_{21}(D_{21}, m_{\text{Kaskade3}})\ldots) \text{ mit}$$

$$m_{\text{Kaskade3}} = A_{35}, c_{35}(D_{35}, \ldots c_{31}(D_{31}, m_{\text{Setup}})\ldots) \text{ mit}$$

$$m_{\text{Setup}} = CR, KZ_T, Bv \text{ und}$$

$$D_{i,j} = T, k_{i,j} \text{ mit } i=2\ldots3, j=5\ldots1.$$

3. Der letzte Mix findet die Nummer des gerufenen Teilnehmers (ISDN-SN) und leitet die Nachricht an das zuständige GMSC weiter. Das GMSC leitet die Verbindungswunschnachricht an den gerufenen Teilnehmer weiter. Der Teilnehmer erhält A_{GMSC}, *CR*.

4. Der gerufene Teilnehmer beantwortet den Verbindungswunsch, indem er

   - entweder seinerseits eine unbeobachtbare Verbindung ACR_{ISDN} zum GMSC aufbaut (entspricht bei einem Mobile-Mobile-Call der *ACR*-Nachricht beim MTC),

   - oder die Verbindung ohne Schutz aufbaut und dem GMSC folgende Nachricht übermittelt: A_{GMSC}, ISDN-SN, KZ_T, k_{AB}.

5. In jeder Zeitscheibe T werden die Kanäle mit gleichem Kanalkennzeichen KZ_T miteinander verbunden. Falls sich der gerufene Teilnehmer nicht schützt, werden die beiden unbeobachtbaren Kanäle der Mobilstation mit dem beobachtbaren Sende-/Empfangskanal des gerufenen Teilnehmers verknüpft, indem das GMSC die Kanalkennzeichen $KZ_T=f(T, k_{\text{AB}})$ berechnet (siehe Bemerkungen zum MTC).

7.4.5.7 Gegenseitige Authentikation zwischen mobilen Teilnehmern und Netz

Um die Unbeobachtbarkeit des Aufenthaltsorts eines Teilnehmers zu erhalten, muß ein spezielles Authentikationsprotokoll angewendet werden. Da in der Literatur (z.B. in [GrWo_92, LiHal_95]) die gegenseitige Authentikation zwischen Teilnehmer und Netz gefordert wird, soll hier ein Protokoll dafür angegeben werden. Dies ist etwas aufwendiger, stellt aber einen Mehrwert gegenüber GSM dar, was den höheren Bandbreiteaufwand in jedem Fall rechtfertigt.

Ein Teilnehmer (bzw. seine MS) soll sich authentisieren vor dem Netz, hier speziell vor dem besuchten MSC. Dieses MSC soll jedoch nicht die Identität des Teilnehmers erfahren können, aber trotzdem sicher sein können, daß er berechtigt ist, Dienste in Anspruch zu nehmen. Die Identität des Teilnehmers muß geschützt bleiben, damit das besuchte MSC keine Informationen über den aktuellen Aufenthaltsort von Teilnehmern erhält. Folglich sind die vorhandenen Protokolle des GSM im Verfahren der Mobilkommunikationsmixe nicht einsetzbar.

In den Mobilkommunikationssystemen der dritten Generation sollen in jedem Fall asymmetrische Kryptosysteme eingesetzt werden. Dies löst nicht nur Vertraulichkeitsprobleme bzgl. des Austauschs geheimer Authentikationsparameter (Authentication Sets) zwischen verschiedenen Netzbetreibern, sondern vereinfacht den Austausch von Sitzungsschlüsseln für die Inhaltsdatenverschlüsselung auf der Funkschnittstelle (Verbindungsverschlüsselung). Außerdem unterstützt es die Zurechenbarkeit (korrekte, nicht abstreitbare Rechnungsstellung) von Dienstanforderungen und Dienstnutzung durch digitale Signaturen. Deshalb soll im folgenden von einem asymmetrischen Kryptosystem ausgegangen werden, auf dessen Basis sich Teilnehmer und Netz gegenseitig authentisieren.

Die Authentikation geschieht indirekt in folgenden Schritten (die Zeitstempel Ti werden über eine global einheitliche Zeitbasis bereitgestellt):

1. Die MS sendet eine Anforderung (z.B. LUP, in Abb. 7-20 mit $*$ bezeichnet) an das besuchte MSC und fordert es gleichzeitig auf, sich zu authentisieren (Authentication Request (1) mit *Rand1* als Challenge).

2. Das MSC liefert die Response, um sich gegenüber dem Teilnehmer zu authentisieren (Authentication Response (1) mit der Signatur s_{MSC}(*Rand1*, *T1*) und fordert die MS gleichzeitig auf, sich zu authentisieren (Authentication Request (2) mit *Rand2* als Challenge).

3. Die MS signiert (*Rand2*, *T2*) und bittet sein gebuchtes HLR, die Authentizität der Signatur zu prüfen.

4. Das HLR prüft die Signatur und bildet stellvertretend für die MS die Signatur von (*Rand2*, *T2*). Diese Signatur wird an die MS zurückgesendet. Mit der Signatur des HLR erhält der Teilnehmer Zugang zum Netz, ohne die eigene Identität preisgeben zu müssen.

5. Das HLR übernimmt damit zunächst stellvertretend für die MS die entstehenden Kosten. Im GSM wird bzgl. der Kostenübernahme genauso verfahren, falls das besuchte MSC und das HLR nicht demselben Netzbetreiber angehören. Dies hat jedoch nichts mit der dort angewendeten Form der Authentikation zu tun!

Zum Schutz des Aufenthaltsortes sendet und empfängt die MS die Nachrichten über Mixe. Zwischen MS und MSC kommt hierzu das bereits beschriebene Verfahren mit Sende- und Empfangskanälen zum Einsatz.

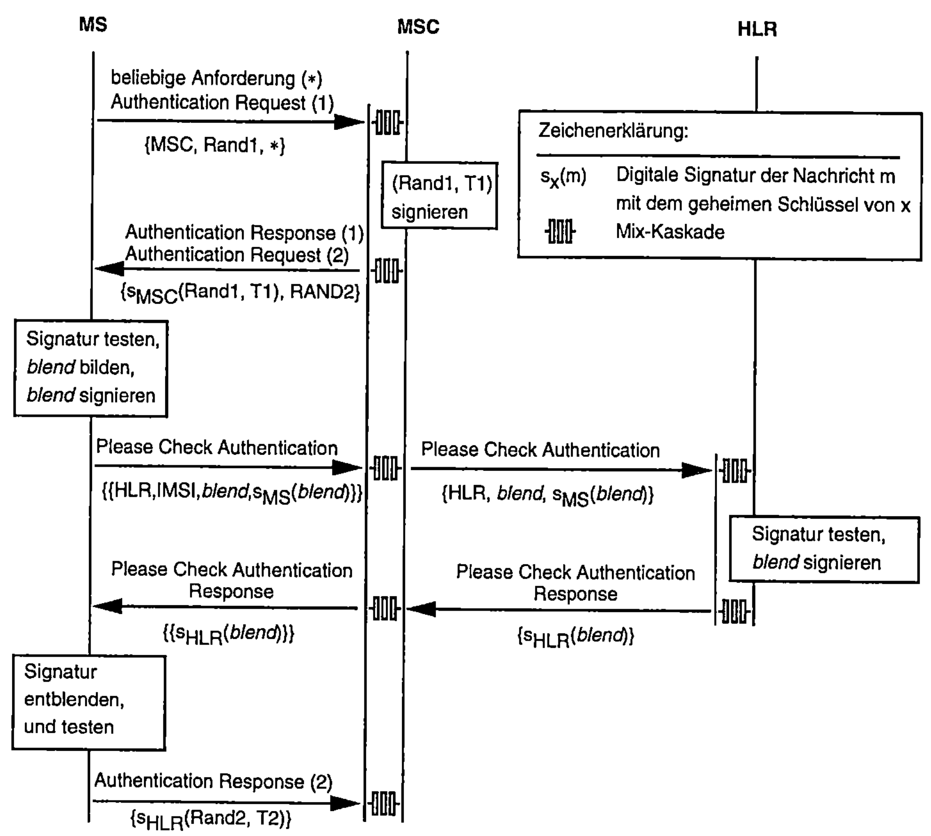

Abb.7-20: Gegenseitige Authentikation

Da dem MSC nicht vertraut werden soll, muß die MS das besuchte MSC zwingen, die zum HLR zu sendenden Nachrichten (Please Check Authentication) über Mixe zu senden, um das Aufenthaltsgebiet (MSC Area) vor dem HLR zu verbergen. Hierzu bereitet die MS eine Nachricht Please Check Authentication vor, die die Challenge des MSC, also *Rand2*, und die eigene Response-Nachricht, also $s_{MS}(Rand2, T2)$, enthält. Das HLR teilt der MS das Authentication Result (im erfolgreichen Fall in Form der Signatur $s_{HLR}(Rand2, T2)$ über einen etablierten Mix-Kanal mit. Schließlich wird dem MSC die Authentication Response (2) in Form der Signatur $s_{HLR}(Rand2, T2)$ übergeben. Auf diese Weise muß der Teilnehmer dem MSC keine Informationen über seine Identität preisgeben.

Beim hier beschriebenen Protokoll tritt aber noch ein Problem auf: Wenn MSC und HLR zusammenarbeiten, können sie leicht vergleichen, für welche Teilnehmer das HLR welche Signaturen geleistet hat und damit den aktuellen Aufenthaltsort ermitteln, da ja das MSC an einen Ort gebunden ist. Dies wird durch die Anwendung sog. blinder Signaturen [Chau1_83, Cha8_85] behoben. Die folgende Darstellung der blinden Signatur bezieht sich auf das RSA-System [RSA_78]:

Die MS blendet die zu signierende Nachricht *Rand2, T2* mit einer Zufallszahl z, indem sie

$$blend := (Rand2, T2) \bullet z^{t_{HLR}} \bmod n$$

bildet. So erfährt das HLR nichts über *Rand2*. Dann signiert die MS *blend* in der üblichen Weise $s_{MS}(blend)$. An das HLR wird nun *blend* und $s_{MS}(blend)$ über die Mixe geschützt gesendet. Das HLR kann die Signatur der MS prüfen und signiert im Gegenzug *blend*:

$$s_{HLR}(blend) = blend^{s_{HLR}} \bmod n.$$

$s_{HLR}(blend)$ wird an die MS zurückgesendet. Es gilt:

$$s_{HLR}(blend) = \left((Rand2, T2) \bullet z^{t_{HLR}}\right)^{s_{HLR}} \bmod n$$

$$= (Rand2, T2)^{s_{HLR}} \bullet \left(z^{t_{HLR}}\right)^{s_{HLR}} \bmod n$$

$$= (Rand2, T2)^{s_{HLR}} \bullet z \bmod n$$

Durch Entblendung mit z^{-1} kann die MS nun die Signatur von *(Rand2, T2)* erhalten, die sie als Authentikator an das MSC sendet:

$$s_{\text{HLR}}(blend) \bullet z^{-1} = (Rand2, T2)^{s_{\text{HLR}}} \bullet z \bullet z^{-1} \quad \mod n$$

$$s_{\text{HLR}}(Rand2, T2) = (Rand2, T2)^{s_{\text{HLR}}} \quad \mod n.$$

7.4.6 Aufwandsbetrachtungen

7.4.6.1 Nachrichtenlängen auf der Funkschnittstelle

Für die Beurteilung der Mobilkommunikationsmixe sind insbesondere die auf der Funkschnittstelle übertragenen Daten interessant. Deshalb soll ein Vergleich zwischen GSM und dem vorgestellten Verfahren erfolgen.

Als Randbedingungen gelten:

- Bei symmetrischen Verschlüsselungsverfahren werden längentreue Systeme zugrunde gelegt. Längentreue bedeutet, daß keine Expansion des Schlüsseltextes gegenüber dem Klartext auftritt. Außerdem soll angenommen werden, daß das symmetrische System der Mix-Kanäle eine nicht selbstsynchronisierende Stromchiffre ist. Nicht selbstsynchronisierende Stromchiffren führen bereits bei Änderung eines Bits im Schlüsseltextstrom zu einer Fehlerfortpflanzung in alle weiteren übertragenen Bits. Auf diese Weise kann kein Replay von Daten auf den Mix-Kanälen erfolgen.

- Es wird ein hybrides Mix-Schema verwendet, bei dem der erste Block .asymmetrisch verschlüsselt wird und ggf. einen symmetrischen Schlüssel enthält. Falls die zu mixende Nachricht die Blocklänge des asymmetrischen Kryptosystems überschreitet, wird der Rest der Nachricht mit einem symmetrischen Kryptosystem verschlüsselt.

  - Länge einer hybrid verschlüsselten Nachricht m:

  $$\max\left(b_{asym}, |m| + s_{sym}\right)$$

  Es wird hierbei angenommen, daß im asymmetrischen Block stets eine Zufallszahl der Länge s_{sym} untergebracht wird, um eine indeterministische Verschlüsselung zu erreichen. Im Fall $|m| + s_{sym} >$

b_{asym} wird diese Zufallszahl als symmetrischer Schlüssel verwendet.

– Länge der Eingabenachricht einer Kaskade $K_i = (M_{i,1}, \dots M_{i,n_i})$:

$$\left|A_{i,n_i}\right| + \sum_{j=2}^{n_i}\left(\left\|D_{i,j}\right\|\right) + (n_i - 1) \cdot s_{sym} + \max\left(b_{asym}, \left|D_{i,1}\right| + |m| + s_{sym}\right)$$

m ist die zu mixende Nachricht.

n_i ist die Anzahl der Mixe der Kaskade i.

$D_{i,j}$ sind zusätzliche Informationen an die Mixe, z.B. die $k_{i,j}$.

Die hier angegebene Formel entspricht inhaltlich der in [PfPW1_89], allerdings wurde die Zählrichtung der Mixe umgekehrt und die Adresse des ersten Mixes der Kaskade hinzugenommen.

- Die Mixe sind kaskadiert (feste Zuordnung benachbarter Mixe). Die Adreßinformation innerhalb der Kaskade wird so eingespart. Jede Mix-Kaskade K_i besteht für die Berechnung der Nachrichtenlängen aus n_i=5 Mixen.

- Die Mixe merken sich die Zuordnung zwischen einem Ein- und Ausgabekanal und bilden so einen Mix-Kanal. Ein solcher Mix-Kanal wird durch die Nachricht *Anonymous Communication Request* (*ACR*) etabliert.

- Ein Mix-Kanal wird nach einer vorgegebenen Zeit abgebaut (Taktung, Prinzip der Zeitscheibenkanäle analog [PfPW1_89]). Die Taktung ist global synchronisiert (Verhinderung der zeitlichen Verkettbarkeit von Teilnehmeraktionen).

- Zwischen Mobilstation und erstem Mix wird im Gegensatz zu [PfPW1_89] kein symmetrisches Kryptosystem verwendet, sondern standardmäßig das asymmetrische Verfahren des ersten Mixes, da sich durch die Teilnehmerbewegungen stets die Zuordnung Mobilstation–Mix ändert. Der Austausch symmetrischer Schlüssel wäre deshalb sehr aufwendig.

- Soweit möglich, werden Signalisiernachrichten zusammengefaßt. Dies geschieht insbesondere bei der gegenseitigen Authentikation.

Bewertet wird das Verfahren der Mobilkommunikationsmixe bei zweistufiger Speicherung von Lokalisierungsinformation analog GSM. Es sollen die für das Location Management relevanten Fälle Mobile Terminated Call (MTC, siehe auch Abschnitt 7.4.5.5) und Location Update (LUP, siehe auch Abschnitt 7.4.5.3) betrachtet werden.

Parameter	Länge in Bit	Bemerkung
b_{asym}	660	Blocklänge (Modulus) der asymmetrischen Kryptosysteme (analog [PfPW1_89])
s_{sym}	128	Länge symmetrischer Schlüssel (analog [PfPW1_89])
s_{MS}	200	Länge einer digitalen Signatur (nicht RSA), angewendet bei Signatur von {VLR, P}; Beachte: Bei RSA ist $s_{MS}=b_{asym}$, wird angewendet bei Authentikation
ImpAdr	32	Implizite Adresse beim Paging
P	32	Pseudonym für Registerverkettung
RIL3-Header	16	Länge des Nachrichtenkopfs einer Nachricht des Radio Interface Layer 3 des GSM
LAI	48	Location Area Identification
MSISDN, IMSI	60	Mobilfunkidentitäten
Bv/BI	1	Flag für bedeutungsvolle/bedeutungslose Nachricht
Rand	128	Zufallszahl für Authentikation
A	14	Adresse eines MSC, Registers oder Mixes[13] (analog [BGGH_95])
T	30	Zeitscheibennummer/Zeitstempel (analog [PfPW1_89])
KZ	128	Kanalkennzeichen (analog [PfPW1_89])

Tab.7-6: Parameterlängen bei den Mobilkommunikationsmixen

Die Länge wichtiger Parameter ist in Tab. 7-6 angegeben. Die in den folgenden Abschnitten aufgeführten Zahlen für die Nachrichtenlängen auf der Funkschnittstelle im GSM wurden aus [Müll_97, S.56ff] bzw. [GSM_04.08] entnommen. Abb. 7-21 zeigt die drei Prozeduren MTC, LUP und MOC auf einen Blick. MTC und LUP werden im folgenden näher betrachtet.

Mobile Terminated Call Setup

Die Tab. 7-7 gibt die Nachrichtenlängen beim Mobile Terminated Call Setup sowohl für GSM (Vergleichswert) als auch für die Mobilkommuni-

---

[13] Das Hineinkodieren von Adreßinformation entfällt innerhalb der Mix-Kaskade.

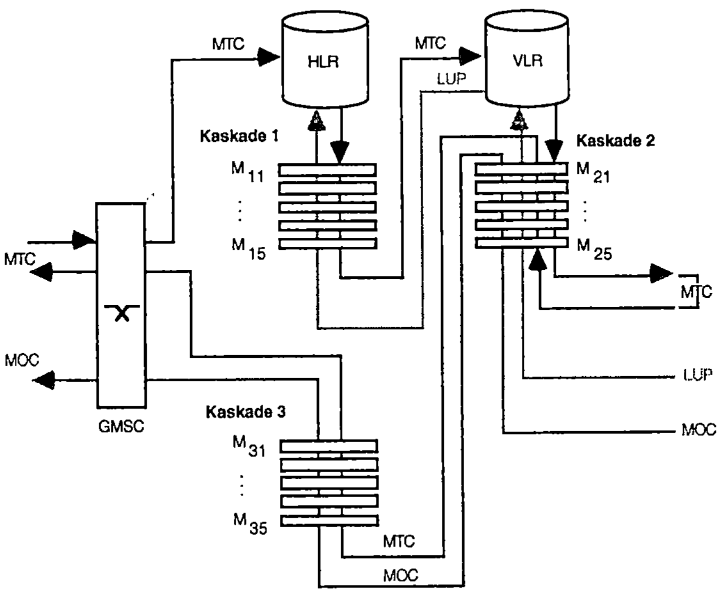

Abb.7-21: MTC, MOC und LUP auf einen Blick

kationsmixe an. Zum besseren Verständnis der Zahlen sollen folgende Erläuterungen dienen:

- *GSM:* Die Paging Response Nachricht wird nicht betrachtet, da sie implizit mit der nachfolgenden Kanalanforderung (Immediate Assignment Prozedur) erfolgt. Die Zahlen wurden [Müll_97] entnommen. Eine Aufschlüsselung der Nachrichten Paging Request und Setup findet man in Abschnitt 7.3.2.

- *Mobilkommunikationsmixe:* Der Anonymous Communication Request (*ACR*) wird als implizite Paging Response und gleichzeitig als Kanalanforderung definiert. Außerdem erfolgt mit *ACR* das Setup zum gerufenen Teilnehmer. Alerting und Connect werden mit der längentreuen symmetrischen Chiffre des Mix-Kanals bearbeitet. Daher entsteht auch keine Expansion gegenüber GSM. Es wird der Fall betrachtet, daß sich auch der rufende Teilnehmer schützt (Verwendung eines Kanalkennzeichens beim Ruf). Es werden Zahlen für die Nachrichtenlänge mit und ohne gegenseitige Authentikation berechnet.

Dies erleichtert die Vergleichbarkeit der Verfahren bzgl. des Schutzes des Aufenthaltsorts, da die Nachrichtenlänge durch die gegenseitige Authentikation mittels asymmetrischer Kryptosysteme noch einmal deutlich wächst.

		GSM	Mobilkommunikationsmixe
Gesamtlänge MTC [Bit]		**1728...2968**	**3624...8008**
$\downarrow$	Paging Request	64...176	722...850
$\downarrow$	Authentication Request (MS vor Netz)	≥ 144	in Paging Request enthalten
$\uparrow$	Anonymous Communication Request (*ACR*)	–	2126...4450
$\uparrow$	Please Check Authentication	–	in *ACR* enthalten
$\downarrow$	Please Check Authentication Response	–	0...660
$\uparrow$	Authentication Request (Netz vor MS)	–	in *ACR* enthalten
$\downarrow$	Authentication Response (Netz vor MS)	–	0...660
$\uparrow$	Authentication Response (MS vor Netz)	≥ 48	48...660
$\downarrow$	Setup	328...1456	–
$\uparrow$	Alert	280	*
$\uparrow$	Connect	448	*
$\downarrow$	Disconnect	416	[14] 0

Sterne * bedeuten, daß der Zahlenwert dem GSM-Referenzwert entspricht, also nicht verändert wurde. Striche – bedeuten, daß die Nachricht nicht verwendet wird. Pfeile nach unten $\downarrow$ bedeuten Senden auf Downlink. Pfeile nach oben $\uparrow$ bedeuten Senden auf Uplink. Alle Nachrichten enthalten 16 Bit für den RIL3-Nachrichtenkopf. Alle Werte sind in Bit angegeben.

Tab.7-7: Mobile Terminated Call Setup: Nachrichtenlängen

- *Paging Information*:
  - Aufbau inkl. Authentication Request (MS vor Netz):

    $ImpAdr, k_{25}(...k_{21}(Rand2, k_{15}(...k_{12}(k_{11}(A_{\text{GMSC}}, c_{\text{MS}}(KZ_{init}, k_{\text{AB}})))...))...)$

  - Länge:

    $B_{\text{PG}} = \text{RIL3-Header} + |ImpAdr| + |Rand2| + |A_{\text{GMSC}}| + |c_{\text{MS}}(KZ_{init}, k_{\text{AB}})|$

    $B_{\text{PG}} = 16+32+128+14+\max(660, 128+128+128)$

    $B_{\text{PG}} = \underline{850 \text{ Bit}}$ (Die symmetrische Verschlüsselung ist längentreu!)

  - Aufbau und Länge ohne Authentikation:

    $ImpAdr, k_{25}(...k_{21}(k_{15}(...k_{12}(k_{11}(A_{\text{GMSC}}, c_{\text{MS}}(KZ_{init}, k_{\text{AB}})))...))...)$

---

[14] Disconnect entfällt, da Zeitscheibenkanäle nach einer definierten Zeit (Zeitscheibenlänge) automatisch abgebaut werden.

- Länge:

B_{PG} = RIL3-Header+$|ImpAdr|$ + $|A_{GMSC}|$ + $|c_{MS}(KZ_{init}, k_{AB})|$

B_{PG} = 16+32+14+max(660, 128+128+128)

B_{PG} = <u>722 Bit</u>

- *Anonymous Communication Request* inkl. *Please Check Authentication* und *Authentication Request* (Netz vor MS):

  - Aufbau:

    $A_{25}, c_{25}(D_{25}, \ldots c_{21}(D_{21}, m_{\text{Kaskade1}}, m_{\text{Kaskade3}}, m_{\text{AuthRequ}})\ldots)$ mit

    $m_{\text{Kaskade1}} = A_{15}, c_{15}(D_{15}, \ldots c_{11}(D_{11}, m_{\text{PleaseCheckAuth}})\ldots)$

    $m_{\text{Kaskade3}} = A_{35}, c_{35}(D_{35}, \ldots c_{31}(D_{31}, m_{\text{Setup}})\ldots)$

    $D_{i,j} = T, k_{i,j}$ mit $i=1\ldots3, j=5\ldots1$ Länge jedoch nur $|T|$=30 Bit[15]

    $m_{\text{AuthRequ}} = Rand1$ Länge: 128 Bit

    $m_{\text{PleaseCheckAuth}}$ = IMSI, *blend*, $s_{MS}(blend)$

                     Länge: 72+660+660=1392 Bit

    $m_{\text{Setup}} = A_{GMSC}, KZ_T, Bv$ Länge: 14+128+1=143 Bit

  - Es wird jeweils nur die Kaskade adressiert (durch die Adresse des ersten zu durchlaufenden Mixes der Kaskaden, also A_{25} bzw. A_{35}).

  - Länge der Eingabenachricht der Kaskade 1 (Zweig für Authentikation, zum HLR):

    $|m_{\text{Kaskade1}}|$ = 14+(4·30)+(4·128)+max(660, 30+1392+128) = 2196 Bit

  - Länge der Eingabenachricht der Kaskade 3 (Zweig für Setup, zum GMSC):

    $|m_{\text{Kaskade3}}|$ = 14+(4·30)+(4·128)+max(660, 30+143+128) = 1306 Bit

  - Gesamtlänge (Eingabenachricht Kaskade 2) mit Authentikation:

    B_{ACR} = RIL3-Header+14+(4·30)+(4·128)+max(660, 30 + $|m_{\text{Kaskade1}}|$ + $|m_{\text{Kaskade3}}|$ + $|m_{\text{AuthRequ}}|$ + 128)

    B_{ACR} = 16+14+(4·30)+(4·128)+max(660, 30+2196+1306+128+128)

    B_{ACR} = <u>4450 Bit</u>

  - Gesamtlänge (Eingabenachricht Kaskade 2) ohne Authentikation:

    B_{ACR} = RIL3-Header+14+(4·30)+(4·128)+max(660, 30+$|m_{\text{Kaskade3}}|$+128)

---

[15] Die Länge der D_{ij} ergibt sich lediglich aus der Länge von T, da der symmetrische Schlüssel bereits für die hybride Verschlüsselung gezählt wurde (analog [PfPW1_89]).

$$B_{ACR} = 16+14+(4\cdot30)+(4\cdot128)+\max(660, 30+1306+128)$$

$$B_{ACR} = \underline{2126\ Bit}$$

- *Please Check Authentication Response*:
  - Aufbau: $k_{25}(...k_{21}(k_{15}(...k_{12}(k_{11}(s_{HLR}(blend)))...))...)$
  - Länge: (Die symmetrische Verschlüsselung ist längentreu.)
    $|s_{HLR}(blend)| = \underline{660\ Bit}$
- *Authentication Response* (Netz vor MS):
  - Aufbau: $k_{25}(...k_{21}(s_{MSC}(Rand1,\ T1))...)$
  - Länge: (Die symmetrische Verschlüsselung ist längentreu.)
    $|s_{MSC}(Rand1,\ T1)| = \underline{660\ Bit}$
- *Authentication Response* (MS vor Netz):
  - Aufbau: $k_{25}(...k_{21}(s_{HLR}(Rand2,\ T2))...)$
  - Länge: (Die symmetrische Verschlüsselung ist längentreu.)
    $|s_{MSC}(Rand2,\ T2)| = \underline{660\ Bit}$

Location Update und Location Registration

Die folgende Tabelle gibt die Nachrichtenlängen beim Location Update sowohl für GSM (Vergleichswert) als auch für die Mobilkommunikationsmixe an. Erläuterungen zu den Zahlen findet man nach der Tabelle.

	GSM	Mobilkommunikationsmixe
Gesamtlänge LUP [Bit]	**216...328**	**2221...4502**
↑ Location Updating Request	120...176	2197...4478
↓ Location Updating Accept	96...152	24
• RIL3-Nachrichtenkopf	16	*
• RIL3-Informationselemente	80...136	8
– Location Area Identification (LAI)	48	0
– Mobile Identity	24...80	0
– Follow on Proceed	8	*

Sterne * bedeuten, daß der Zahlenwert dem GSM-Referenzwert entspricht, also nicht verändert wurde. Striche – bedeuten, daß die Nachricht nicht verwendet wird. Pfeile nach unten ↓ bedeuten Senden auf Downlink. Pfeile nach oben ↑ bedeuten Senden auf Uplink. Alle Nachrichten enthalten 16 Bit für den RIL3-Nachrichtenkopf. Alle Werte sind in Bit angegeben.

Tab.7-8: Location Update: Nachrichtenlängen

Erläuterungen:

- *GSM:* Die Zahlen wurden [Müll_97] entnommen. Authentikation wird nicht mit betrachtet. Eine Aufschlüsselung der Location Updating Request Nachricht findet sich in Abschnitt 7.3.2.

- *Mobilkommunikationsmixe:* Authentikation wird nicht mit betrachtet. Der obere Wert entspricht einem Update sowohl des HLR als auch des VLR, der untere Wert einem VLR-Update (Änderung der LAI ohne Wechsel des VLR-Area).

- *Anonyme Rückadressen:*
  - Aufbau:

    $\{\text{LAI, } \textit{ImpAdr}\} = A_{21}, c_{21}(D_{21}, \ldots c_{25}(D_{25}, \text{LAI, } \textit{ImpAdr})\ldots)$

    $\{\text{VLR, } P\} = A_{11}, c_{11}(D_{11}, \ldots c_{15}(D_{15}, A_{\text{VLR}}, P)\ldots)$

    $D_{i,j} = k_{i,j}$ mit $i=1\ldots2, j=5\ldots1$

    Länge: 0 Bit wegen hybridem Mix-Schema

  - Länge:

    $|\{\text{LAI, } \textit{ImpAdr}\}| = 14+(4\cdot0)+(4\cdot128)+\max(660, 0+48+32+128)=\underline{\underline{1186 \text{ Bit}}}$

    $|\{\text{VLR, } P\}| = 14+(4\cdot0)+(4\cdot128)+\max(660, 0+14+32+128)=\underline{\underline{1186 \text{ Bit}}}$

- *Location Updating Request Nachricht:*
  - Aufbau:

    $A_{25}, c_{25}(D_{25}, \ldots c_{21}(D_{21}, m_{\text{Kaskade1}}, m_{\text{VLR}})\ldots)$ mit

    $m_{\text{Kaskade1}} = A_{15}, c_{15}(D_{15}, \ldots c_{11}(D_{11}, m_{\text{HLR}})\ldots)$

    $m_{\text{VLR}} = c_{\text{VLR}}(T, Bv, «P, \{\text{LAI, } \textit{ImpAdr}\}»)$

    Länge: $\max(660, 30+1+32+1186+128)=1377$ Bit

    $m_{\text{HLR}} = k_{\text{HLR}}(T, Bv, «\text{MSISDN}, \{\text{VLR, } P\}, s_{\text{MS}}(\{\text{VLR, } P\})»)$

    Länge: $30+1+60+1186+200=1477$ Bit

    $D_{i,j} = T, k_{i,j}$ mit $i=1\ldots2, j=5\ldots1$ Länge jedoch nur $|T|=30$ Bit

  - Länge der Eingabenachricht der Kaskade 1 (Zweig für HLR-Update):

    $|m_{\text{Kaskade1}}| = 14+(4\cdot30)+(4\cdot128)+\max(660, 30+1477+128) = 2281$ Bit

  - Gesamtlänge der LUP-Nachricht, HLR- und VLR-Update:

    $B_{\text{LUP}} = \text{RIL3-Header}+14+(4\cdot30)+(4\cdot128)+\max(660, 30 + |m_{\text{Kaskade1}}| + |m_{\text{VLR}}| + 128)$

$$B_{LUP} = 16+14+(4\cdot30)+(4\cdot128)+\max(660, 30+2281+1377+128)$$

$$B_{LUP} = \underline{4478 \text{ Bit}}$$

- Gesamtlänge der LUP-Nachricht, nur VLR-Update: $m_{Kaskade1}=0$

$$B_{LUP} = \text{RIL3-Header}+14+(4\cdot30)+(4\cdot128)+\max(660, 30+|m_{VLR}|+128)$$

$$B_{LUP} = 16+14+(4\cdot30)+(4\cdot128)+\max(660, 30+1377+128)$$

$$B_{LUP} = \underline{2197 \text{ Bit}}$$

Zusammenfassung

Die folgende Tabelle stellt noch einmal die ermittelten Werte für die Nachrichtenlängen gegenüber.

Nachrichtenlängen in Bit	GSM	Mobilkommunikationsmixe mit 2 Mix-Kaskaden mit je 5 Mixen und 2 Registern
MTC, Authentikation	1728...2968	3624...8008
LUP	216...324	2221...4502

Tab.7-9: Vergleich der Nachrichtenlängen für MTC und LUP

Die Nachrichtenexpansion der Mobilkommunikationsmixe gegenüber GSM ist erheblich. Selbst im günstigsten Fall (maximale Nachrichtenlänge im GSM und minimale Nachrichtenlänge bei den Mobilkommunikationsmixen) expandiert die Nachrichtenlänge um den Faktor 1,2 bei MTC und sogar um den Faktor 6,8 für LUP. Ohne eine Veränderung der Kanalstruktur wären die Signalisierkanäle des GSM deshalb mit den Mobilkommunikationsmixen überlastet. Die weiteren Betrachtungen gehen darauf näher ein.

7.4.6.2 Kanalkapazität des Paging Channel

Eintreffende Verbindungswünsche (Mobile Terminated Calls) werden der Mobilstation mit einem Paging Request übermittelt. Hierfür wird der Paging Channel (PCH, unidirektionaler Downlink-Kanal mit $b_{PCH} = 0,782$ kbit/s) verwendet. Die Länge B_{PG} einer Paging-Nachricht bei den Mobilkommunikationsmixen variiert zwischen 722 und 850 Bit, je nachdem, ob die Challenge für die Authentikation der Mobilstation vor dem

Netz bereits in der Paging-Nachricht gesendet wird oder nicht. Im GSM ist für den Authentication Request eine eigene Nachricht vorgesehen. Theoretisch können also

$$\mu_{PG} = \frac{b_{PCH}}{B_{PG}}$$

Paging-Nachrichten pro Zeiteinheit ausgesendet werden, also zwischen 3312 und 3899 pro Stunde bei den Mobilkommunikationsmixen. Dies ist nicht genügend, um das erwartete Verkehrsverhalten der Teilnehmer zu befriedigen. Die folgende Abschätzung soll dies zeigen:

Die derzeitige Kanalstruktur des GSM erlaubt größenordnungsmäßig etwa 960 simultane Gespräche im gesamten Frequenzband[16]. Bei einer orthogonalen Aufteilung des Spektrums in 7 Frequenzgruppen[17] fallen damit auf eine Zelle etwa 960:7=137 simultane Gespräche pro Zelle. Bei N_{LA}=3 Zellen pro Location Area und einer angenommenen mittleren Gesprächsdauer von 1,5 min pro Gespräch [FuBr_94, S.1455] müssen folglich 3·137:1,5·60 = 16.440 Verbindungswünsche pro Stunde ausgesendet werden können.

Als Ausweg kommt daher nur die Vergrößerung der Kanalkapazität des PCH in Frage. Bei μ_{PG}=16.500 h^{-1} und B_{PG}=722...850 Bit werden somit auf dem PCH 3,3 bis 3,9 kbit/s benötigt. Dies ist weniger als die halbe Bitrate eines TCH/FD (9,6 kbit/s). Es wird daher vorgeschlagen, wenigstens einen TCH/HD von den zur Verfügung stehenden Verkehrskanälen abzuziehen, um damit den PCH auf entsprechende 4,8 kbit/s zu vergrößern. Damit geht pro Zelle ein TCH für Gespräche bzw. Daten dauerhaft verloren, bei 137 Gesprächen pro Zelle ein Verlust von weniger als 1 %.

Ein Wert von μ_{PG}=16.500 h^{-1} bedeutet jedoch nicht, daß die gleiche Anzahl an Teilnehmern pro Location Area versorgbar ist. Bei einer Auslastung des PCH von 100 % muß $\lambda_{PG} = \mu_{PG} = 16.500$ h^{-1} sein.

Die durchschnittliche Ankunftsrate von Paging-Nachrichten λ_{PG} hängt linear von der durchschnittlichen Ankunftsrate für eintreffende Verbin-

---

[16] Das GSM besitzt 124 Radiokanäle für Uplink und Downlink. Jeder Radiokanal enthält jeweils 8 TDMA-Kanäle. Jeder TDMA-Kanal kann ein Gespräch aufnehmen (Fullrate). Es sind also 124·8=992 Sprachkanäle realisierbar, abzüglich verschiedener Kanäle für die Signalisierung.

[17] Benachbarte Zellen dürfen nur unterschiedliche Sendefrequenzen benutzen.

dungswünsche λ_{MTC} (Ankunftsrate für MTC) und weiteren Parametern ab. In [FuBr_94] wird für die durchschnittliche Rate von Paging Requests pro Teilnehmer

$$\lambda_{PG} = \lambda_{MTC} \cdot c \quad \text{mit} \quad c = \left(NPM \cdot (N_{LA} - 1) + 1 + \frac{(F-1) \cdot P_{NRC}}{1 + P_{NRC} + P_{NOANS}} \right)$$

angegeben. Die Bedeutung der einzelnen Parameter und die im Mobilitätsmodell von [FuBr_94] angegebene Belegung ist

NPM Anzahl von Paging Requests für eine Mobilstation, die sich in einer anderen Zelle des Location Area aufhält; $NPM=2$

N_{LA} Anzahl der Funkzellen pro Location Area (LA); $N_{LA}=3$

F Maximale Anzahl von ausgestrahlten Paging Requests pro Teilnehmer und Verbindungswunsch in der besuchten Zelle; $F=2$

P_{NRC} Wahrscheinlichkeit für Funkstörung während des Paging Requests; $P_{NRC}=0,6$

P_{NOANS} Wahrscheinlichkeit, daß eine Mobilstation auf ihren Paging Request nicht antwortet; $P_{NOANS}=0,3$.

Mit den angegebenen Werten ergibt sich c=5,32. Für *n* Teilnehmer eines Location Areas ergibt sich

$$\lambda_{PG} = n \cdot \lambda_{MTC} \cdot c.$$

Mit $\lambda_{PG} = \mu_{PG} = 16.500$ h^{-1} und einem typischen Wert von $\lambda_{MTC} = 0,4$ h^{-1} [FuBr_94, S.1454] ergibt sich für diesen Zeitraum eine maximale Teilnehmerzahl pro Location Area von $n=7753$.

7.4.6.3 Minimale Dauer eines Systemtaktes bei Call Setup

Wie bereits erläutert, muß das Kommunikationssystem global getaktet sein. Dies ist nötig, damit durch den Beginn und das Ende von Kommunikationswünschen und Signalisierungen die Unbeobachtbarkeit nicht aufgehoben wird. Die eintreffenden Nachrichten werden zu Beginn des nächsten Systemtaktes vom Netz gemeinsam bearbeitet. Auf diese Weise sollen viele Nachrichten von vielen Teilnehmern zusammenfallen. Außerdem sollen die Teilnehmer, die nichts zu senden haben, von echten

Nachrichten nicht unterscheidbare Leernachrichten senden (Dummy Traffic). Beides dient der Unbeobachtbarkeit von Teilnehmern.

Die Dauer ΔT des Systemtaktes (Zeitscheibe) beeinflußt jedoch die Verzögerung des Verbindungsaufbaus. Im Mittel wird jede Nachricht um $0{,}5 \cdot \Delta T$ verzögert. Aus der Sicht der maximalen Leistungsfähigkeit (oder spezieller minimalen Verzögerungszeit) des Verfahrens soll daher die minimale Dauer eines Systemtaktes ermittelt werden.

Die Dauer ΔT einer Zeitscheibe in den Mobilkommunikationsmixen ergibt sich aus

$$\Delta T \geq \frac{|\text{Kanalaufbaunachricht}| \quad [\text{Bit}]}{\text{Bitrate des Signalisierkanals} \ [\text{bit/s}]}.$$

Für den Rufaufbau (Call Setup-Takt) bestimmt die Kanalaufbaunachricht *ACR* (Anonymous Communication Request) die Länge des Taktes. Die restlichen Nachrichten einschließlich der Nutzdaten werden dann über einen zugewiesenen Verkehrskanal (bzw. einen assoziierten Steuerkanal) übermittelt. Die *ACR*-Nachricht ist 2126...4450 Bit lang.

Sowohl Mobile Terminated Calls (MTC) als auch Mobile Originated Calls (MOC) bauen bei den Mobilkommunikationsmixen ihren unbeobachtbaren Kanal mittels *ACR*-Nachricht auf, weshalb hier keine Unterscheidung nach MTC und MOC gemacht werden muß. Auch müssen keine zwei *ACR*-Nachrichten (getrennt für MTC und MOC) gesendet werden, da der unbeobachtbare Kanal im Duplexbetrieb arbeitet und *ACR* stets von der Mobilstation gesendet wird.

Im GSM existiert zur Signalisierung von Verbindungswünschen (Mobile Originated) und Location Updates auf der Funkschnittstelle der Stand-Alone Dedicated Control Channel (SDCCH, 0,782 kbit/s). Außerdem wird einem SDCCH ein Slow Associated Control Channel (SACCH, 0,391 kbit/s) beigeordnet. Die Kanäle arbeiten im Punkt-zu-Punkt-Betrieb zwischen BTS und Mobilstation.

Somit ergibt sich für die minimale Zeitscheibenlänge bei Verwendung des SDCCH

$$\Delta T_{\text{Setup}} \geq \frac{B_{\text{ACR}}}{b_{\text{SDCCH}}} = \frac{2126...4450\,\text{Bit}}{0{,}782\,\text{kbit/s}} = 2{,}17...5{,}69\,\text{s}$$

und bei Hinzunahme des SACCH immerhin noch

$$\Delta T_{Setup} \geq \frac{B_{ACR}}{b_{SDCCH} + b_{SACCH}} = \frac{2126...4450 \, \text{Bit}}{1,173 \, \text{kbit/s}} = 1,81...3,79 \, \text{s}.$$

Bei ΔT_{Setup}=5,69 s ergibt sich eine mittlere Wartezeit bis zum Absetzen des Verbindungswunsches von ca. 2,9 s, bei ΔT_{Setup}=3,79 s von ca. 1,9 s. Dies ist durchaus akzeptabel, wenn man berücksichtigt, daß die im GSM vorhandenen Warteschlangentechniken zur effektiven TCH-Vergabe (z.B. Off Air Call Setup, OACSU, siehe Abschnitt 2.2.2) auch nach der Signalisierung des Verbindungswunsches beim gerufenen Teilnehmer noch mehrere Sekunden vergehen lassen können, bevor die Verbindung hergestellt wird oder eine automatische Ansage den Teilnehmern den Abbruch der Verbindung meldet.

Die angegebene Zeitscheibenlänge ΔT_{Setup} bezieht sich nur auf die Kommunikation auf der Funkschnittstelle. Für die Kommunikation innerhalb des Festnetzes (zwischen den Registern und den MSCs) wird eine minimale Zeitscheibe von $\Delta T_{ISDN-Mixe}$=1,22 s angenommen (gemäß den ISDN-Mixen aus [PfPW1_89]), um die Verbindungsaufbauzeiten nicht unnötig zu verlängern. Bei Bedarf kann jedoch auch hier eine eigene (kürzere) Zeitscheibenlänge definiert werden, um die Verbindungsaufbauzeiten weiter zu senken. Es ist jedoch stets darauf zu achten, daß die Schubgröße einer Zeitscheibe hinreichend groß ist, da eine Kommunikationsbeziehung nur innerhalb des Schubs unbeobachtbar ist (siehe auch Sicherheitsbetrachtungen in Abschnitt 7.4.8.3).

Im Zusammenhang mit der nachfolgenden Berechnung der Zeitscheibenlänge für Location Updates soll der Vorschlag gemacht werden, nur den SDCCH für Call Setup (*ACR*) zu verwenden und die Zeitscheibenlänge auf $\Delta T_{Setup} = 5,7$ Sekunden festlegen. Damit steht dann der SACCH noch für LUP zur Verfügung.

7.4.6.4 Minimale Dauer eines Systemtaktes bei Location Update

Für Location Updates (LUP-Takt) sind zwischen 2221 Bit (nur VLR-Update) und 4502 Bit (HLR- und VLR-Update) zu übermitteln.

Die Dauer ΔT_{LUP} ergibt sich zu

$$\Delta T_{LUP} \geq \frac{B_{LUP}}{b_{SACCH}} = \frac{2221...4502 \, \text{Bit}}{0,391 \, \text{kbit/s}} = 5,68...11,51 \, \text{s},$$

wenn als Kanal der SACCH verwendet wird.

Wie bereits in Abschnitt 7.3.1 festgestellt wurde, ist eine maximale Verzögerung von 5 s noch akzeptabel (Geschwindigkeit der Mobilstation $v =$ 108 km/h). Bei $B_{LUP} = 4502$ Bit würde für $\Delta T_{LUP} = 5$ s ein Kanal mit 0,901 kbit/s benötigt. Es fehlen also $b_{fehl} = 0,510$ bit/s. Die fehlende Kapazität soll wieder durch abgezogene TCHs ersetzt werden.

Variante 1

In einem TCH sollen 20 mal b_{fehl} untergebracht werden. Es ergibt sich ein Verlust an Gesprächskapazität gegenüber GSM von 1 TCH je 20 Teilnehmer, die Aktualisierungen zu senden haben. Leider hat diese Modifikation des GSM den entscheidenden Nachteil, daß die Mobilstation jetzt auf zwei physikalischen Kanälen senden muß:

1. dem bisherigen Kanal, auf dem der GSM-konforme SDCCH+SACCH allokiert ist, und

2. dem Kanal, auf dem jeweils 20 Teilnehmer den Anteil b_{fehl} übertragen.

Daher ist diese Kanalstruktur nicht sonderlich gut geeignet, da sie einen erheblichen Aufwand für die Umstrukturierung der Spezifikationen des Funksubsystems darstellt. Sie markiert jedoch den Bereich des Möglichen bei der Leistungsoptimierung eines existierenden Netzes, das um datenschutzgerechte Funktionen erweitert wird. Bei der Neuentwicklung eines Netzes, das bereits in der Entwurfsphase datenschutzgerechte Funktionen mit berücksichtigt, treten solche Probleme dann in den Hintergrund.

Variante 2

Es wird die Kapazität des SDCCH+SACCH für jeden Teilnehmer auf das Doppelte vergrößert. Dieser Vorschlag ist bzgl. der Kanalaufteilung des GSM unkritisch. Bisher wurden in einem TDMA-Kanal entweder ein TCH/FS, ein TCH/FD, zwei TCH/HD oder acht SDCCH + SACCH untergebracht. Jetzt passen in einen TDMA-Kanal vier SDCCH + SACCH doppelter Kapazität. Damit stehen für den LUP-Takt $2 \times$ SACCH und $1 \times$ SDCCH, zusammen 1,548 kbit/s zur Verfügung ($\Delta T_{LUP}=1,43...2.91$ s). Die Call Setup-Zeitscheiben erhalten den verbleibenden SDCCH.

Mit dieser für das Funksubsystem „verträglichen" Lösung können nur halb so viele Teilnehmer zur gleichen Zeit einen SDCCH + SACCH erhalten als im GSM ohne Schutz des Aufenthaltsorts: Es halbiert sich die Anzahl der Teilnehmer, die LUP-Nachrichten senden können, falls die Anzahl der allokierten TCHs konstant gehalten wird. Diese Feststellung unterstreicht noch einmal die Wichtigkeit, Schutzmaßnahmen möglichst bereits bei der Entwicklung von Netzen einzuplanen.

Die simultan versorgbare Teilnehmerzahl für LUP – das entspricht der zur Verfügung stehenden Zahl von Steuerkanälen N_{CCH} – hängt direkt ab von der Zahl N_{CH} der verfügbaren Kanäle in der Zelle sowie von der Zahl der zum Beobachtungszeitpunkt geführten Gespräche (d.h. allokierten TCHs, N_{TCH}). Im GSM ist $N_{CCH} = 8 \cdot (N_{CH} - N_{TCH})$, weil ein physischer Kanal 8 Steuerkanäle (SDCCH + SACCH) aufnehmen kann. Bei der Verdopplung der Kapazität des SDCCH und SACCH ist $N_{CCH} = 4 \cdot (N_{CH} - N_{TCH})$.

Die noch verfügbare Anzahl an TCHs in Abhängigkeit von N_{LUP} (simultane LUP-Zahl pro Zelle) berechnet sich für GSM, Variante 1 und Variante 2 folgendermaßen:

Referenz GSM: $\quad$ (1 × SDCCH + SACCH) $\qquad N_{TCH} = N_{CH} - \left\lceil \dfrac{N_{LUP}}{8} \right\rceil$

Variante 1: $\qquad$ (1 TCH = 20 × b_{fehl}) $\qquad N_{TCH} = N_{CH} - \left\lceil \dfrac{N_{LUP}}{8} \right\rceil - \left\lceil \dfrac{N_{LUP}}{20} \right\rceil$

Variante 2: $\qquad$ (2 × SDCCH + SACCH) $\qquad N_{TCH} = N_{CH} - 2 \left\lceil \dfrac{N_{LUP}}{8} \right\rceil$

Abb. 7-22 stellt die beiden Varianten noch einmal dem Referenzfall GSM gegenüber.

Gerade bei sehr hohem LUP-Aufkommen sinkt die Effizienz (Verhältnis von TCHs bei den Mobilkommunikationsmixen und TCHs im GSM) des Netzes erheblich. Die folgende Abschätzung zeigt jedoch, daß die vorgenommenen Modifikationen dem zu erwartenden Verkehrsverhalten der Teilnehmer immer noch gerecht werden. Die notwendige Anzahl an simultanen Location Updates in der Zelle pro LUP-Zeitscheibe berechnet sich nach

$$N_{LUP} = n \cdot \lambda_{LUP} \cdot \Delta T_{LUP}$$

mit n als Anzahl der Teilnehmer pro Zelle. Die Ankunftsrate λ_{LUP} in Stoßzeiten berechnet sich nach [FuBr_94, S.1454] folgendermaßen (vgl. auch Abschnitt 7.3.1):

$$\lambda_{LUP} = \frac{v}{\pi \cdot r} \cdot \left(1 - \frac{N_{LA} - 1}{2 \cdot N_{LA}} \right)_.$$

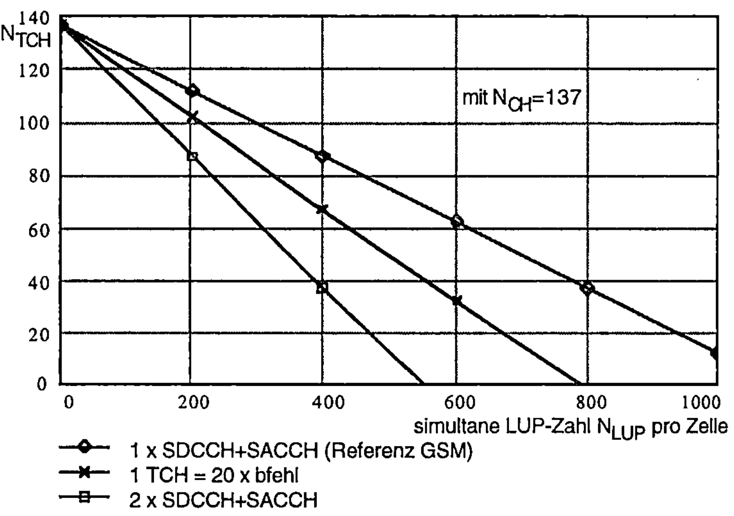

Abb.7-22: Anzahl simultan verfügbarer Verkehrskanäle

Abschätzung

Bei einer üblichen Konstellation von $N_{LA}=3$ Zellen pro Location Area mit einem Radius von $r=1$ km und $v=15$ km/h sind in Stoßzeiten $\lambda_{LUP}=3{,}18$ h^{-1} fällig. Legt man eine LUP-Zeitscheibe von $\Delta T_{LUP}=5$ s zugrunde, müssen bei $n=20.000$ Teilnehmern pro Zelle durchschnittlich $N_{LUP}=88$ Location Updates simultan ausgeführt werden.

Die folgende Tabelle zeigt die Anzahl noch verfügbarer TCHs und gibt als Effizienzmaß die noch verfügbare Anzahl an TCHs gegenüber GSM an.

mit $N_{CH}=137$ und $N_{LUP}=88$	GSM	Variante 1	Variante 2
N_{TCH}	126	121	115
Effizienz	100 %	96 %	91 %

Tab. 7-10: Verfügbare Anzahl an TCHs bei LUP

Rechnet man zum Effizienzverlust von 9 % (Variante 2) noch den Verlust von < 1 % durch den vergrößerten PCH hinzu, sind die Mobilkommunikationsmixe bzgl. der gleichzeitig führbaren Gespräche um ca. 10 % schlechter als GSM.

7.4.6.5 Verbindungsaufbauzeit

Die aus dem Verfahren der ISDN-Mixe bekannte Taktung der Nachrichtensendungen kann (abgesehen von Einschränkungen bzgl. Dummy Traffic) auch beim Verfahren der Mobilkommunikationsmixe angewendet werden. Die Länge eines Taktes muß dabei so gewählt werden, daß die Sendung einer Nachricht ohne Einschränkung der Dienstqualität spätestens zum folgenden Takt möglich ist. Der Vorteil einer Taktung liegt darin, daß mehrere während eines Taktes einlaufende Nachrichten zu Beginn des Taktes *gemeinsam* bearbeitet werden. Eine *einzelne* Nachricht ist dann innerhalb dieser Gruppe von Nachrichten nicht beobachtbar.

Die Verbindungsaufbauzeit für einen Mobile Terminated Call (MTC) setzt sich im wesentlichen aus den in Tab. 7-11 genannten Aktionen zusammen.

Dabei wurde angenommen, daß die Setup-Zeitscheibe der Mobilkommunikationsmixe (ΔT_{Setup}) nur für die unbeobachtbare Übermittlung der Nachrichten auf der Funkschnittstelle eingesetzt wird. Im Festnetz wird zwischen den Registern und Vermittlungsstellen mit der Zeitscheibenlänge der ISDN-Mixe ($\Delta T_{ISDN-Mixe}$) gearbeitet. Ggf. kann auch hier eine eigene Zeitscheibenlänge definiert werden. Die Werte für $\Delta T_{ISDN-Mixe}$, die Verzögerungszeit durch die Mix-Kaskade sowie t_{Fern} wurden aus [PfPW1_89] entnommen.

Es ergibt sich für GSM eine Zeit von

$$t_{GSM} = t_{ChAlloc} + 3 \cdot t_{Fern}$$

$$= t_{ChAlloc} + 0,6\,s$$

Bei den Mobilkommunikationsmixen kann der Verbindungsaufbau derart optimiert werden, daß die Kanalzuweisung und das Warten auf die Zeitscheibe der Mix-Kaskade des MSC (ΔT_{Setup}) synchron ausgeführt werden. Diese Synchronisation ist möglich, da das Netz jederzeit die Übersicht über die derzeitige Auslastung der Funkfrequenzen hat. Somit ist

$$t_{MK\text{-}Mixe} = 3 \cdot t_{Fern} + 3 \cdot \Delta T_{ISDN\text{-}Mixe} + a \cdot \Delta T_{Setup} + 4 \cdot m \cdot 0,01\,s$$

$$\text{mit} \quad a = \left\lceil \frac{t_{ChAlloc}}{\Delta T_{Setup}} \right\rceil.$$

a gibt an, in welcher Zeitscheibe der Verbindungsaufbau tatsächlich stattfindet. Im Normalfall ($t_{ChAlloc} < \Delta T_{Setup}$) wird $a=1$ sein. Bei starker Belastung der Funkfrequenzen ist $a>1$ und es wird die jeweils nächste Zeitscheibe verwendet.

Aktion/Verzögerung	Parameter	Wert
Verzögerungszeit durch das Fernnetz zum HLR	t_{Fern}	$\leq 0,20\,s$
Warten auf Zeitscheibe der Mix-Kaskade des HLR	$\leq \Delta T_{ISDN\text{-}Mixe}$	$1,22\,s$
Verzögerungszeit durch Mix-Kaskade des HLR	$(m\cdot0,01s);\ m=5$	$0,05\,s$
Verzögerungszeit durch das Fernnetz zum VLR	t_{Fern}	$\leq 0,20\,s$
Warten auf Zeitscheibe der Mix-Kaskade des VLR/MSC	$\leq \Delta T_{ISDN\text{-}Mixe}$	$1,22\,s$
Verzögerungszeit durch Mix-Kaskade des VLR	$(m\cdot0,01s);\ m=5$	$0,05\,s$
Verzögerungszeit zur BTS	(wird vernachlässigt)	$0,00\,s$
Paging	(wird vernachlässigt)	$0,00\,s$
Kanalzuweisung	$t_{ChAlloc}$	(siehe Text)
Warten auf Zeitscheibe der Mix-Kaskade des MSC	$\leq \Delta T_{Setup}$	$5,70\,s$
Verzögerungszeit durch Mix-Kaskade des MSC	$(m\cdot0,01s);\ m=5$	$0,05\,s$
Verzögerungszeit durch Fernnetz zur Mix-Kaskade des GMSC	t_{Fern}	$\leq 0,20\,s$
Warten auf Zeitscheibe der Mix-Kaskade des GMSC	$\leq \Delta T_{ISDN\text{-}Mixe}$	$1,22\,s$
Verzögerungszeit durch Mix-Kaskade des GMSC	$(m\cdot0,01s);\ m=5$	$0,05\,s$

Tab.7-11: Verbindungsaufbauzeit für MTC

Das Verhältnis $t_{MK\text{-}Mixe}/t_{GSM}$ wird im wesentlichen bestimmt durch die Wartezeit für die Kanalzuweisung $t_{ChAlloc}$, die im GSM bis zu einigen

Sekunden betragen kann. Die Zeit für das Paging t_{Paging} bewegt sich im Millisekundenbereich und kann weitgehend vernachlässigt werden.

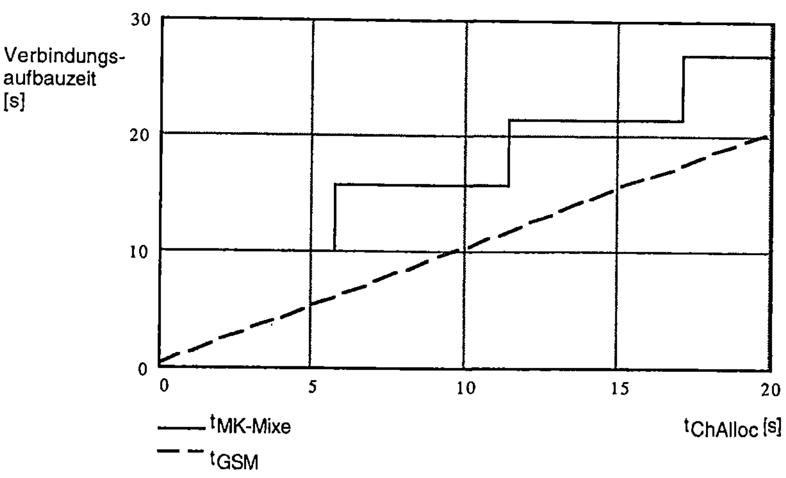

Abb.7-23: Verbindungsaufbauzeiten

Bei der Festlegung der Taktzeit handelt es sich um einen Kompromiß zwischen erreichbarer Anonymität (große Taktzeit) und Dienstqualität (geringe Antwortzeiten, geringe Verzögerung, d.h. kleine Taktzeit). Im Mittel wird die Verbindungsaufbauzeit etwa $0{,}5 \cdot t_{MK\text{-}Mixe}$ betragen.

7.4.7 Konzeptionelle Einbindung der Mobilkommunikationsmixe in UMTS

Nachdem die Einbindung des Verfahrens der Mobilkommunikationsmixe in die zweistufige, GSM-konforme Speicherung von Aufenthaltsinformation beschrieben wurde, soll nun eine Verallgemeinerung des Verfahrens vorgenommen werden. Das Streben nach einem universellen Mobilkommunikationssystem der Zukunft führt zu dem Wunsch, ein universelles Konzept zur Wahrung des Datenschutzes in künftigen Netzen zu entwickeln. Die Einbringung von Datenschutzkonzepten in existierende Architekturen erhöht dabei nicht nur die Akzeptanz erweiterter Lösungen, sondern spart auch Kosten. Das modulare Architekturschema von UMTS bietet gute Voraussetzungen für eine solche Einbringung.

7.4.7.1 Verallgemeinerung auf mehrstufige Speicherung

Die folgende Abbildung zeigt das Konzept der Mobilkommunikations-mixe für den allgemeinen Fall einer mehrstufigen Speicherung in n Registern Ri mit $i=1\dots n$.

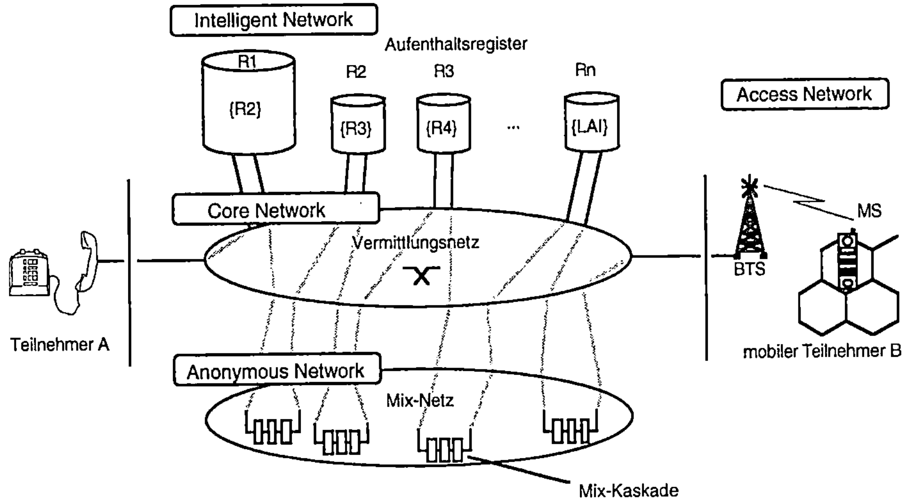

Abb.7-24: Architekturkonzept der Mobilkommunikationsmixe

Es fällt auf, daß sich dieses Konzept weitgehend mit dem Architektur-konzept von UMTS (Universal Mobile Telecommunication System, siehe auch Abschnitt 1.1.3) deckt. Dies ist natürlich beabsichtigt! Man kann die Funktionalität der Register Ri als Teil des Intelligent Network (IN) auf-fassen, während die Schutzfunktion durch eine separate Komponente (hier als Anonymous Network bezeichnet) erbracht wird. Das Core Network verbindet dabei die Netze miteinander.

Auch bei diesem erweiterten Konzept muß die Teilung in Intelligent-, Core-, Access - und Anonymous-Network nicht physisch vorhanden sein. Überhaupt werden an die bereits vorhandenen Komponenten nur wenig *neue* Anforderungen gestellt. So ist beispielsweise die Verwendung von asymmetrischer Kryptographie in UMTS bereits vorgesehen. Die vorhan-denen Protokolle müßten nur entsprechend erweitert werden.

Innerhalb des neu zu schaffenden Anonymous Network gelten die bereits formulierten Anforderungen an die Mixe bzgl. der Unabhängigkeit von Betreibern und Organisationen (siehe auch Mixe-Exkurs).

Die folgende Abbildung stellt das erweiterte UMTS-Konzept noch einmal dar.

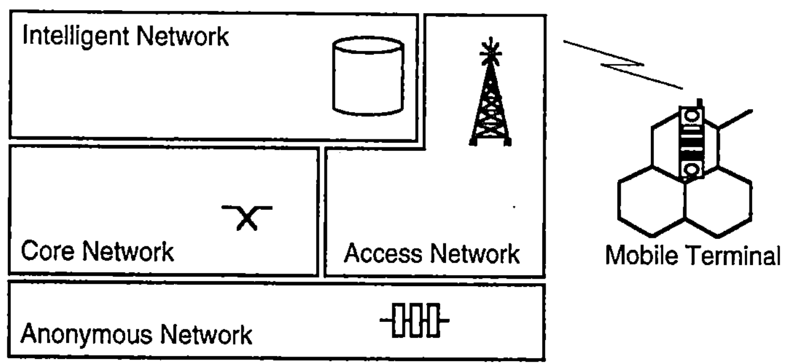

Abb.7-25: Erweitertes Architekturkonzept von UMTS

7.4.7.2 Nachrichtenaufbau im allgemeinen Fall

Um eine einfache Implementier- und Verwendbarkeit des Verfahrens der Mobilkommunikationsmixe zu erreichen, ist es wünschenswert, eine allgemeingültige Beschreibung der relevanten Prozeduren vorzufinden. Diesem Wunsch kommen die folgenden Abschnitte nach.

Notation

Es sei $(R_1 \dots R_i \dots R_n)$ ein Vektor von n Registern (Mobilfunkdatenbanken) und $(K_1 \dots K_i \dots K_n)$ ein Vektor von n Mix-Kaskaden. Jede Kaskade K_i besteht aus n_i Mixen:

$$K_i = \begin{pmatrix} M_{i,1} \\ \vdots \\ M_{i,j} \\ \vdots \\ M_{i,n_i} \end{pmatrix}$$

Jeder Mix $M_{i,j}$ besitzt seinerseits eine Adresse $A_{i,j}$ und einen öffentlichen Schlüssel $c_{i,j}$:

$$M_{i,j} = (A_{i,j}, c_{i,j}).$$

Beim Senderanonymitätsschema kommen noch Zufallszahlen $z_{i,j}$ hinzu, die der sich schützende Teilnehmer generiert. Die durch die Mixe laufenden Nachrichten seien mit $m_{i,j}$ bezeichnet.

Beim Empfängeranonymitätschema (Bildung der anonymen Rückadresse) kommen noch symmetrische Schlüssel $k_{i,j}$ hinzu, die ebenfalls der sich schützende Teilnehmer generiert. Die durch die Mixe laufenden Nachrichten seien mit $r_{i,j}$ bezeichnet.

Bildung der anonymen Rückadressen {R$_i$, P$_i$}

Die MS muß derartige Nachrichten an die Register schicken, daß eine Verkettung der Pseudonyme bei einem Mobile Terminated Call Setup entstehen kann.

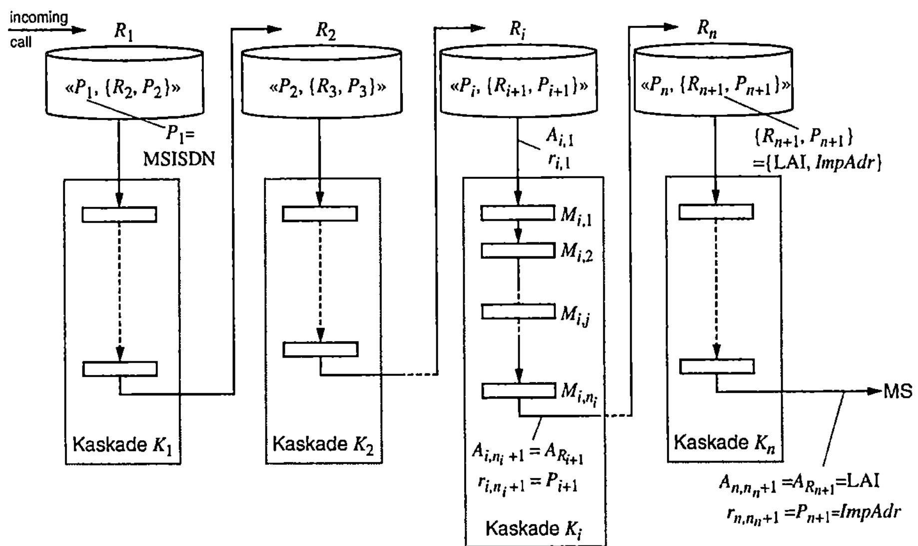

Abb.7-26: Allgemeine Darstellung der Verkettung beim MTC

Dazu wählt die MS zunächst folgende Parameter:

- Register R_i ($i=2...n$), (Das Register R_1 ist fest, da es das Heimatregister ist.)

- Mix-Kaskaden K_i ($i=1...n$),

- Pseudonyme P_i ($i=2...n$-1) zufällig, (Das Pseudonym P_1=MSISDN ist die Teilnehmeradresse. P_{n+1}=*ImpAdr* ist die implizite Adresse auf der Funkschnittstelle.),

- $k_{i,j}$ zufällig und in MS speichern,

- *ImpAdr* ($=P_{n+1}$) und in MS speichern.

Dann berechnet die MS n Rückadressen

$$\{R_{i+1}, P_{i+1}\} := (A_{i,1}, r_{i,1}) \quad \text{für } i=1...n$$

nach der Vorschrift

$$r_{i,j} = c_{i,j}\left(k_{i,j}, A_{i,j+1}, r_{i,j+1}\right) \quad \text{für } j=n_i...1 \qquad (*)$$

mit[18]

$$r_{i,n_i+1} := P_{i+1}$$
$$A_{i,n_i+1} := A_{R_{i+1}}$$

und

$$P_1 := \text{MSISDN}$$
$$P_{n+1} := \textit{ImpAdr}$$
$$A_{n,n_n+1} := \text{LAI.}$$

Location Registration

Schließlich muß die MS den n Registern R_i je eine Location Registration Nachricht LR_i

$$LR_i := \begin{cases} \text{«}P_i, \{R_{i+1}, P_{i+1}\}\text{»} & i = n...2 \\ \text{«}P_i, \{R_{i+1}, P_{i+1}\}, s_{\text{MS}}(\{R_{i+1}, P_{i+1}\})\text{»} & i = 1 \end{cases}$$

---

[18] Bedeutung: Das Adreßkennzeichen der Rückadresse des Registers R_i ist das im Register R_{i+1} gespeicherte Pseudonym P_{i+1}. Die Zieladresse der anonymen Rückadresse (Empfängeradresse) ist das nächste Register (R_{i+1}).

senden (adressiert mit A_{R_i}). Hierzu verwendet sie das Senderanonymitätsschema[19]

$$m_{i,j} = c_{i,j}^{*}\left(z_{i,j}, A_{i,j-1}, m_{i,j-1}\right) \quad \text{für } j=n_i\ldots 1 \text{ und } i=n\ldots 1$$

mit

$$m_{i,0} := \begin{cases} (LR_i, (A_{i-1,n_{i-1}}, m_{i-1,n_{i-1}})) & i=n\ldots 2 \\ (LR_i) & i=1 \end{cases}$$

$$A_{i,0} := A_{R_i} \quad i=n\ldots 1.$$

Die Nachricht $m_{i,0}$ mit $i=n\ldots 2$ wird im Register R_i geteilt. Den ersten Teil erhält R_i, während der zweite Teil an die nächste Mix-Kaskade (bzw. den Mix $M_{i-1,n_{i-1}}$) gesendet wird (siehe auch folgende Abbildung). Im Heimatregister R_1 entfällt diese Teilung.

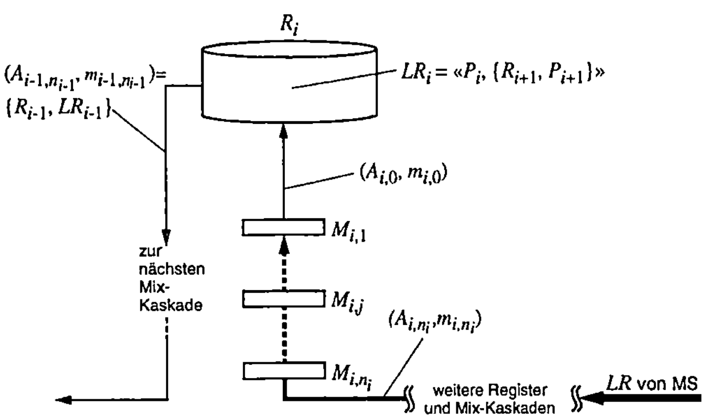

Abb.7-27: Senderanonymitätsschema beim LUP

Die Register R_i erhalten die bereits oben beschriebene Nachricht LR_i. Von der MS ist die Nachricht

$$LR := A_{n,n_n}, m_{n,n_n}$$

ins Netz zu senden.

---

[19] c^* ist die hybride Verschlüsselung; siehe Mixe-Exkurs im Anhang.

Location Update

Wenn die Mobilstation ihren Aufenthaltsort verändert, so daß ein Location Update bis zur Stufe R_l notwendig wird (R_l sei also der „Umlenkpunkt"), so muß sie neue Rückadressen $\{R_{i+1}, P_{i+1}\}$ für $i=l...n$ bilden. Hierzu wählt sie

- neue Register R_{i+1} ($i=l...n$),

- neue Mix-Kaskaden K_{i+1} ($i=l...n$),

- neue Pseudonyme P_{i+1} ($i=l...n$-1) zufällig,   (P_l bleibt bestehen, $P_{n+1}=ImpAdr$ ist die implizite Adresse auf der Funkschnittstelle.)

- neue $k_{i,j}$ ($i=l...n$) zufällig, die sie abspeichert,   (Die $k_{i,j}$ für $i=1...l$-1 müssen gespeichert bleiben!)

- eine neue *ImpAdr* $(=P_{n+1})$

und berechnet die neuen n-l Rückadressen

$$\{R_{i+1}, P_{i+1}\} := (A_{i,1}, r_{i,1}) \quad \text{für } i=l...n$$

nach dem oben bereits erläuterten Schema (∗). Dann verwendet sie das Senderanonymitätsschema

$$m_{i,j} = c_{i,j}^*\left(z_{i,j}, A_{i,j-1}, m_{i,j-1}\right) \quad \text{für } j=n_i...1 \text{ und } i=n...l$$

mit

$$m_{i,0} := \begin{cases} (LR_i, (A_{i-1,n_{i-1}}, m_{i-1,n_{i-1}})) & i = n...(l+1) \\ (LR_i) & i = l \end{cases}$$

$$A_{i,0} := A_{R_i} \quad i = n...l,$$

um die Update Nachrichten

$$LR_i := «P_i, \{R_{i+1}, P_{i+1}\}» \quad \text{für } i=l...n$$

ins Netz zu schicken, wobei

$$LR := A_{n,n_n}, m_{n,n_n}$$

wieder die Nachricht ist, die die Mobilstation sendet. Im Register R_l wird der alte Registereintrag durch den neuen überschrieben. Die (ungültigen) Registereinträge des alten Pfades werden nicht explizit gelöscht, sondern verfallen nach einer festgelegten Zeit, was folglich ein periodisches Location Update durch die Mobilstation erfordert.

Mobile Originated Call Setup

Wenn die Mobilstation einen (ISDN)-Teilnehmer mit der Rufnummer ISDN-SN-A erreichen will, wählt sie zunächst die Mix-Kaskaden K_i ($i=1...n$). Typischerweise wird $n=2$ sein; eine Kaskade vor dem besuchten MSC und eine Kaskade vor dem GMSC. Dann benutzt sie das Senderanonymitätsschema:

$$m_{i,j} = c_{i,j}^{*}\left(z_{i,j}, A_{i,j-1}, m_{i,j-1}\right) \text{ für } j=n_i...1 \text{ und } i=n...1$$

mit

$$m_{i,0} := m_{i-1,n_{i-1}}$$

$$A_{i,0} := A_{i-1,n_{i-1}}.$$

Die Mobilstation sendet die Nachricht

$$\{...\{\text{ISDN–SN–A, Setup}\}...\} := A_{n,n_n}, m_{n,n_n}$$

ins Netz. Am Ausgang der Mix-Kaskade K_1 entsteht die Nachricht

$$\text{ISDN-SN-A, Setup} := (A_{\text{ISDN-SN-A}}, m_{1,0}) = (A_{1,0}, m_{1,0}).$$

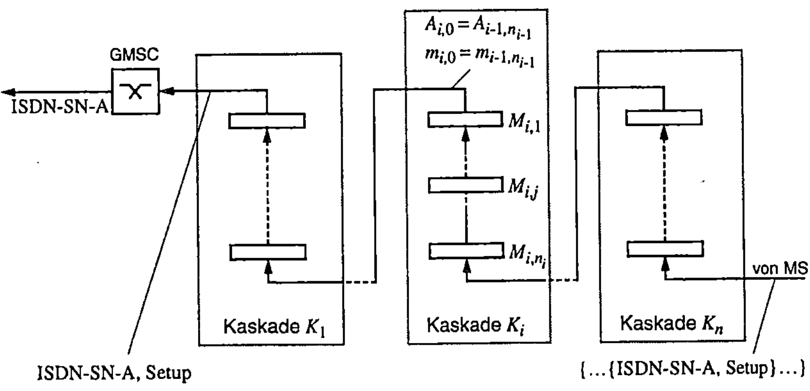

Abb.7-28: Senderanonymitätsschema beim MOC

Mobile Terminated Call Setup

Betrachtet man sich die Verkettung der anonymen Rückadressen $\{R_i, P_i\}$ bei einem für die Mobilstation eintreffenden Ruf, so entsteht durch das Umkodieren der Setup-Nachricht mit den $k_{i,j}$ nach der Vorschrift

$$m_{i,j} = k_{i,j-1}(m_{i,j-1}) \quad \text{für } j=2...(n_i+1) \text{ und } i=1...n$$

mit

$$m_{1,1} := \text{Setup} \quad \text{(Initiale Nachricht)}$$

$$m_{i+1,1} := m_{i,n_i} \quad \text{(Verkettung der Kaskaden)}$$

die Nachricht m_{n,n_n+1}.

Diese Nachricht wird – mit *ImpAdr* an die Mobilstation adressiert – über die Funkschnittstelle gesendet:

$$(ImpAdr, m_{n,n_n+1}).$$

ImpAdr ist gleichzeitig das Adreßkennzeichen $r_{n,n_n+1} = P_{n+1}$, mit dessen Hilfe die Mobilstation die beim Berechnen der Rückadressen generierten $k_{i,j}$ wiederfindet, um die Nachricht sukzessive rückwärts wieder zu entschlüsseln.

7.4.8 Sicherheitsbetrachtungen

7.4.8.1 Anonymität und Unbeobachtbarkeit durch Mixe

Bisher existiert leider kein Beweis für die Sicherheit des Mix-Netzes, d.h. den Schutz der Kommunikationsbeziehung zwischen Sender und Empfänger, da erstens bisher keine beweisbar sicheren asymmetrischen Kryptosysteme zur Datenverschlüsselung und zweitens kein Modell für die Funktionalität und das Zusammenspiel von Mixen existieren. In der Kryptographie geht man im Allgemeinen davon aus, daß Kryptosysteme, die nicht beweisbar sicher sind, mindestens 10 Jahre öffentlich in der Fachwelt diskutiert sein sollten, bevor man von ihnen eine sehr gute Sicherheit erwarten kann. Seit der Vorstellung des Mix-Netzes im Jahre 1981 sind weit über 10 Jahre vergangen, in denen auch das Mix-Netz untersucht wurde. So zeigten z.B. [PfPf_90], daß das von [Chau_81] vorgestellte Verfahren kryptographische Schwächen aufwies und beseitigten diese.

Für die praktische Umsetzung und den Betrieb eines Mix-Netzes bzw. einer Mix-Kaskade sind einige Besonderheiten zu beachten. Im einfachsten Fall ist ein Mix lediglich ein Programm, das auf einem Rechner läuft. Die Ein- und Ausgaben dieses Programms sind gemäß dem Angreifermodell von jedem einsehbar. Eine Möglichkeit zur Ausforschung der Daten „innerhalb" des Programms kommt jedoch einem erfolgreichen Angriff gleich. Weiterhin sind die privaten Schlüssel des Mixes vor allen Außenstehenden geheimzuhalten.

Praktisch wird man zur Realisierung der physischen Sicherheit (Nicht-ausforschbarkeit) des Mixes durch Außenstehende diesen

- entweder vollständig auf physisch sicherer Hardware realisieren,
- oder, falls diese nicht leistungsfähig genug ist, auf einem Universalrechner, der seinerseits physisch geschützt ist, z.B. in einem geschützten Raum eines Rechenzentrums oder einem Tresor installiert ist, zu dem nur der Mix-Betreiber Zugang hat,
- oder eine Kombination aus Spezialhardware und physisch geschütztem Universalrechner wählen.

In jedem Fall muß sichergestellt werden, daß Außenstehende keinen Zugriff auf den Mix erhalten. Falls der Betreiber Zugriff über Fernwartungsfunktionen vorgesehen hat, sollte der Zugang natürlich gesichert sein.

Mehrere hintereinandergeschaltete Mixe unterschiedlicher Hersteller müssen jeweils separat physisch geschützt werden. Die Mixe einer Kaskade müssen nicht notwendigerweise geographisch verteilt sein, sondern können alle, sofern sie physisch sichere Gehäuse haben, beispielsweise in der Vermittlungsstelle des Netzbetreibers aufgestellt sein. Die Verbindungen zwischen den Mixen können fest verdrahtet sein.

7.4.8.2 Bedeutung der Komponenten aus Sicherheitssicht

Ausgehend von der Annahme, daß Mixe die Unverkettbarkeit zwischen Sender und Empfänger und damit die Unbeobachtbarkeit einer Kommunikationsbeziehung gewährleisten, sollen noch einmal die einzelnen Komponenten bzgl. ihres Beitrags zum Schutz des Aufenthaltsorts erläutert werden (Tab. 7-12).

Komponente	Bedeutung
Mixe	Schutz der Kommunikationsbeziehung zwischen Sender und Empfänger einer Nachricht
Anonyme Rückadressen	Unverkettbarkeit der Übermittlung der Verbindungswunschnachrichten zwischen Registern
Signatur der anonymen Rückadresse beim HLR	Überprüfbarkeit, daß in einem Schub Rückadressen von genügend vielen Teilnehmern bearbeitet werden, d.h. Verhindern eines (n-1)-Angriffs
Pseudonym P	Verkettbarkeit des Adreßkennzeichens mit dem Datenbankeintrag im Register (außer HLR, dort MSISDN)
Symmetrische Schlüssel $k_{i,j}$ in den anonymen Rückadressen	Effizientes Umkodieren der mitgelieferten Informationen, Etablieren eines symmetrischen Mix-Kanals bei Call Setup und Location Update; Verwendung einer nicht selbstsynchronisierenden Chiffre zur Verhinderung von Replay-Angriffen
Implizite Adresse *ImpAdr*	Adressierung der MS auf der Funkschnittstelle, Wiedererkennung der anonymen Rückadresse, um symmetrische Schlüssel $k_{i,j}$ zu rekonstruieren
Zeitstempel, Zeitscheibennummer T	Verhindern des Replay alter (Mix-Eingabe)-Nachrichten
Kennzeichen *Bv/Bl*	Kennzeichen für Empfänger einer Nachricht, um bedeutungsvolle von bedeutungslosen Nachrichten zu unterscheiden
Kanalkennzeichen KZ_T	Verbinden der unbeobachtbaren Mix-Kanäle von rufendem und gerufenem Teilnehmer
Funktion $f(T, k_{AB})$	Funktion zur Berechnung der Kanalkennzeichen
Symmetrischer Schlüssel k_{AB}	Symmetrischer Sitzungsschlüssel der kommunizierenden Teilnehmer, Parameter zur Berechnung der Kanalkennzeichen

Tab.7-12: Bedeutung der einzelnen Komponenten

7.4.8.3 Schubgrößen und Dummy Traffic

Mixe benötigen genügend Eingabenachrichten von genügend vielen Absendern. Im Verfahren der ISDN-Mixe ist das System getaktet (Zeitscheiben) und jeder Teilnehmer der Anonymitätsgruppe sendet in jedem Takt an die Mix-Kaskade. Falls er nichts zu senden hat, sendet er Leernachrichten (Dummy Traffic). Auch beim Verfahren der Mobilkommunikationsmixe muß ein genügend hohes Verkehrsaufkommen vorhanden sein, um den Schutz des Aufenthaltsortes sicherzustellen, da das Senden einer isolierten Mobilstation beobachtbar ist und der Empfang und das Antworten auf eine Verbindungswunschnachricht zeitlich miteinander verkettbar sind, wenn nicht gleichzeitig mehrere Teilnehmer erreicht werden sollen.

Allgemein ist die Anonymitätsgruppengröße

$$N_{\text{Anon}} = n \cdot \lambda \cdot \Delta T$$

mit n als zu versorgender Teilnehmerzahl pro Aufenthaltsgebiet – das kann ein LA oder ein MSC-Area sein – und λ als Ankunftsrate von Kommunikationswünschen (Call Setup oder Location Update). ΔT ist die Zeitscheibenlänge.

Für Call Setup wird die Anzahl simultan versorgbarer Teilnehmer begrenzt durch die maximale Anzahl verfügbarer Verkehrskanäle pro Zelle N_{TCH}. Es ist daher nicht sinnvoll, pro Zelle und Call Setup-Zeitscheibe mehr als N_{TCH} Verbindungswünsche zu verarbeiten. Somit ergibt sich für die maximal sinnvolle Anonymitätsgruppengröße pro Zelle ein Wert von $N_{\text{Anon}} = N_{\text{TCH}}$.

Für Location Update ist die Größe einer Anonymitätsgruppe die Anzahl simultan zu übermittelnder LUPs, also $N_{\text{Anon}} = N_{\text{LUP}}$ (siehe Abschnitt 7.4.6.4).

Da die Kaskade des besuchten MSCs mehrere LAs zu einer Aufenthaltsgebietsgruppe zusammenfaßt, muß N_{Anon} noch mit der Anzahl der durch das MSC versorgten LAs/Zellen multipliziert werden.

Beispiel:

1. Bei einer Teilung des GSM-Spektrums in 7er-Frequenzgruppen teilen sich die 120 Funkkanäle[20] mit je 8 TDMA-Kanälen, für das gesamte Spektrum also 960 TDMA-Kanäle, auf jeweils 7 Zellen auf. Damit entfallen auf eine Zelle $N_{\text{TCH}} = N_{\text{Anon}} = 137$ TDMA-Kanäle.

2. Gegeben sei $\lambda_{\text{Setup}} = \lambda_{\text{MTC}} + \lambda_{\text{MOC}} = (0{,}4 + 0{,}8) = 1{,}2\ \text{h}^{-1}$ (nach [FuBr_94, S.1454]) und $\Delta T_{\text{Setup}} = 5{,}7$ s. Das besuchte MSC bedient 100 LAs. Es ist

---

[20] eigentlich 124 Funkkanäle, ein Teil der Kanäle wird jedoch für Signalisieraufgaben benötigt.

die notwendige Teilnehmerzahl pro Location Area bei einer Anonymitätsgruppengröße von $N_{Anon}=100$ für Setup für die Kaskade vor dem besuchten MSC gesucht.

$$N_{Anon}=100 \cdot n \cdot \lambda_{Setup} \cdot \Delta T_{Setup}$$

Es müssen sich durchschnittlich $n=527$ Teilnehmer pro LA aufhalten.

Da sich die Anzahl zu versorgender Teilnehmer aufgrund ihrer Mobilität ständig ändert, ändert sich auch ständig die Anonymitätsgruppengröße. Daher ist es nicht wie bei den ISDN-Mixen möglich, als Schubgröße N_{Schub} direkt N_{Anon} zu definieren — die Mobilkommunikationsmixe müssen selbst dann den Ruf eines Teilnehmers weiterleiten, wenn er sich allein in einer Zelle aufhält. In diesem Sinn erreichen die Mobilkommunikationsmixe keine *perfekte komplexitätstheoretische Unbeobachtbarkeit* (vgl. [Pfit_90, S.69]). Ein nicht voller Schub muß mit Leernachrichten (beispielsweise durch die BTS) aufgefüllt werden. Da die BTS jedoch ebenfalls durch den Netzbetreiber kontrolliert wird (vor dem das Verfahren ebenfalls den Aufenthaltsort eines Teilnehmers verbergen soll), nützt diese Maßnahme im Grenzfall nur gegen Angriffe durch Außenstehende. Problematisch ist also, daß sich die Mobilstationen, die sich eigentlich schützen wollen, nicht an der Bereitstellung von genügend Nachrichten beteiligen können. Diese Annahme ist in manchen Fällen jedoch abschwächbar. Befindet sich der mobile Teilnehmer beispielsweise in einem Fahrzeug, ist die ständige Energieversorgung der MS unproblematisch. Dummy Traffic ist also anwendbar. Die Implementierung entsprechender Funktionen (z.B. in Abhängigkeit der Mobile Station Classmark) entschärft also das Problem, löst es jedoch leider nicht, da man als Nutzer eines Handys nicht davon ausgehen kann, daß stets genügend fahrende MS' im Aufenthaltsgebiet unterwegs sind. Bleibt dann nur, der BTS zu vertrauen, daß sie sich an der Erzeugung von Dummy Traffic beteiligt.

7.4.8.4 Schutz über Netzgrenzen hinweg

Für die Integration der Mobilkommunikationsmixe in vorhandene Netzstrukturen existieren zwei grundsätzliche Möglichkeiten, die Auswirkungen auf den erreichbaren Schutz über Netzgrenzen hinweg haben.

Erstens kann das Verfahren existierende Netze (z.B. GSM) derart *ergänzen*, daß zu den bereits spezifizierten Prozeduren weitere hinzugefügt werden. An den Schnittstellen nach außen (GMSC) wird die neu geschaffene Sicherheitsfunktionalität verborgen (Transparenz). Eine solche Integration verhindert aber möglicherweise den Schutz über Netzgrenzen hinweg (z.B. gegenseitige Anonymität der Teilnehmer). Dies hängt davon ab, ob und wie gut die Sicherheitsfunktionalität an der Grenze zwischen zwei Netzen umsetzbar ist. Ein Beispiel hierfür ist der Wunsch nach Ende-zu-Ende-Sprachverschlüsselung zwischen GSM- und ISDN-Teilnehmern. Aufgrund des Fehlens der Bittransparenz der Sprechkanäle im GSM, bedingt durch die dort eingesetzten Datenreduktionsverfahren mit CODEC-Bausteinen, ist es im GSM nur möglich, die Sprache verbindungsverschlüsselt zu übermitteln: An der Grenze zwischen GSM und ISDN muß entschlüsselt und eine Datenratenanpassung vorgenommen werden, bevor wieder verschlüsselt werden kann. Näheres hierzu findet sich in [FeMü_97]. Wie die Betrachtungen zur Kanalaufteilung für den LUP-Takt zeigen, müssen außerdem Kompromisse bei der erreichbaren Effizienz hingenommen werden, sofern existierende Netze ergänzt werden sollen.

Zweitens kann man die Mobilkommunikationsmixe als eigenständiges Netz auffassen, das über Schnittstellen mit anderen Netzen (z.B. GSM, DECT etc.) kommuniziert. Die internen Spezifikationen können dann exakt an das Verfahren angepaßt werden (Aufteilung der Kanäle, Verzögerungszeiten etc.). Über entsprechende Interworking Functions (IWF) wird dann die Anbindung an bisherige Netze realisiert. Hier sind dann ebenfalls entsprechende Einschränkungen bzgl. des erreichbaren Schutzes notwendig, sofern Funktionen nicht umsetzbar sind. Weiterhin könnten die Mobilkommunikationsmixe IWFs zur Verfügung stellen, die einen Großteil der jeweils unterstützten Sicherheitsfunktionalität auch über die Netzgrenze zugänglich machen, um beispielsweise gegenseitige Unbeobachtbarkeit der kommunizierenden Teilnehmer bereitzustellen. Wie solche Umsetzungen an der Netzgrenze zwischen GSM/Mobilkommunikationsmixen und ISDN/ISDN-Mixen realisiert werden, wurde bei der Beschreibung der Protokolle für MTC und MOC (Abschnitte 7.4.5.5 und 7.4.5.6) bereits erläutert (Unterscheidung „mit oder ohne Schutz des Rufenden/Gerufenen").

In der Praxis wird man wohl eine Mischstrategie der beiden aufgezeigten Möglichkeiten wählen.

7.4.8.5 Zusammenfassung

Die folgenden abschließenden Bemerkungen fassen den durch die Mobilkommunikationsmixe erreichten Schutz zusammen und zeigen die Grenzen des Verfahrens auf.

Durch das Verfahren der Mobilkommunikationsmixe wird die Aufenthaltsinformation der Mobilfunkteilnehmer geschützt. Durch eine Kombination von Pseudonymisierung der Teilnehmer und Verkettung von Registern über anonyme Rückadressen kann die geschützt gespeicherte Aufenthaltsinformation datenschutzgerecht zur Signalisierung verwendet werden. Somit sind keine Bewegungsprofile erstellbar.

Es ist unbeobachtbar, *ob und wo ein bestimmter Teilnehmer* kommuniziert oder signalisiert. Dies verhindert beim Location Update, daß bekannt wird, woher eine Aktualisierungsnachricht gesendet wurde. Die Mobilkommunikationsmixe verbergen außerdem die Kommunikationsbeziehungen zwischen Teilnehmern vor allen Außenstehenden.

Die Sicherheit des Verfahrens bzgl. der Vertraulichkeit hängt vom Mix-Netz ab. Die Register haben nur noch die Aufgabe, die Effizienz des Verfahrens (gegenüber dem zentralen Verfahren) zu steigern.

Es sollte nicht erreicht werden, daß unbeobachtbar ist, *ob irgendein Teilnehmer kommuniziert* oder signalisiert. Dies ist das Ziel der ISDN-Mixe. Dieses Ziel ist bei den Mobilkommunikationsmixen nicht erreichbar, da eine stets gleichbleibende Anonymitätsgruppengröße (Anzahl der Teilnehmer pro Zelle, pro LA, pro MSC-Area etc.) nicht sichergestellt werden kann. Darüber hinaus setzt die Nichtanwendbarkeit von Dummy Traffic deutliche Grenzen für den erreichbaren Schutz. Selbst wenn man davon ausgeht, daß mobile Geräte in Fahrzeugen ständig senden könnten, verschärft sich dann das Problem der Peil- und Ortbarkeit der elektromagnetischen Wellen. Vielleicht bietet aber die Konstruktion einer Trusted BTS hier Abhilfe, um wenigstens beim Übergang von der Funkschnittstelle zum Festnetz Dummy Traffic anwenden zu können. Das ist durchaus sinnvoll, da ein Angreifer, der Funksignale auswerten will, in der näheren Umgebung angreifen muß, während Angriffe im (meist leitungsgebundenen Festnetz) von großer Entfernung aus und an vielen Stellen gleichzeitig ausgeführt werden können. Liefert jedoch eine Trusted BTS keine verwertbaren Informationen über die Sendezeitpunkte von Mobilstationen, werden solche Angriffe zumindest erschwert.

Aus den oben genannten Gründen muß man annehmen, daß nie das gleiche, zumindest theoretisch erreichbare hohe Sicherheitsniveau der Festnetze auch für Funknetze realisierbar ist. Für den Mobilitätsaspekt allgemein muß dies nicht gelten. Bei der Übertragung des Verfahrens auf mobile Netze mit Personal Mobility (speziell: Mobilität im Festnetz), wo keine Funkschnittstelle beim Location Management genutzt wird, sollten die Probleme nicht so hart in Erscheinung treten, zumal dort stets mit einem breitbandigen „Core-Network" gearbeitet werden wird.

8   Schlußbemerkungen

Es wurden Verfahren zum vertrauenswürdigen Mobilitätsmanagement vorgestellt, bewertet und systematisiert. Im Anhang findet sich noch einmal eine vergleichende Übersicht der vorgestellten Verfahren nach verschiedenen Kriterien. Ziel war es, Optionen aufzuzeigen. Auf eine Favorisierung eines bestimmten Verfahrens für die Praxis soll bewußt verzichtet werden. Hierzu müssen die Randbedingungen, z.B. die Ausgangssituation (Aufbau eines neuen Netzes oder Ergänzen eines bestehenden), die Stärke des Angreifers sowie natürlich auch die für die Implementierung der Sicherheitsfunktionen vorhandenen finanziellen Mittel genau bekannt sein.

Es zeigte sich, daß mit vertretbarem Aufwand das Ziel der vertrauenswürdigen, datenschutzgerechten Speicherung von Lokalisierungsinformation erreichbar ist. Insbesondere die knappe Bandbreite auf der Funkschnittstelle wird durch die Längenexpansion der zu übermittelnden Nachrichten zur begehrten Ressource. Da dies bereits ohne die Verwendung der hier vorgestellten Verfahren der Fall ist, verkleinern die Netzbetreiber die Zellen, wodurch wegen der feingranularen Lokalisierungsinformation damit das Problem der Lokalisierung der Teilnehmer verstärkt wird. Aus der Sicht eines Teilnehmers, der sich schützen will, muß folglich jede Maßnahme, die (zumindest theoretisch) seine genauere Lokalisierung zur Folge hat, mit entsprechenden Gegenmaßnahmen zur Verhinderung der Lokalisierung einhergehen.

Die Mobilkommunikationsmixe stellen ein Verfahren zum Mobilitätsmanagement bereit, welches im Gegensatz zu anderen Lösungen auf eine vertrauenswürdige Feststation (Trusted Fixed Station) pro Teilnehmer verzichtet. Die Sicherheit beruht einerseits auf der Sicherheit asymmetrischer Kryptosysteme, womit sie höchstens komplexitätstheoretisch sicher sind. Andererseits wird das bekannte Entwurfsprinzip „Diversität" für das Erreichen von Sicherheit eingesetzt. Ein interessanter Aspekt ist, daß das Empfängeranonymitätsschema, d.h. die anonymen Rückadressen, nicht direkt verwendet werden, um den Empfänger anonym zu halten. Das HLR kennt schließlich die mobile Identität des Teilnehmers, die MSISDN bzw. IMSI. Vielmehr kommen die anonymen Rückadressen zum Einsatz, um die bei zellularen Mobilfunknetzen notwendige spezielle Art der Routing-Information, d.h. die Aufenthaltsinformation, zu verbergen.

Besonders die Verwendung asymmetrischer Kryptosysteme führt zur Expansion der Nachrichtenlängen. In den geplanten Netzen der dritten Generation, wo ebenfalls asymmetrische Kryptoverfahren eingesetzt werden sollen, werden die Nachrichtenlängen ebenfalls expandieren. Somit fällt ein Vergleich der hier vorgestellten Verfahren mit den geplanten Netzen günstiger aus als mit GSM. Der Vergleich mit GSM hat den Vorteil, daß gefestigte Aussagen zur Leistungsfähigkeit des Netzes und dessen praktische Realisierbarkeit zur Verfügung stehen.

Bei der zunehmenden Verschmelzung klassischer und moderner Telekommunikationsdienste (z.B. ortsfestes Telefon und mobiles Handy) kann man davon ausgehen, daß zukünftig fast alle Telekommunikationsnetze mobilitätsunterstützende Funktionen bieten werden. Netze mit Personal Mobility statten den mobilen Teilnehmer mit einem kleinen, sehr handlichen Gerät, z.B. einer Chipkarte aus. Dieses Gerät enthält selbst keine Telekommunikationsfunktionen, wie sie z.B. ein Handy hat. Es dient nur der Personalisierung, Authentikation und ggf. der Entgeltabrechnung. Vielmehr nutzt der Teilnehmer die fest installierten Geräte an seinem aktuellen Aufenthaltsort. Diese können ihrerseits durchaus ebenfalls mobil sein, unterstützen dann aber kein bzw. nur ein eingeschränktes Roaming. Die Netzstruktur ist den Mobilfunknetzen sehr ähnlich. Teilweise werden sogar Teile unterschiedlicher Netze gemeinsam verwendet. Ein Beispiel hierfür ist UMTS (Universal Mobile Telecommunication System). Soll eine Verbindung zu einem mobilen Teilnehmer geschaltet werden, wird dies entsprechend den im Intelligent Network (IN) gespeicherten Daten veranlaßt. Die Verbindung selbst erfolgt dabei über das breitbandige Core Network. Gleichzeitig werden aber auch gewöhnliche Fernsprechkanäle, Datenkanäle, Bilder etc. über das Core Network übertragen. Deshalb sieht man als technische Basis eines solchen Core Networks häufig ein breitbandiges diensteintegrierendes digitales Vermittlungsnetz (Broadband Integrated Services Digital Network, B-ISDN) an. Prinzipiell weisen solche Netze wiederum häufig eine Trennung von Nutzdatennetz und Signalisiernetz auf.

Zur Realisierung von technischem Datenschutz in solchen Netzen müssen die Datenschutzforderungen Vertraulichkeit, Integrität und Verfügbarkeit erfüllbar sein.

Nachrichtenvertraulichkeit sowie -integrität und Forderungen nach Zurechenbarkeit (z.B. Sender- und/oder Empfängernachweise) als eine Integritätseigenschaft können durch kryptographische Maßnahmen wie Datenverschlüsselung, Authentikation und digitale Signaturen erreicht werden. Für diese Schutzmechanismen können die Nutzer von Kommunikationsnetzen in den meisten Fällen selbst sorgen.

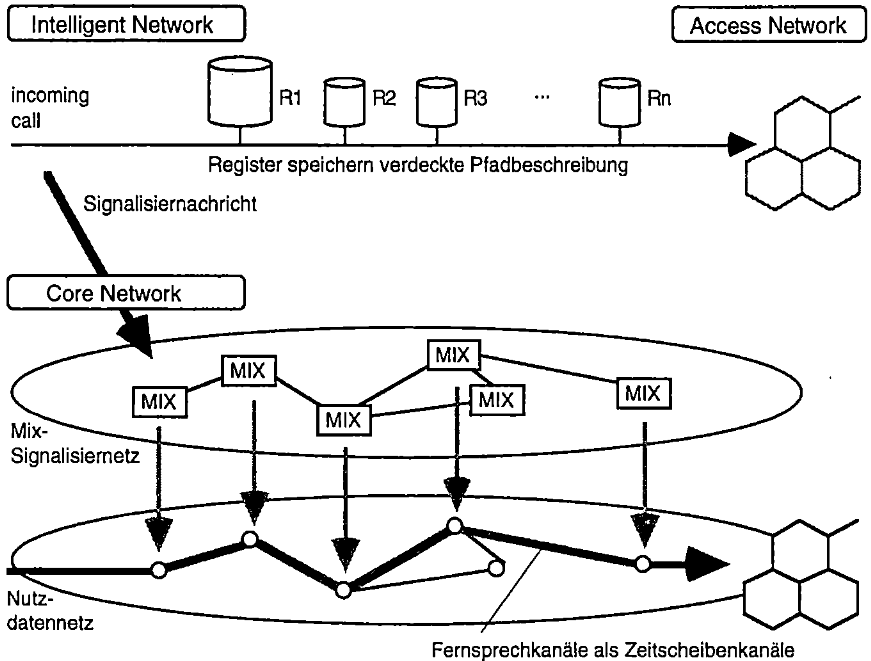

Abb.8-1: Schalten von anonymen Kanälen

Anonyme und unbeobachtbare Kommunikation — hierzu läßt sich auch der Schutz des Aufenthaltsorts zählen — bedarf jedoch praktisch einer geeigneten Infrastruktur, die diese Kommunikationsformen unterstützt.

Wenn es nun möglich ist, über ein entsprechend gestaltetes Signalisiernetz die Kommunikationskanäle so zu schalten, daß sie den Wünschen eines Teilnehmers nach Anonymität und Unbeobachtbarkeit gerecht werden, trägt das zur Realisierung *mehrseitiger Sicherheit in Telekommunikationsnetzen* entscheidend bei.

Für die Kanäle eines ISDN-Fernsprechanschlusses wurde das z.B. schon in [PfPW1_89] realisiert. Dort wurden die Mixe sowohl als „Signalisierpfad" — vorgegeben durch eine Mix-Kaskade, als auch als „Kommunikationspfad" — vorgegeben durch die verwendeten Zeitscheibenkanäle, verwendet. Abb. 8-1 zeigt hierfür ein entsprechendes Szenario. Die Register mit den (verdeckten) Aufenthaltsinformationen repräsentieren dabei das Intelligent Network (IN), während das Mix-Signalisiernetz und das Nutzdatennetz gemeinsam das Core Network bilden. Über das Core Network werden Verbindungswünsche zum Access Network weitergeleitet.

Da auch in Anonymität und Unbeobachtbarkeit unterstützenden Netzen eine Entgeltabrechnung erforderlich ist, müssen die entsprechenden Schutzkonzepte diesen Aspekt berücksichtigen. So ist die Verwendbarkeit anonymer digitaler Zahlungssysteme [BüPf_89] zu gewährleisten. Außerdem sind Maßnahmen zur Reduzierung der Peil- und Ortbarkeit sendender Mobilstationen stets zu beachten.

Es hätte den Rahmen dieses Buches gesprengt, wenn neben den Aktualisierungsprozeduren noch neue Sendeverfahren vorgestellt und anonyme digitale Abrechnungsverfahren [BüPf_89, BüPf_90, WaPf_85] auf ihre Anwendbarkeit in Mobilkommunikationsnetzen überprüft worden wären. Zur Verhinderung von Peilung und Ortung in Mobilfunksystemen sei daher auf [Thee_94, ThFe_95, FeTh_95] und zur Problematik der Abrechnungsverfahren in Mobilfunksystemen auf [Pfit_93, FJKP1_95] verwiesen. Die Kopplung anonymer digitaler Abrechnungsverfahren mit Mobilkommunikationssystemen ist jedoch eine noch zu lösende Aufgabe.

Anhang

I   Exkurs: Das Mix-Netz

Die folgende Darstellung soll dem Leser einen Eindruck vermitteln, wie durch das Mix-Netz unbeobachtbare Kommunikation ermöglicht wird. Die Idee wurde erstmals von David Chaum in [Chau_81] vorgestellt. Für eine ausführliche Diskussion des Mix-Netzes seien [PfWa_87, PfPW_88, Pfit_90, PfPf_90, PfPW1_89, PfPW_91, Pfit_93, Cott_95] empfohlen.

Das Mix-Konzept kommt in Vermittlungsnetzen zum Einsatz. Ein Mix-Netz verbirgt die Kommunikationsbeziehung zwischen Sender und Empfänger einer Nachricht. Hierzu wird die Nachricht über sog. Mixe geschickt. Ein Mix verbirgt dabei die Verkettung zwischen eingehenden und ausgehenden Nachrichten. Hierzu muß ein Mix

- eingehende Nachrichten speichern (Pool), bis genügend viele Nachrichten von genügend vielen Absendern vorhanden sind,

- ihr Aussehen verändern, d.h. sie umkodieren,

- die Reihenfolge der ausgehenden Nachrichten verändern, d.h. sie umsortieren und evtl. in einem Schub (Batch) ausgeben.

Um Angriffe durch Nachrichtenwiederholung zu verhindern, muß zu Beginn noch geprüft werden, ob eine eingehende Nachricht bereits gemixt wurde. Damit keine Verkettung zwischen eingehenden und ausgehenden Nachrichten über deren Länge möglich ist, sollten alle (eingehenden) Nachrichten die gleiche Länge haben, ebenso die ausgehenden.

Die technische Einrichtung, die dies leistet, wird Mix genannt. Um unbeobachtbare Kommunikation zu erreichen, wird die Nachricht entsprechend vorbereitet und über mehrere Mixe zum Empfänger transportiert. Die durchlaufenen Mixe sollten bzgl. ihres Entwurfs, ihrer Herstellung und ihres Betreibers möglichst unabhängig sein. Andernfalls könnten Mixe (oder gar ganze Mix-Ketten) überbrückt und so die Kommunikationsbeziehung aufgedeckt werden.

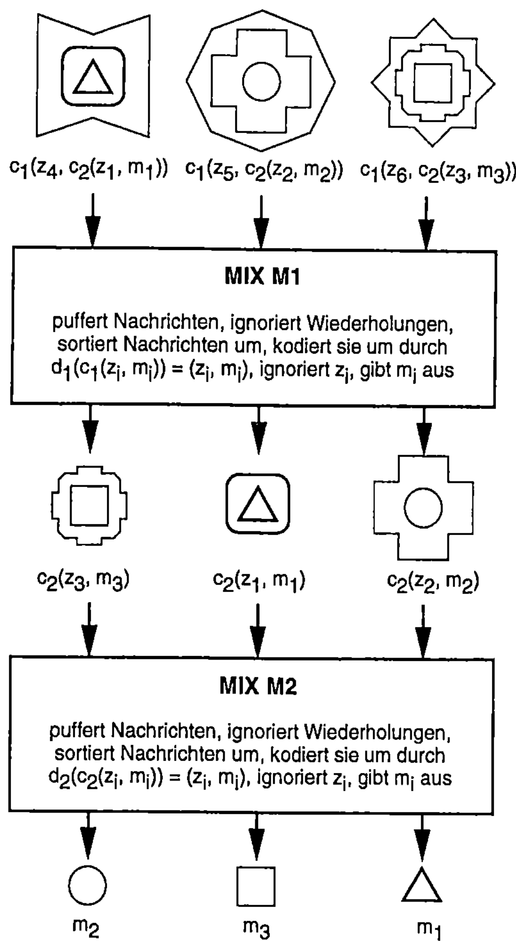

Abb.I-1: Umkodieren gemixter Nachrichten [Pfit_93]

Alle Mixe, die von einer Nachricht durchlaufen wurden, müssen zusammenarbeiten, um die Kommunikationsbeziehung zwischen Sender und Empfänger aufzudecken. Eine Nachricht, die einen Mix durchläuft, ist nur innerhalb eines Schubes bzw. des Nachrichtenpools anonym. Deshalb muß sichergestellt sein, daß es nie vorkommt, daß ein Angreifer alle Nachrichten außer einer kennt, denn das käme der Deanonymisierung dieser Nachricht gleich. Arbeiten alle anderen Sender und Empfänger der zusammen in einem Schub gemixten Nachrichten zusammen, ist die Kommunikationsbeziehung ebenfalls aufgedeckt.

Falls nicht genügend eingehende Nachrichten vorhanden sind, müssen künstliche erzeugt werden, damit die Verzögerungszeit einer Nachricht minimiert wird (Dummy Traffic). Hierzu sollte jeder Sender, der einen Mix benutzt, zwischen seinen sinnvollen Nachrichten sog. Leernachrichten senden, die (außer für den Empfänger) nicht von sinnvollen Nachrichten zu unterscheiden sind. Ebenso könnte der Mix eine stets konstante Anzahl von Ausgabenachrichten produzieren, die der Empfänger bzw. ein folgender Mix wieder als Leernachricht erkennt. Durch Dummy Traffic kann ein Angreifer außerdem nicht mehr feststellen, wann ein Sender wirklich senden will und wann nicht.

Die Kernfunktion eines Mixes ist das Umkodieren der Nachrichten. Hierzu wird mit Hilfe eines asymmetrischen Kryptosystems jede zu mixende Nachricht mit dem geheimen Schlüssel des Mixes entschlüsselt (umkodiert) und an den nächsten Mix weitergeschickt. Das Mix-Netz erreicht wegen der Verwendung asymmetrischer Verschlüsselung nur komplexitätstheoretische Sicherheit.

Damit in den Mixen die Umkodierung ablaufen kann, muß der Sender die zu mixende Nachricht entsprechend vorbereiten, d.h. mit den öffentlichen Schlüsseln c_i der Mixe Mi ($i=1...n$) nach folgender Vorschrift rekursiv verschlüsseln (A_i ist die Adresse des Mixes Mi):

$$m_i = c_i(z_i, A_{i+1}, m_{i+1}) \quad \text{mit } i = n...1$$

Es sei m_{n+1} die Nachricht, die der Empfänger erhalten soll. Die Empfängeradresse sei entsprechend A_{n+1}. Der Sender sendet m_1 mit A_1 adressiert in das Mix-Netz. Die Zufallszahlen z_i müssen bei Verwendung eines deterministischen Kryptosystems mit verschlüsselt werden, da sonst ein Angreifer die ausgehenden Nachrichten eines Mixes erneut verschlüsseln und so die passende eingehende Nachricht ermitteln könnte. Beim Umkodieren wirft der Mix die z_i einfach weg.

Das beschriebene Schema ist in der Lage, den Sender einer Nachricht zu schützen. Möchte dieser auch Nachrichten unbeobachtbar empfangen, kommen sog. anonyme Rückadressen zum Einsatz.

Hierzu bildet der spätere Empfänger seine anonyme Rückadresse nach folgender Vorschrift:

$$r_i = c_i(k_i, A_{i+1}, r_{i+1}) \qquad \text{mit } i = n...1.$$

A_{n+1} ist die eigene Empfängeradresse und r_{n+1} ein sog. Adreßkennzeichen, an dem der Empfänger erkennt, welche Rückadresse vom Sender benutzt wurde. Dies ist nötig, um die k_i zu rekonstruieren, die in die Rückadresse hineinkodiert wurden. Der Empfänger veröffentlicht seine anonyme Rückadresse zusammen mit der Adresse des ersten Mixes A_1 z.B. in einem öffentlichen Verzeichnis.

Der Sender einer Nachricht sendet die Rückadresse zusammen mit der zu übermittelnden Nachricht m an das Mix-Netz. Die Mixe Mi entschlüsseln die anonyme Rückadresse, verschlüsseln die mitgeschickte Nachricht unter dem gefundenen Schlüssel k_i mit einem symmetrischen Kryptosystem und schicken die Nachricht zusammen mit dem restlichen Teil der anonymen Rückadresse an den nächsten Mix bzw. den Empfänger. Im Verlauf dieses Prozesses entsteht so die Nachricht

$$m_i = k_{i-1}(m_{i-1}) \qquad \text{mit } i = 2...(n+1) \text{ und } m_1 := m.$$

Beim Empfänger muß nun aus dem Adreßkennzeichen r_{n+1} hervorgehen, welche k_i verwendet wurden, damit die Nachricht m_{n+1} wieder entschlüsselt werden kann. Damit die Unbeobachtbarkeit des Empfängers nicht aufgehoben wird, darf jede anonyme Rückadresse nur einmal verwendet werden bzw. wird bei wiederholter Verwendung vom Mix ignoriert (Nachrichtenwiederholung).

In [Pfit_90] wird das Schema zur Empfängeranonymität als indirektes Schema bezeichnet, da sowohl asymmetrische als auch symmetrische Kryptoverfahren zum Einsatz kommen. Analog zu hybriden Kryptosystemen könnte man auch von einem hybriden Umkodierschema sprechen. Das hier vorgestellte Verfahren zur Senderanonymität verwendet nur asymmetrische Kryptographie und wird deshalb als direktes Schema bezeichnet. Auch das Senderanonymitätsschema ist als hybrides Schema leistungsfähig realisierbar. Es existieren hybride Schemas, die längentreu sind. Das bedeutet, daß das „Auspacken" der Nachrichten nichts an ihrer Länge ändert. Dies ist besonders dann wichtig, wenn die Anzahl der noch zu durchlaufenden Mixe bei den Nachrichten eines Schubes unterschiedlich ist, da in einem direkten Schema die Nachrichten von Mix zu Mix kürzer werden.

Die folgende Abbildung systematisiert Mixe noch einmal nach ihrem Schutzziel (Sender- oder Empfängeranonymität), ihrer Implementierungsart sowie der Längentreue.

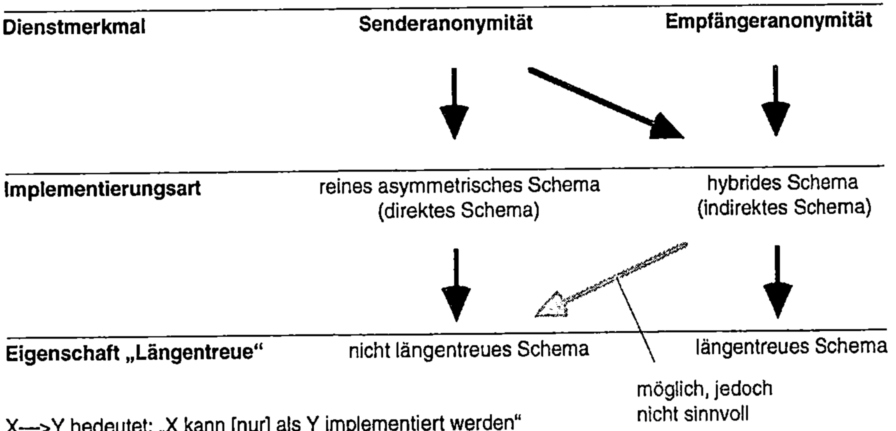

Abb.I-2: Systematik der Mixe

Das Vorbereiten der Nachricht für die Grundfunktion „Umkodieren" beim hybriden Schema und Senderanonymität wird nach folgender Vorschrift durchgeführt (vgl. auch PfPW1_89, S.618):

$$
c_i^*(m) := \begin{cases} c_i(m) & \text{falls } |m| \leq b_{asym} \\ c_i(k_i, m'), k_i(m'') & \text{sonst.} \end{cases}
$$

Dabei bezeichne m die zu übermittelnde Nachricht. Auf die Darstellung der Adreßinformation wurde dabei verzichtet. Sie ist hier als Bestandteil von m zu betrachten. Falls m länger ist als die Blockbreite b_{asym} des asymmetrischen Kryptosystems, wird bereits dem asymmetrischen Block ein Teil von m mitgegeben, bis dieser voll ist (m'). In diesem Block wird ebenfalls der symmetrische Schlüssel k_i verschlüsselt, um Übertragungskapazität zu sparen. Der Rest der Nachricht (m'') wird mit dem symmetrischen Kryptosystem unter k_i verschlüsselt. Am günstigsten verwendet man hier eine längentreue Stromchiffre, so daß keine weitere Nachrichtenexpansion auftritt.

Falls die verwendete asymmetrische Verschlüsselung deterministisch ist (z.B. RSA), müssen noch Zufallszahlen zumindest in $c_i(m)$ (Fall $|m| \leq b_{asym}$) hineinkodiert werden, um die Unbeobachtbarkeit zu erhalten. Andernfalls könnte ein Angreifer den ausgehenden Block m erneut unter c_i verschlüsseln und so die Zuordnung zwischen ein- und ausgehender Nachricht feststellen. Um das Problem zu lösen, wird m um s_{sym} zufällige Bits erweitert, einer Permutation unterworfen und mit c_i verschlüsselt (vgl. [PfPf_90]). s_{sym} ist gleichzeitig die Schlüssellänge von k_i, d.h. $s_{sym} = |k_i|$. Im hybriden Fall ist der Indeterminismus von $c_i(k_i, m')$ für einen Angreifer bereits gegeben, da er k_i nicht kennt. Somit errechnet sich die Länge einer für *einen* Mix vorbereiteten Nachricht nach

$$\left| c_i^*(m) \right| = \max(b_{asym}, |m| + s_{sym}).$$

Will man die Nachrichtenlänge bei n Mixen berechnen, muß $|m|$ zunächst wieder in die Länge der Adresse des nächsten Ziels $|A_{i+1}|$ und die eigentliche Nachrichtenlänge $|m_{i+1}|$ zerlegt werden. Somit berechnet sich die Länge einer vorbereiteten Nachricht für n Mixe nach

$$\left| c_n^*(m_{\text{Empf}}) \right| = \sum_{j=1}^{n} \left(|A_j| \right) + (n-1) \cdot s_{sym} + \max\left(b_{asym}, |A_{\text{Empf}}| + |m_{\text{Empf}}| + s_{sym} \right).$$

In [PfPW1_89, S.619] wird die Länge einer vorbereiteten Nachricht allgemeiner für den Fall weiterer zu sendender Steuerinformationen D_i an die Mixe und spezieller für den Fall der symmetrischen Verschlüsselung zwischen Sender und erstem Mix angegeben.

Es gibt zwei Möglichkeiten, Mixe zu verwenden. Erstens können die Mixe frei gewählt werden. Dann findet jeder Mix in der entschlüsselten Nachricht die Adresse des nachfolgenden Mixes bzw. Empfängers. Zweitens können die Mixe in einer festen Reihenfolge, einer sog. Mix-Kaskade, benutzt werden.

Folgende Vorteile sprechen für die Verwendung von Mix-Kaskaden:

- Die Mixe werden nicht mehr einzeln adressiert. Es wird nur der erste Mix der Kaskade adressiert. Der letzte Mix findet eine Adresse, an die er die umkodierte Nachricht weiterschickt. Das Hineinkodieren von Adreßinformation in die Nachrichten wird weitgehend eingespart. Dadurch werden die Mix-Nachrichten kürzer.

- Das Routing zwischen den Mixen einer Kaskade wird eingespart. Dies reduziert wiederum die Laufzeiten der Nachrichten.

- Alle Nachrichten müssen noch die gleiche Anzahl von Mixen durchlaufen, sind also stets gleich lang. Gemäß [Pfit_90, S.68] müssen nämlich die Nachrichten, die an einen Mix gesendet werden bzw. die Teilnehmer, die einen Mix benutzen, in Klassen bzgl. der Nachrichtenlängen und Zeitintervalle eingeteilt werden. Betrachtet man eine Mix-Kaskade als logisches Ganzes, ist beides unproblematisch. Voraussetzung ist natürlich, daß der erste Mix in einem Zeitintervall (=Schub) nur gleich lange Nachrichten akzeptiert.

- Mix-Kaskaden erleichtern dem Nutzer „die Qual der Wahl", da nur noch Mix-Kaskaden gewählt werden müssen und nicht mehr einzelne Mixe. Beim in [PfPW1_89] und [PfPW_91] vorgestellten Verfahren der ISDN-Mixe entfällt sogar diese Wahl, da die Mix-Kaskade einer Ortsvermittlungsstelle fest zugeordnet ist.

- Die Betriebsbereitschaft und schnelle Erkennung/Lokalisierung von Fehlfunktionen einer Mix-Kaskade kann besser gewährleistet werden als in einem Mix-Netz mit frei wählbaren Mixen.

Mix-Kaskaden lösen leider nicht alle Probleme und schaffen teilweise neue:

- Sie reduzieren die freie Wahl des Nutzers, der sich schützen will. Nach [Pfit_90, S.193] ist dies jedoch nicht schwerwiegend, da innerhalb der Kaskade *ein* vertrauenswürdiger Mix genügt, um die Unbeobachtbarkeit des Teilnehmers zu erhalten.

- Sie stellen hohe Anforderungen an die organisatorische Unabhängigkeit von Betreibern und Herstellern, da sie sonst ein lohnenderes (weil bzgl. eines zu überwachenden Teilnehmers statisches) Angriffsziel (nicht nur auf die Verfügbarkeit) darstellen würden als die frei wählbaren Mixe. Hierbei wird angenommen, daß ein Teilnehmer eine Kaskade häufiger verwenden wird, wenn sie ihm in der Vergangenheit die unbeobachtete Kommunikation ermöglicht hat. Bei den ISDN-Mixen [PfPW1_89, PfPW_91] ist die zu verwendende Mix-Kaskade sogar vollständig vorgegeben, wird also stets verwendet.

- Sie stellen hohe Anforderungen an die Rechenleistung des Systems, auf dem der Mix installiert ist. Unter Einsatz von Spezialhardware ist es jedoch möglich, die zeitkritischen Kryptooperationen derart zu beschleunigen, daß Mixe innerhalb eines Kommunikationssystems (hier speziell ISDN) keinen Engpaß darstellen (siehe auch [PfPW1_89]).

- Arbeiten alle anderen Sender und Empfänger der zusammen in einem Schub gemixten Nachrichten zusammen, ist ein Sender/Empfänger trotz Benutzung beliebig vieler, vom Angreifer nicht kontrollierter Mixe nach wie vor beobachtbar (vgl. auch [Pfit_90, S.68]).

I I   Vergleichende Übersicht der vorgestellten Verfahren

Die in Kapitel 4 vorgestellte Systematik der Verfahren orientierte sich am nötigen Vertrauen in Komponenten des festen Netzes. Sie soll hier noch einmal zusammenfassend wiedergegeben werden:

	Referenz	A1	A2	B.1 – B.4 und C.1		C2	C3
	GSM	Broad-cast-Methode	Gruppen-pseudo-nyme	Vertrauenswürd. Speicherung in Trusted FS		Koope-rierende Chips	Mobil-komm.-Mixe
				explizit	TP-Meth.		

Nötiges Vertrauen

Vertrauen in die Mobilstation	nötig	nötig	nötig	nötig		nötig	nötig
Vertrauen in einen ortsfesten Bereich	–	nicht nötig	nicht nötig	zusätzlich nötig		nötig	nicht nötig
Vert. in ein Datenschutz garantierendes Kommunikationsnetz	–	nicht nötig	nicht nötig	nötig		nicht nötig	nötig
Vertrauen in Dritte (Trusted Third Party, TTP), entspricht C.1	nötig	nicht nötig	nicht nötig	möglich, entspricht dann C.1		nicht nötig	nicht nötig

Tab.II-1: Systematik der Verfahren nach nötigem Vertrauen

Die folgenden vergleichenden Betrachtungen gliedern die vorgestellten Verfahren noch einmal *qualitativ* unter anderen Gesichtspunkten:

- Signalisieraufwand und funktechnische Aspekte,
- Dynamisierbarkeit der Sicherheitsbereiche,
- erreichbare Unbeobachtbarkeit.

Für quantitative Aussagen wird auf die durchgeführten Aufwandsbetrachtungen verwiesen.

Signalisieraufwand und Peilbarkeit

	Referenz	A1	A2	B.1 – B.4 und C.1		C.2	C.3
	GSM	Broad-cast-Methode	Gruppen-pseudo-nyme	Vertrauenswürd. Speicherung in Trusted FS		Koope-rierende Chips	Mobil-komm.-Mixe
				explizit	TP-Meth.		

Signalisieraufwand

Funkschnittstelle MTC	Bezugs-punkt	sehr hoch	höher	etwa gleich	geringfüg. höher[21]	etwa gleich	höher
Funkschnittstelle LUP	Bezugs-punkt	entfällt	höher	höher wg. Zentralität	geringfüg. höher	höher wg. Zentralität	höher
Bandbreiteauf-wand im Festnetz	Bezugs-punkt	geringer bzgl. Loc. Mgmt.	höher	hoch durch Zen-tralität	geringfüg. höher[22]	hoch durch Zentr.[23]	höher

Funktechnische Peilbarkeit und Ortbarkeit

Sendeverf. zum Schutz vor Pei-lung und Ortung	Frequency Hopping[24]	nötig, z.B. über Direct Sequence Spread Spectrum

Tab.II-2: Systematik nach Signalisieraufwand und Peilbarkeit

---

[21] Die Ursache hierfür ist die Verwendung der etwas längeren PMSI anstatt der TMSI.

[22] Die Ursache sind die zusätzlichen Kommunikationskosten zwischen der Trusted FS und dem mobilen Netz (HLR).

[23] bei Kombination mit der TP-Methode nur geringfügig höher

[24] nicht ausreichend, siehe [Thee_94]

Dynamisierbarkeit der Sicherheitsbereiche

	Referenz	A1	A2	B.1 – B.4 und C.1		C.2	C.3
	GSM	Broad-cast-Methode	Gruppen-pseudo-nyme	Vertrauenswürd. Speicherung in Trusted FS		Koope-rierende Chips	Mobil-komm.-Mixe
				explizit	TP-Meth.		

Anordnung der Sicherheitsbereiche

zentral	quasizentral[25]	entfällt		zentral		zentral[26]	beides ist möglich
dezentral	wäre möglich		dezentral		dezentral		
Diversität der Komponenten[27]	wäre möglich	bedeutungslos	nicht notwendig	notwendig bei Trusted FS		notwendig	notwendig im Mix-Netz

Dynamisierbarkeit der Sicherheitsbereiche

nur statisch möglich	HLR	entfällt	HLR	Trusted FS		C-NW C-MS	HLR, Mix-Kaskaden
dynamisch möglich	nicht vor-handen, wäre aber möglich[28]		nicht vor-handen, wäre aber möglich	ausweichen auf TTPs, entspricht dann C.1		nicht sinn-voll, wäre aber möglich	frei wähl-bare Mixe wären möglich

Tab.II-3: Dynamisierbarkeit der Sicherheitsbereiche

---

[25] Obwohl die Lokalisierungsinformation in verschiedenen Komponenten des Netzes abgelegt ist, hat der Netzbetreiber die globale Sicht auf die Daten.

[26] bei Kombination mit der TP-Methode dezentral

[27] unterschiedliche Hersteller und/oder Betreiber bzgl. der Komponenten, die am Schutz der Aufenthaltsorte beteiligt sind.

[28] Beispielsweise könnte man das Netz so modifizieren, daß ein Teilnehmer eines aus mehreren möglichen VLRs auswählt, je nachdem, welchem er vertraut. Dies wäre eine Variante von C.1.

Unbeobachtbarkeit

	Referenz	A1	A2	B.1 – B.4 und C.1		C.2	C.3
	GSM	Broad-cast-Methode	Gruppen-pseudo-nyme	Vertrauenswürd. Speicherung in Trusted FS		Koope-rierende Chips	Mobil-komm.-Mixe
				explizit	TP-Meth.		

Mobilitätsmanagement

Schutz der Kommunikationsbeziehung beim Einbuchen	nicht vorhanden	entfällt	nicht nötig	zusätzlich nötig	nicht nötig	gewährleistet
Deanonymisierbarkeit über Verkettung von Teilnehmeraktionen	Teilnehmer sind nicht anonym	nicht möglich	hoch[29]	gering	gering	nicht möglich

Verbindungsmanagement

Schutz der Kommunikationsbez. beim Signalisieren (Call Setup)	nicht vorhanden	nicht nötig	nicht nötig	zusätzlich nötig	zusätzlich nötig bis zum HLR	nötig	gewährleistet
Adressierungsmerkmal auf der Funkschnittstelle	TMSI	implizite Adresse	implizite Adresse	TMSI o. implizite Adresse[30]	PMSI, TMSI, i. Adr.[31]	TMSI, PMSI[32], impl. Adr.	implizite Adresse
Schutz der Kom.-bez. während einer stehenden Verbindung	nicht vorhanden	nötig, z.B. über Mix-Netze					

Tab.II-4: Systematik nach Unbeobachtbarkeit

---

[29] da festes Gruppenpseudonym

[30] Bei der Vorstellung des Verfahrens wurde der „GSM-Konformität" wegen als Adressierungsmerkmal die TMSI angegeben. Allgemein, d.h. ohne den Blick auf ein bestimmtes Mobilkommunikationssystem ist hier ebenso eine implizite Adresse anwendbar!

[31] Bei der TP-Methode wurde die PMSI als Adressierungsmerkmal verwendet. Auch hier kann jedoch im allgemeinen Fall eine implizite Adresse angewendet werden. Außerdem ist die vom GSM bekannte TMSI ggf. verwendbar (siehe Ausführungen zur Bewertung der TP-Methode).

[32] bei Kombination mit der TP-Methode

Bandbreiteaufwand und nötiges Vertrauen (qualitativ)

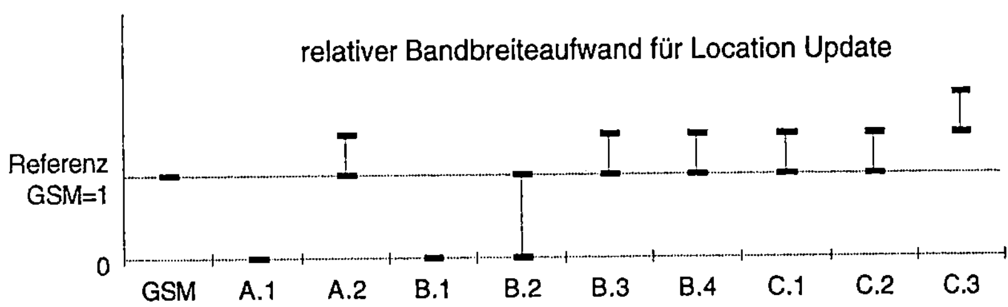

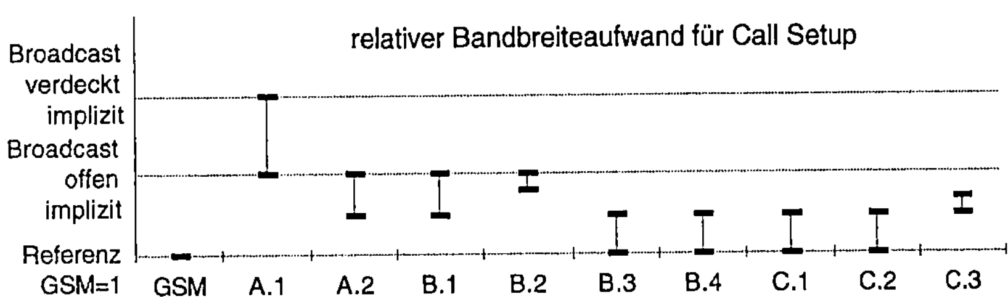

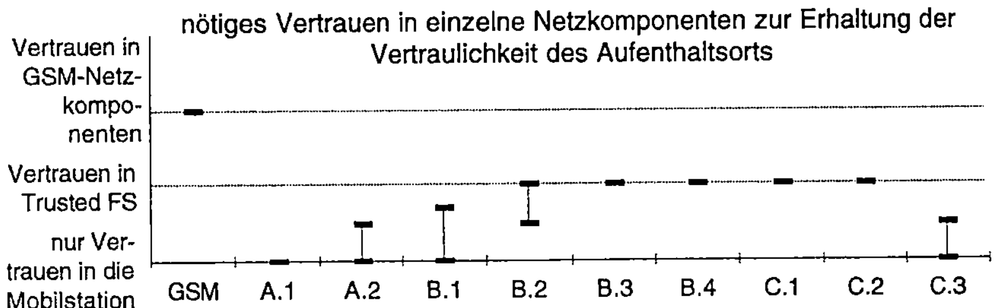

Abb.II-1: Vergleich der Verfahren

Die hier angegebenen Grafiken sollen die Bereiche markieren, innerhalb derer sich der Aufwand der vorgestellten Verfahren bewegt. Die Vielzahl beeinflussender Parameter erschwert einen quantitativen Vergleich der Verfahren. Wo dieser jedoch möglich war, finden sich Zahlenwerte in den Kapiteln 5–7.

Die Tabelle zeigt noch einmal die Bedeutung der Abkürzungen für die einzelnen Verfahren:

GSM	Referenzwerte	B.3	explizite vertrauensw.Speicherung
A.1	Broadcast mit impliziter Adress.	B.4	TP-Methode
A.2	Gruppenpseudonyme	C.1	Vertrauenswürdige Dritte
B.1	Adreßumsetzungsmethode	C.2	Methode der kooperierenden Chips
B.2	Verkl. der Broadcastgebiete	C.3	Mobilkommunikationsmixe

I I I Literaturverzeichnis

Abra_94 Norman Abramson: Multiple Access in Wireless Digital Networks. Proceedings of the IEEE 82/9 (1994) 1360-1369.

Ande_97 Ross Anderson: GSM hack -- operator flunks the challenge. Risks-Forum Digest 19/48 (1997).

AzDi_94 Ashar Aziz, Whitfield Diffie: Privacy and Authentication for Wireless Local Area Networks. IEEE Personal Communications 1/1 (1994) 25-31.

BaKel_93 Amotz Bar-Noy, Ilan Kessler: Tracking Mobile Users in Wireless Networks. Proc. IEEE INFOCOM '93 (1993) 1232-1239.

BaKe_94 Amotz Bar-Noy, Ilan Kessler: Mobile users: To update or not to update? Proc. IEEE INFOCOM '94 (1994) 570-576.

Bara_64 Paul Baran: On Distributed Communications: IX. Security, Secrecy, and Tamper-Free Considerations. Memorandum RM-3765-PR, August 1964, The Rand Corporation, 1700 Main St, Santa Monica, California, 90406 Reprinted in: Lance J. Hoffman (ed.): Security and Privacy in Computer Systems. Melville Publishing Company, Los Angeles, California, 1973, 99-123.

Bath_92 Beate Bathe-Peters: Lösungsansätze für Datenschutzprobleme beim Mobiltelefon. Dokumentation des ITG-Forums "Gestaltungsfelder beim Mobiltelefon, 12. Mai 1992, Frankfurt am Main, 93-96.

BDFK_95 Andreas Bertsch, Herbert Damker, Hannes Federrath, Dogan Kesdogan, Michael J. Schneider: Erreichbarkeitsmanagement. PIK, Praxis der Informationsverarbeitung und Kommunikation 18/4 (1995) 231-234.

BeCY_93 Michael J. Beller, Li-Fung Chang, Yacov Yacobi: Privacy and Authentication on a Portable Communications System. IEEE Journal on Selected Areas in Communications 11/6 (1993) 821-829.

BeDF_96   Andreas Bertsch, Herbert Damker, Hannes Federrath: Persönliches Erreichbarkeitsmanagement. it+ti 38/4 (1996) 20-23.

BGGH_95   Gerhard Bandow, Hubert Gottschalk, Dieter Gehrmann, Walter Hlavac, Heinz Koch, Werner Müller, Dieter Schwetje: Zeichengabesysteme – Eine neue Generation für ISDN und intelligente Netze. L.T.U.-Vertriebsgesellschaft, Bremen 1995.

Bial_94   Jacek Biala: Mobilfunk und intelligente Netze. Vieweg, Braunschweig/ Wiesbaden, 1994.

Brow1_95   Dan Brown: Techniques for Privacy and Authentication in Personal Communication Systems. IEEE Personal Communications 2/4 (1995) 6-10.

BüPf_89   Holger Bürk, Andreas Pfitzmann: Digital Payment Systems Enabling Security and Unobservability. Computers & Security 8/5 (1989) 399-416.

BüPf_90   Holger Bürk, Andreas Pfitzmann: Value Exchange Systems Enabling Security and Unobservability. Computers & Security 9/8 (1990) 715-721.

Call_94   M. H. Callendar: Future Public Land Mobile Telecommunication System. IEEE Personal Communications, 1/4 (1994) 18-22.

Cha1_83   David Chaum: Blind Signature System. Crypto '83, Plenum Press, New York 1984, 153.

Cha8_85   David Chaum: Security without Identification: Transaction Systems to make Big Brother Obsolete. Communications of the ACM 28/10 (1985) 1030-1044.

Chau_81   David Chaum: Untraceable Electronic Mail, Return Addresses, and Digital Pseudonyms. Communications of the ACM 24/2 (1981) 84-88.

Chau_88   David Chaum: The Dining Cryptographers Problem: Unconditional Sender and Recipient Untraceability. Journal of Cryptology 1/1 (1988) 65-75.

CoBr_92   J. C. Cooke, R. L. Brewster: Cryptographic Security Techniques for Digital Mobile Telephones. IEE 2nd Int. Conf. on Private Switching Systems and Networks, London, GB, 23. - 25. Juni 1992, 123-130.

Cott_95   Lance Cottrel: Mixmaster & Remailer Attacks. http://www.obscura.com/~loki/remailer-essay.html.

CTCPEC_93   Canadian System Security Centre; Communications Security Establishment; Government of Canada: The Canadian Trusted Computer Product Evaluation Criteria. January 1993, Version 3.0e.

DeFe_95   J. Deißner, G. Fettweis: GSM und DECT: Aus zwei wird eins. Funkschau 14 (1994) 40-43.

DeMa_96   Dorothy E. Denning und Peter F. MacDoran: Location-based System Delivers User Authentication Breakthrough. Computer Security Institute, 1996. Received 14 Apr 1996 via mailing list (vis@gmd.de) from Hartmut Pohl (100436.3361@compuserve.com).

ElTh_94   G. P. Eleftheriadis, M. E. Theologou: User Profile Identification in Future Mobile Telecommunication Systems. IEEE Network 8/5 (1994) 33-39.

Enge_97   Stefan Engel-Flechsig: Teledienstedatenschutz. Datenschutz und Datensicherheit DuD 21/1 (1997) 8-16.

EU_93   EU DGXIII: The Evolution of Second Generation Mobile Networks to Third Generation PCN. April 1993.

EU_94   Kommission der Europäischen Gemeinschaften: Grünbuch über ein gemeinsames Konzept für Mobilkommunikation und Personal Communications in der europäischen Union. KOM(94) 145 endg., April 1994.

Fede_98   Hannes Federrath: Vertrauenswürdiges Mobilitätsmanagement in Telekommunikationsnetzen. Dissertation, TU Dresden, Fakultät Informatik, Februar 1998.

FeJP_96   Hannes Federrath, Anja Jerichow, Andreas Pfitzmann: Mixes in mobile communication systems: Location management with privacy. in: R. Anderson (Hrsg.): Information Hiding, LNCS 1174, Springer-Verlag, Berlin 1996, 121-135.

FeMü_97   Hannes Federrath, Jan Müller: Ende-zu-Ende-Verschlüsselung im GSM. Datenschutz und Datensicherung DuD 21/6 (1997) 328-333.

FeTh_95   Hannes Federrath, Jürgen Thees: Schutz der Vertraulichkeit des Aufenthaltsorts von Mobilfunkteilnehmern. Datenschutz und Datensicherung DuD 19/6 (1995) 338-348.

FJKP1_95   Hannes Federrath, Anja Jerichow, Dogan Kesdogan, Andreas Pfitzmann: Technischer Datenschutz in öffentlichen Mobilkommunikationsnetzen. Wissenschaftliche Zeitschrift der TU Dresden 6/44 (1995) 4-9.

FJKP_95   Hannes Federrath, Anja Jerichow, Dogan Kesdogan, Andreas Pfitzmann: Security in Public Mobile Communication Networks. Proc. of the IFIP TC 6 International Workshop on Personal Wireless Communications, Verlag der Augustinus Buchhandlung Aachen, 1995, 105-116.

FJKP_97   Hannes Federrath, Anja Jerichow, Dogan Kesdogan, Andreas Pfitzmann, Dirk Trossen: Minimizing the Average Cost of Paging on the Air Interface – An Approach Considering Privacy. Proc. IEEE 47th Annual International Vehicular Technology Conference (VTC) 1997.

FJMP_97   Hannes Federrath, Anja Jerichow, Jan Müller, Andreas Pfitzmann: Unbeobachtbarkeit in Kommunikationsnetzen. Proc. Verläßliche IT-Systeme (VIS'97), DuD Fachbeiträge, Vieweg 1997, 191-210.

FJPP_95   Hannes Federrath, Anja Jerichow, Andreas Pfitzmann, Birgit Pfitzmann: Mehrseitig sichere Schlüsselerzeugung. Proc. Arbeitskonferenz Trust Center 95, DuD Fachbeiträge, Vieweg, Wiesbaden 1995, 117-131.

Fox_97   Dirk Fox: Gateway: IMSI-Catcher. Datenschutz und Datensicherheit DuD 21/9 (1997) 539.

Frey_94   L. Frey: The Possible Use of Public Key Cryptosystems for UMTS. Mobile Telecommunications Workshop (1994) 364-368.

FuBr_94   W. F. Fuhrmann, Volker Brass: Performance Aspects of the GSM Radio Subsystem. Proceedings of the IEEE, 82/9 (1994) 1449-1466.

Grab_89   Rudolf Grabau: Technische Aufklärung: Sensoren, Systeme und Verfahren. entdecken- klassifizieren- identifizieren- orten- auswerten. Franckh-Verlag, Stuttgart 1989.

Gron_96   Elke Gronert: Global Mobile Communications. ByteExtra International Pages 40IS 6-8, in: Byte 21/7 (1996).

GrWo_92   J. Grond, W. Wolfowicz: Security Issues for Universal Mobile Telecommunication Systems. Proceedings of the 11th

International Conference on Computer Communication, Geneva, Italy, 1992.

GSM_03.20   ETSI: ETSI/TC GSM: 03.20 Security Related Network Functions (GSM 03.20). Version 4.2.2, October 1993.

GSM_04.08   ETSI: ETSI/TC GSM: 04.08 Mobile Radio Interface Layer 3 Specification. Version 4.10.1, February 1995.

GSM_93   ETSI: GSM Recommendations: GSM 01.02 - 12.21. February 1993, Release 92.

GuGK_94   M. Guntermann, C. Görg, S. Kleier: IN based End-User Service Management for Advanced UPT. Broadband Islands 94, Hamburg, Germany, 7-9 June 1994, 193-201.

Hets_93   Thomas Hetschold: Aufbewahrbarkeit von Erreichbarkeits- und Schlüsselinformation im Gewahrsam des Endbenutzers unter Erhaltung der GSM-Funktionalität eines Funknetzes. GMD-Studien no. 222, Oktober 1993.

Hoek_90   Hans van der Hoek: Approaching DECT with CT3. Telecommunications 24/9 (1990) 65-72.

HwYal_94   Min-Shiang Hwang, Wei-Pang Yang: Security of a Portable Communication System. Technical Report, National Science Council, Taiwan, R.O.C. NSC82-0408-E-009-161 and Telecommunication Laboritories Taiwan, R.O.C. TL-NSC-82-5206 (1994).

ImBa_94   Tomasz Imielinski, B. R. Badrinath: Mobile Wireless Computing: Challenges in Data Management. Communications of the ACM 37/10 (1994) 18-28.

IuKDG_97   Bundeskabinett: Informations- und Kommunikationsdienste-Gesetz — IuKDG. Datenschutz und Datensicherheit DuD 21/1 (1997) 38-45.

Keda_91   J. Kedaj: Mobilfunkdienste der Deutschen Bundespost TELEKOM. Unterrichtsblätter der Deutschen Bundespost TELEKOM, Jg. 44, 1991, 424-434.

KeFo_95   Dogan Kesdogan, Xavier Fouletier: Secure Location Information Management in Cellular Radio Systems. Proc. IEEE Wireless Communication System Symposium 95, Long Island (1995), 35-46.

Kenn_95   Orlik Kennemann: Mobile Location in Cellular Radio Systems Based on Pattern Recognition Techniques Using a

Learning and Adaptive Data Base. Proc. of the IFIP TC 6 International Workshop on Personal Wireless Communications, Verlag der Augustinus Buchhandlung Aachen, 1995, 63-71.

KeRJ_98   Dogan Kesdogan, Peter Reichl, Klaus Junghärtchen: Distributed Temporary Pseudonyms: A New Approach for Protecting Location Information in Mobile Communication Networks. in: Computer Security - ESORICS 98, LNCS 1485, Springer-Verlag Berlin 1998.

KFJP_96   Dogan Kesdogan, Hannes Federrath, Anja Jerichow, Andreas Pfitzmann: Location managment strategies increasing privacy in mobile communication. in: Sokratis K. Katsikas, Dimitris Gritzalis (Hrsg.): Informations Systems Security, IFIP SEC '96 Conference Committees, Chapman & Hall, London, 1996, 39-48.

Lee2_91   William C. Y. Lee: Overview of Cellular CDMA. IEEE Transactions on Vehicular Technology 40/2 (1991) 291-302.

LiHal_95   Hung-Yu Lin, Lein Harn: Authentication Protocols for Personal Communication Systems. Computer Communication Review 25/4 (1995) 256-261.

MaMo_91   Mannesmann Mobilfunk: Anrufdatensätze. Ergänzung zur Dokumentation des ITG-Forums „Gestaltungsfelder beim Mobiltelefon", 12. Mai 1992, Frankfurt am Main.

Mitt_94   Hakan Mitts: Universal Mobile Telecommunication Systems - Mobile access to Broadband ISDN. in: W. Bauerfeld, O. Spaniol, F. Williams (Hrsg.): Broadland Islands '94, Connecting with the End-User, 1994, 203-209.

MoPa_92   Michel Mouly, Marie-Bernadette Pautet: The GSM System for Mobile Communications. A comprehensive overview of the European Digital Cellular Systems. ISBN 2-9507190-0-7, published by the authors.

Mosl_96   Farhood Moslehi: 17. Wireless Connectivity (Abstract). http://ipm.ppws.vt.edu/wwwbtb/chap17/.

Müll_97   Jan Müller: Anonyme Signalisierung in Kommunikationsnetzen. Diplomarbeit am Institut Theoretische Informatik der TU Dresden, Februar 1997.

MüSt_96 — Günter Müller, Frank Stoll: Der Freiburger Kommunikationsassistent - Sicherheit in multimedialen Kommunikationsnetzen durch nutzerbezogene Dezentralisation. PIK, Praxis der Informationsverarbeitung und Kommunikation 19/4 (1996) 189-197.

NoRo_94 — Toon Norp, Ad J. M. Roovers: UMTS Integrated with B-ISDN. IEEE Communications Magazine 32/11 (1994) 60-65.

Pfit_90 — Andreas Pfitzmann: Diensteintegrierende Kommunikationsnetze mit teilnehmerüberprüfbarem Datenschutz. IFB 234, Springer-Verlag, Heidelberg 1990.

Pfit_93 — Andreas Pfitzmann: Technischer Datenschutz in öffentlichen Funknetzen. Datenschutz und Datensicherung DuD 17/8 (1993) 451-463.

PfPf_90 — Birgit Pfitzmann, Andreas Pfitzmann: How to Break the Direct RSA-Implementation of MIXes. Eurocrypt '89, LNCS 434, Springer-Verlag, Berlin 1990, 373-381.

PfPW1_89 — Andreas Pfitzmann, Birgit Pfitzmann, Michael Waidner: Telefon-MIXe: Schutz der Vermittlungsdaten für zwei 64-kbit/s-Duplexkanäle über den (2•64 + 16)-kbit/s-Teilnehmeranschluß. Datenschutz und Datensicherung DuD 13/12 (1989) 605-622.

PfPW_88 — Andreas Pfitzmann, Birgit Pfitzmann, Michael Waidner: Datenschutz garantierende offene Kommunikationsnetze. Informatik-Spektrum 11/3 (1988) 118-142.

PfPW_91 — Andreas Pfitzmann, Birgit Pfitzmann, Michael Waidner: ISDN-MIXes – Untraceable Communication with Very Small Bandwidth Overhead. 7th IFIP International Conference on Information Security (IFIP/Sec '91), Elsevier, Amsterdam 1991, 245-258.

PfWa_87 — Andreas Pfitzmann, Michael Waidner: Networks without user observability. Computers & Security 6/2 (1987) 158-166.

Pilg_92 — Ulrich Pilger: Struktur des DECT-Standards. Nachrichtentechnik/Elektronik 42/1 (1992) 23-29.

PiSM_82 — Raymond L. Pickholtz, Donald L. Schilling, Laurence B. Milstein: Theory of Spread-Spectrum-Communications –

A Tutorial. IEEE Transactions on Communications 30/5 (1982) 855-878.

Plei_97   Thomas Pleil: Handies werden zu Peilsendern. VDI nachrichten 30 (1997) 4.

PoMG_95   Gregor P. Pollini, Kathleen S. Meiner-Hellstern, David J. Goodman: Signaling Traffic Volume Generated by Mobile and Personal Communications. IEEE Communications Magazine 33/6 (1995) 60-65.

PPSW_95   Andreas Pfitzmann, Birgit Pfitzmann, Matthias Schunter, Michael Waidner: Vertrauenswürdiger Entwurf portabler Benutzerendgeräte und Sicherheitsmodule. Hans H. Brüggemann, Waltraud Gerhardt-Häckl (ed.): Verläßliche IT-Systeme, Proceedings der GI-Fachtagung VIS '95; DuD Fachbeiträge, Vieweg, Wiesbaden 1995, 329-350.

Prin_94   A. Prins: Flexibility for Authentication Functions in UMTS. Mobile Telecommunications Workshop (1994) 369-374.

Pützl_97   Stefan Pütz: Ein nachweisbares Authentikationsprotokoll am Beispiel von UMTS. Verläßliche IT-Systeme, GI-Fachtagung VIS '97, DuD Fachbeiträge, Vieweg, Braunschweig 1997, 335-356.

PWP_90   Birgit Pfitzmann, Michael Waidner, Andreas Pfitzmann: Rechtssicherheit trotz Anonymität in offenen digitalen Systemen. Datenschutz und Datensicherung DuD 14/5-6 (1990) 243-253, 305-315.

RaDe_98   Niklaus Ramseyer, Denis von Burg: Und es gibt sie doch, die Bewegungsprofile. SonntagsZeitung, 12. Juli 1997. http://www.sonntagszeitung.ch/sz28/52996.HTM

RaPM_96   Kai Rannenberg, Andreas Pfitzmann, Günter Müller: Sicherheit, insbesondere mehrseitige IT-Sicherheit. it+ti 38/4 (1996) 7-10.

Raub_86   Eckart Raubold: Elektronische "Vertrauens-Übertragung" - Ein Problem für die Nutzung offener Kommunikations-Systeme. Der GMD-Spiegel 16/1 (1986) 9-11.

RDLM_95   Kai Rannenberg, Herbert Damker, Werner Langenheder, Günter Müller: Mehrseitige Sicherheit als integrale Eigenschaft von Kommunikationstechnik. Jahrbuch Telekommunikation & Gesellschaft, 1995, R.v.Decker's Verlag, Heidelberg, 1995, 254-260.

Römh_95 Dirk Römhild: Das Universal Mobile Telecommunication System (UMTS) aus der Sicht des Technischen Datenschutzes. Großer Beleg, TU Dresden, Institut für Theoretische Informatik, September 1995.

RSA_78 R. L. Rivest, A. Shamir, L. Adleman: A Method for Obtaining Digital Signatures and Public-Key Cryptosystems. Communications of the ACM 21/2 (1978) 120-126, reprinted: 26/1 (1983) 96-99.

Sail_96 Reiner Sailer: Integrating Authentication into Existing Protocols. 5th Open Workshop On High Speed Networks, Paris, March 20-21, 1996.

Sava_96 Atoosa Savarnejad: Drahtlosen Netzen fehlt ein Standard. Computer Zeitung 35 (1996) 9.

Schn_96 Bruce Schneier: Applied Cryptography: Protocols, Algorithms, and Source Code in C. John Wiley & Sons, (2nd ed.) New York 1996.

ScKü_95 Alexander Schill, Sascha Kümmel: Design and implementation of a support platform for distriputed mobile computing. Distributed System Engineering 2 (1995) 128-141.

SIEM_88 SIEMENS: Vermittlungsrechner CP 113 für ISDN. SIEMENS telcom report 11/2 (1988) 80.

SIEM_90 SIEMENS: 1990 Internationale Fernmeldestatistik; International Telecom Statistics; Statistique internationale des télécommunications; Estadística internacional de telecomunicaciones. Status: January 1, 1989; SIEMENS Aktiengesellschaft ÖN ÖV Marketing, Postfach 70 00 73, D-8000 München 70, May 1990.

Silb_92 Armin Silberhorn: Stand der europäischen Normung im Mobilfunkbereich – Behindern technische Standards den Datenschutz? European Standardization in Mobile Communications Technical Standards – An Obstacle to Data Protection? Symposium „Datenschutz: Komfort und Freiheit des Kunden in der Telekommunikation", 2. Sept. 1991, Materialien zum Datenschutz 15, Herausgeber:

Berliner Datenschutzbeauftragter, Hildegardstr. 28/29, 1000 Berlin 31, Mai 1992, 104-125.

SMPB_91   Donald L. Schilling, Laurence B. Milstein, Raymond L. Pickholtz, Fred Bruno et. al.: Broadband CDMA for Personal Communication Systems. IEEE Communications Magazine, November 1991, 86-93.

Spal_83   Otto Spaniol: Satellitenkommunikation. Informatik-Spektrum 6/3 (1983) 124-141.

SpTh1_93   Mike Spreitzer, Marvin Theimer: Scalable, Secure, Mobile Computing with Location Information. Communications of the ACM 36/7 (1993) 27.

Stat_95   Statistics: European Cellular Subscribers, Analogue & Digital (PCN, GSM). Mobile Communications International, December 1995/January 1996, 94-95.

Steel_94   Raymond Steele: What is CDMA? Mobile Communications International (1994) 68-71.

Stol_97   Frank Stoll: Dezentralisierung und Sicherheit in Mobilfunknetzen. Datakontext-Fachverlag, Frechen 1997.

Swai_94   Robert S. Swain: UMTS – A 21st Century System: A RACE Mobile Project Line Assembly Vision. RACE Mobile Project Line Assembly, 30th September 1994, http://www.vtt.fi/tte/nh/UMTS/umts.html.

Thee_94   Jürgen Thees: Konkretisierung der Methoden zum Schutz von Verkehrsdaten in Funknetzen. Diplomarbeit am Institut Theoretische Informatik der TU Dresden, Juni 1994.

ThFe_95   Jürgen Thees, Hannes Federrath: Methoden zum Schutz von Verkehrsdaten in Funknetzen. Hans H. Brüggemann, Waltraud Gerhardt-Häckl (ed.): Verläßliche IT-Systeme, Proceedings der GI-Fachtagung VIS '95; DuD Fachbeiträge, Vieweg, Wiesbaden 1995, 180-192.

Torr_92   Don J. Torrieri: Principles of Secure Communication Systems. 2nd ed., Artech House Books, 1992.

Tran_96   Phuoc Tran-Gia: Analytische Leistungsbewertung verteilter Systeme. Springer-Verlag, Berlin 1996.

ViPa_92   Andrew J. Viterbi, Roberto Padovani: Implications of Mobile Cellular CDMA. IEEE Communications Magazine 30/12 (1992) 38-41.

Walk1_94   Bernhard Walke: Technik-Akzeptanz und -Verträglichkeit von mobilen Kommunikationsnetzen. ITG-Fachtagung "Herausforderung Informationstechnik", VDE-Verlag, München, 18.-20.Oktober 1994.

WaPf_85   Michael Waidner, Andreas Pfitzmann: Betrugssicherheit trotz Anonymität. Abrechnung und Geldtransfer in Netzen. 1. GI Fachtagung Datenschutz und Datensicherung im Wandel der Informationstechnologien, IFB 113, Springer-Verlag, Berlin 1985, 128-141; Überarbeitung in: Datenschutz und Datensicherung DuD 10/1 (1986) 16-22.

Whit_95   Christine White: On-Road, On-Time, and On-Line. Byte 20/4 (1995) 60-66.

Wuer2_96   Ulrich Wuermeling: Datenschutz bei Telediensten. Datenschutz-Berater 20/12 (1996) 1-6.

I V Abkürzungs- und Symbolverzeichnis

«*d*»	Datenbankeintrag *d* eines Registers
«_»	Platzhalter für einen Datenbankeintrag, beliebige Belegung des Datums
$\lvert x \rvert$	Länge von x in Bit
$\lceil x \rceil$	Nächste ganze Zahl $\geq x$
$\{m_1, m_2, ...\}$	Umkodierte Nachricht, die infolge der Benutzung einer anonymen Rückadresse durch Verschlüsselung mit den symmetrischen Schlüsseln entsteht (Empfängeranonymitätsschema). Die Nachrichten m_j wurden vom Sender gesendet ($j = 1, 2, 3, ...$).
$\{X, kz\}$	Anonyme Rückadresse, die in das Aufenthaltsgebiet bzw. Ziel X führt. kz ist das Kennzeichen, an dem X die anonyme Rückadresse wiedererkennt. In den Mobilkommunikationsmixen wird dieses Kennzeichen gleichzeitig als implizite Adresse (*ImpAdr*) auf der Funkschnittstelle verwendet.
$\{X, m_1, m_2, ...\}$	Vom Sender für das Mix-Netz vorbereitete Nachricht (Senderanonymitätsschema); X bezeichnet den Empfänger der Nachrichten m_j ($j = 1, 2, 3, ...$).
A3	Kryptoalgorithmus zur Authentikation
A5	Kryptoalgorithmus zur Inhaltsdatenverschlüsselung auf der Funkschnittstelle
A8	Kryptoalgorithmus zur Generierung von Kc
ACM	Address Complete Message (Nachricht des ISUP des SS7)
ACR	Anonymous Communication Request
ADU	Analog-Digital-Umsetzer
AGCH	Access Grant Channel
AMPS	Advanced Mobile Phone Service
ANM	Answer Message (Nachricht des ISUP des SS7)
AoC	Advice of Charge
AuC	Authentication Centre

A_X	Adresse der Instanz X
B	Länge einer (impliziten) Adresse in Bit
b	Bitrate
B-ISDN	Broadband Integrated Services Digital Network
b_{asym}	Blockbreite eines asymmetrischen Kryptosystems
BCCH	Broadcast Control Channel
BCD	Binary Coded Digit
Bl	Kennzeichen (1 Bit) für eine bedeutungslose Nachricht
BP	Burst Period
BSC	Base Station Controller
BSS	Base Station Subsystem
BTS	Base Transceiver Station
Bv	Kennzeichen (1 Bit) für eine bedeutungsvolle Nachricht
CAIS	Common Air Interface Standard
CC	Country Code
CCCH	Common Control Channel
CCH	Control Channel
CDMA	Code Division Multiple Access
CEPT	Konferenz der Europäischen Post- und Fernmeldeverwaltungen
CGI	Cell Global Identifier (=LAI+CI)
CI	Cell Identity, Länge: 5 Ziffern
CKSN	Ciphering Key Sequence Number
C-MS	Chip of the Mobile Station (Pendant zu C-NW)
C-NW	Chip of the Network (Pendant C-MS)
CODEC	Kunstwort für (Sprach)-Kodierer/Dekodierer
CR	Communication Request (Verbindungswunschnachricht)
CT	Cordless Telephone
c_X	Öffentlicher Verschlüsselungsschlüssel von Instanz X eines asymmetrischen Kryptosystems
$c_X(m)$	Public-Key-Verschlüsselung der Nachricht m unter c_X
DCA	Dynamic Channel Allocation
DCS 1800	Digital Cellular System 1800
DECT	Digital European Cordless Telephone
DS/SS	Direct Sequence Spread Spectrum
DSRR	Digital Short Range Radio

DTI	Department of Trade and Industry, brit. Ministerium für Handel und Industrie
DTP	Distributed Temporary Pseudonyms
d_X	Geheimer Entschlüsselungsschlüssel von Instanz X eines asymmetrischen Kryptosystems
$d_X(m')$	Public key Entschlüsselung mit d_X der verschlüsselten Nachricht $m':=c_X(m)$
EIR	Equipment Identity Register
ERMES	European Radio Messaging System
ETSI	European Telecommunications Standards Institute
FACCH	Fast Associated Control Channel
FD	Fullrate Data
FDMA	Frequency Division Multiplex Access
FH	Frequency Hopping
FKA	„Freiburger Kommunikationsassistent"
FPLMTS	Future Public Land Mobile Telecommunication System
FS	Fixed Station (Ortsfeste Teilnehmerstation, HPC), Fullrate Speech in Kombination mit einem TCH
GMSC	Gateway-MSC
GMSI	Group Mobile Subscriber Identity
GPS	Global Positioning System
GSM	Global System for Mobile Communication, Groupe Spéciale Mobile
h	Hash-Funktion
HD	Halfrate Data
HLR	Home Location Register
HOV	Handover
HPC	Home Personal Computer (eine ortsfeste Teilnehmerstation, FS)
IAM	Initial Address Message (Nachricht des ISUP des SS7)
IMEI	International Mobile Station Equipment Identity, Länge: 15 Ziffern
ImpAdr	Implizite Adresse
IMSI	International Mobile Subscriber Identity (= MCC + MNC + MSIN), Länge: 15 Ziffern, in 9 Oktetts hineinkodiert [MoPa_92, S.490]
IMT-2000	International Mobile Telecommunication 2000

IN	Intelligent Network
Inmarsat	International Maritime Satellite, auch: International Maritime Telecommunication Satellite Organization
IP	Internet Protocol
ISDN	Integrated Services Digital Network
ISDN-SN	ISDN Subscriber Number (Rufnummer eines ISDN-Teilnehmers)
ISUP	ISDN User Part, ein Teil des SS7, der die Signalisierung im ISDN beschreibt
IT	Informationstechnik, informationstechnisch-
ITU	International Telecommunication Union
IWF	Interworking Functions
k	Schlüssel eines symmetrischen Kryptosystems
Kc	Cipher Key im GSM, temporär gültig, Länge: 64 Bit
Ki	Individueller geheimer Schlüssel eines Teilnehmers im GSM, dauerhaft gültig, Länge: bis zu 128 Bit
KZ	Kanalkennzeichen der ISDN-Mixe [PfPW1_89] bzw. der Mobilkommunikationsmixe
λ	Ankunftsrate
LA	Location Area
LAC	Location Area Code, Länge: bis zu 2 Oktetts
LAI	Location Area Identification (=MCC+MNC+LAC), in 48 Bit (nach [Müll_97]) kodiert
LAN	Local Area Network
$ld(x)$	Funktion, berechnet den dualen Logarithmus von x
LEO	Low Earth Orbit
LR	Nachricht (Mobile Originated) zur Location Registration
LUP	Location Update
μ	Abfertigungsrate
$max(a,b)$	Funktion, die den Maximalwert von a und b zurückgibt
MCC	Mobile Country Code, Länge: 3 Ziffern
MNC	Mobile Network Code, Länge: 1-2 Ziffern
MOC	Mobile Originated Call
MOCSU	Nachricht (Mobile Originated) zum Absetzen eines Verbindungswunsches
MS	Mobile Station
MSC	Mobile Switching Centre

MSIN	Mobile Subscriber Identification Number, Länge: bis zu 10 Ziffern
MSISDN	Mobile Subscriber ISDN Number (=CC+NDC+SN), Länge: bis zu 15 Ziffern
MSRN	Mobile Subscriber Roaming Number (=CC+NDC+MSC)
MTC	Mobile Terminated Call
NDC	National Destination Code
OACSU	Off Air Call Setup
OMC	Operation and Maintenance Centre
OvSt	Ortsvermittlungsstelle
PCH	Paging Channel
PCN	Personal Communication Network
PCS	Personal Communication Services
PDA	Personal Digital Assistant
PDN	Public Data Network
PG	Paging
PIN	Personal Identification Number
PLU	Periodic Location Update
PMSI	Pseudo Mobile Subscriber Identity
PN	Pseudo Noise
PSCS	Personal Services Communication Space
PSTN	Public Switched Telephone Network
PZZG	Pseudozufallszahlengenerator
RACH	Random Access Channel
RAND	Zufallszahl für Authentikation (Challenge), Länge: 128 Bit
RIL3	Radio Interface Layer 3, eine Protokollschicht des GSM-Protokollstacks
SACCH	Slow Associated Control Channel
SDCCH	Stand-Alone Dedicated Control Channel
SIM	Subscriber Identity Module
SMS	Short Message Service
SN	Subscriber Number (=Nummer des HLR+Teilnehmerkennung)
SRES	Signed Response, Antwort auf den RAND-Wert der Authentikationsprozedur, Länge: 32 Bit
SS7	Signalisiersystem No.7
S_{sym}	Schlüssellänge eines symmetrischen Schlüssels

s_X	Geheimer Signaturschlüssel von Instanz X
$s_X(m)$	Digitale Signatur der Nachricht m
T	Zeitbasis, Zeitstempel, Zeitscheibennummer
TCH	Traffic Channel
TDMA	Time Division Multiplex Access
TIC	TMSI-Code
TMSI	Temporary Mobile Subscriber Identity, Länge: 4 Oktetts
TP	Temporäres Pseudonym
TTP	Trusted Third Party
T_v	Mittlere Systemzeit
UMTS	Universal Mobile Telecommunication System
UPT	Universal Personal Telecommunications
VLR	Visitor Location Register
z	Zufallszahl

V Index